コンクリート構造学

第5版
補訂版

小林和夫
宮川豊章／森川英典
五十嵐心一／山本貴士／三木朋広

共著

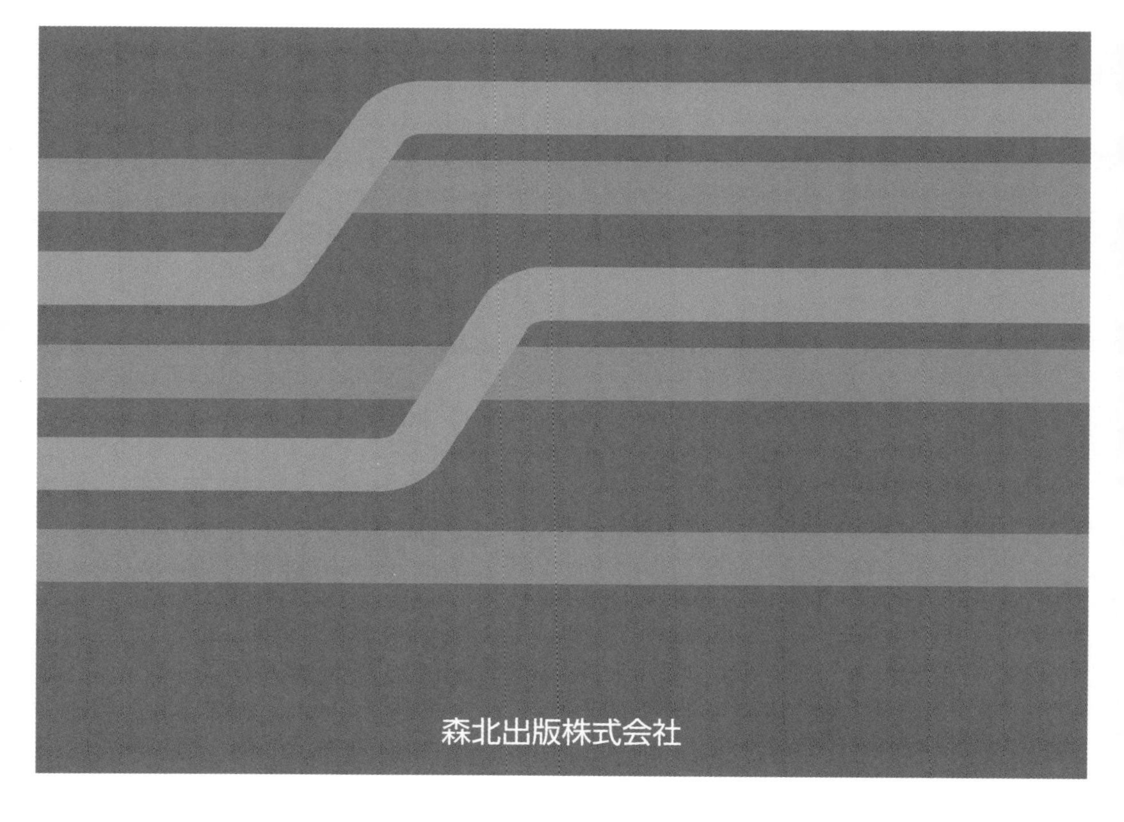

森北出版株式会社

第5版にあたって

本書『コンクリート構造学』は，1994年4月に初版を刊行，1997年4月，2002年11月，2009年2月に改訂して第4版とした後，著者の小林和夫先生のご逝去により，改訂されないまま今日に至っていた．本書は，当初から京都大学，神戸大学，金沢大学をはじめ，多くの大学および高専において授業の教科書として使用され，現在も継続使用されている．また，本書の旧版で学習した多くの卒業生が，社会人としての実務において，慣れ親しんだ参考書として利用していると聞いている．これは，本書が，コンクリート構造の基本がわかりやすく説明されているうえに，例題や演習問題を用いて学習成果の確認を行うことができ，さらに現実の構造物への応用，設計を念頭においた幅広い情報が盛り込まれていることによるものである．

このような状況に鑑み，小林和夫先生が残された本書を，今後も継続的に利用していただけるように改訂することは，社会的に強く求められるところであると考え，このたびの改訂作業を行った．作業は，現在『コンクリート構造学 (第4版)』を用いて講義をしている者を中心に行った．改訂の趣旨として，内容やまとめ方については，基本的に旧版を踏襲するものとし，2009年から今日に至るまでの新たな知見を盛り込み，充実を図ることとした．旧版同様に，大学・高専の学生向けの初級から中級水準の教科書・参考書とし，また社会人技術者にも実務の参考書として利用してもらうことを念頭においている．

改訂内容についてはなお不備の点も多々あることと思われるが，旧版同様にご教示を賜われば，幸甚である．

本書の改訂に際し，読者の視点から多大なご意見をいただき，かつ改訂とりまとめのご尽力を賜った二宮惇氏をはじめとする森北出版株式会社の各位に厚く御礼申し上げる．

2017年8月　　宮川豊章，森川英典

補訂版にあたって

コンクリート標準示方書の2017年の改訂にあわせて，本書も記述の見直しなどを加えて補訂版として出版することになった．

2019年9月　　宮川豊章，森川英典

まえがき

本書は，大学および工業高等専門学校におけるコンクリート構造学の基礎の習得に役立つように，執筆したものである．その内容は，鉄筋コンクリート工学のみならず，最近めざましく発展しているプレストレストコンクリート工学の基礎的事項をも含んでいる．

わが国の土木学会「コンクリート標準示方書」では，1986年の大改訂時に鉄筋コンクリートおよびプレストレストコンクリート構造の設計理論として，従来の弾性理論に立脚した許容応力度設計法とは別に，構造物あるいは部材の終局時の破壊，使用時のひび割れや変形，繰返し荷重下の疲労破壊，などに関する種々の限界状態を一つの体系の中で総合的に取り扱った，「限界状態設計法」(limit state design)が全面的に採用されるに至った．したがって，この新しい設計法の概念，諸設計式の力学的根拠や設計手法の手順などを的確に理解することが，これから建設工学に携わる技術者にとっては必須欠くべからざるようになっている．

このためには，まず設計理論の基礎となっている鉄筋コンクリートやプレストレストコンクリートの各種荷重・断面力作用下での力学的特性について，従来にもまして基本的なものの把握が必要であると思われる．本書は，コンクリート構造学の基礎概念を十分に理解していただくため，この点にかなり意を注いで記述したつもりである．また，本書では現行の土木学会「コンクリート標準示方書」の設計理論と手順を一連の流れにそって習得していただくために，できるだけその構成順序に従って記述することとした．

本書は，コンクリート構造学の基礎的事項に重点をおき，例題や演習問題も重要ポイントをしぼって，その解法を平易に記述したつもりである．応用的課題の解決や設計基本式の実構造設計への的確な適用に際しては，もちろん本書だけの知識では不充分である．しかし，本書を通じて鉄筋コンクリートやプレストレストコンクリート構造の力学的特性とその定量化の数式に関する基本を充分に理解していただければ，応用的な総合かつ複雑な諸課題については巻末に示した参考文献をはじめ多くの関連文献を参考にすることにより，的確に解決できるものと思われる．

著者は，浅学菲才のため独断に流れ，力学現象やその基礎理論・設計式の解釈などで誤りを侵している点もあるかと思われる．それらの点については，読者諸賢の素直なご意見やご指摘を賜れば誠に幸いである.

この書が, 学生諸君や若い技術者がコンクリート構造学を勉強されるうえで, いささかなりとも役立つならば, 著者の非常に喜びとするところである.

執筆にあたり, 有益な知見を参考にさせていただいた多くの文献の著者に, 厚くお礼申し上げる次第である.

本書の出版に際して多大のご尽力とご支援を賜った森北出版株式会社の菅原義一氏, 石田昇司氏に厚くお礼申しあげる.

1994 年 2 月

小林和夫

目　次

第1章 緒　論

1.1 コンクリートの補強

コンクリートは，セメント，細骨材，粗骨材，さらに必要に応じて混和材料を添加したものに水を加えて練り混ぜ，振動を与えて締め固めた，複合材料である．適当な期間，適切な養生を行うと，セメントと水とが水和反応という化学反応を起こして強度を増していく．

このような材料を用いて現場で容易に製造できるコンクリートは，安価で本来耐久性に優れたものであるため，大量に使用される建設材料として欠くことのできないものである．

しかし，コンクリートは引張強度が圧縮強度の1/10程度と非常に小さいという欠点に加えて，水分の蒸発にともなう乾燥収縮，セメントと水との水和反応にともなう発熱，外気温の変化など，荷重作用以外によっても引張応力の発生する要因が多く，ひび割れが生じやすいという欠点がある．このため，コンクリートを単独で用いた場合には，ひび割れが発生するとただちに破壊につながり，構造物の安全性を確保することが不可能となる．

コンクリートのもつ比較的高い圧縮強度を有効に活用し，安全性と経済性に優れた構造用材料として用いるためには，次の断面形式にする必要がある．

① 引張強度の大きい鉄筋を埋め込んでひび割れ発生後の引張抵抗をすべて鉄筋で負担する断面形式
② PC鋼材という高張力鋼材を高応力で緊張した状態で定着し，コンクリートにあらかじめ圧縮応力を与えることによって荷重作用による引張応力を打ち消してひび割れの生じない断面形式
③ ①で鉄筋のほかに鉄骨も埋め込んで補強した断面形式

コンクリート系構造において，①のような断面形式を鉄筋コンクリート(reinforced concrete：略号RC)，②をプレストレストコンクリート(prestressed concrete：PC)とよぶ．さらに，③を鉄骨鉄筋コンクリート(steel reinforced concrete：SRC)という．

1.2 コンクリート構造の分類

1.2.1 鉄筋コンクリート

図 1.1 のように，荷重（曲げモーメント）によって断面に発生する圧縮応力はコンクリートで負担させ，引張応力は鉄筋で受けもたせるようにすれば非常に効果的である[1.1]．これが鉄筋コンクリートの基本的な考え方である．

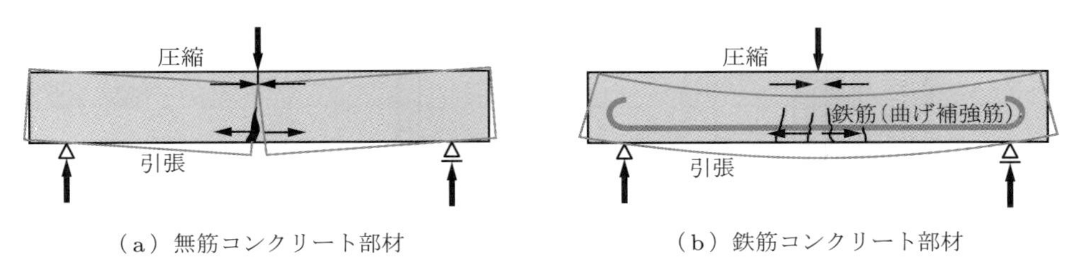

図 1.1 鉄筋コンクリートの鉄筋の役割

コンクリートのひび割れ発生時の引張ひずみは $(100\sim200)\times10^{-6}$ 程度であるから，鉄筋とコンクリートとが一体となって外力に抵抗するという鉄筋コンクリートの基本的前提に立てば，ひび割れ発生の直前での鉄筋の応力は，$(100\sim200)\times10^{-6}\times$ 鉄筋のヤング係数 $(200\,\mathrm{kN/mm^2}) = (20\sim40)\,\mathrm{N/mm^2}$ 程度である．通常用いる鉄筋の降伏強度は $(235\sim390)\,\mathrm{N/mm^2}$ であるから (詳しくは表 3.3 で示す)，コンクリートのひび割れ発生前の鉄筋応力はその降伏強度に比べると非常に小さい．いいかえると，鉄筋コンクリートでは，使用状態で曲げひび割れの発生を許容しないという考え方で断面設計を行うと，鉄筋による補強効果はほとんどなく，非常に不経済となる．

したがって，鉄筋コンクリートでは使用状態でも曲げひび割れが発生した状態を想定し，引張力はすべて鉄筋で負担させるのである．このように，鉄筋には引張力を負担させようとするのが鉄筋コンクリートの基本的な考え方であるが，コンクリートと分担して圧縮力の一部を負担させる場合もある．

いずれにしても，鉄筋コンクリートが長年にわたって有効な構造材料として広く利用されてきたのは，次のような理由による．

① コンクリート中に埋め込まれた鉄筋はさびにくい．
② 鉄筋とコンクリートとの間で，かなり強固な付着が期待できる．
③ 鉄筋とコンクリートの熱膨張係数は $10\times10^{-6}/^\circ\mathrm{C}$ 程度でほぼ等しく，温度変化によって両者の界面に大きな付着（ずれ）応力が発生しない．

1.2.2 プレストレストコンクリート

プレストレストコンクリートの原理を曲げを受けるはり部材を例にとって示すと図 1.2 のようである．

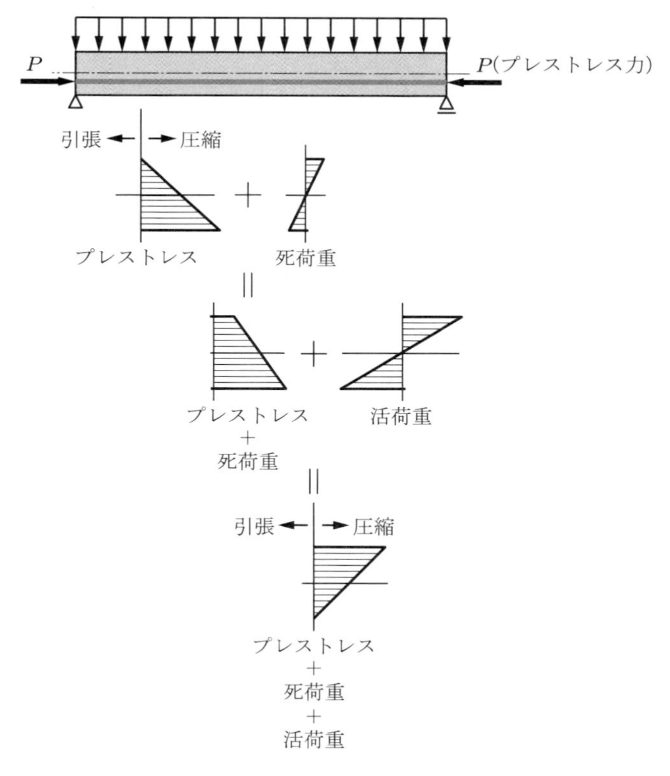

図 1.2 プレストレストコンクリートの原理

コンクリートは圧縮応力には強いが，引張応力に対しては非常に弱いので，荷重によって引張応力を生じる部分にあらかじめ圧縮応力を導入しておき，その引張応力を打ち消すようにすれば，コンクリートにはひび割れが発生せず，全断面が有効にはたらいてスレンダーな構造物をつくることができる[1.2]．このように，あらかじめ導入しておく圧縮応力をプレストレス (prestress) という．

プレストレスを与える方法にはさまざまなものがあるが，通常は PC 鋼材をジャッキで緊張する方法が用いられる．この場合，次の二つの方式がある．

① プレテンション方式 (pre-tensioning system)：PC 鋼材を緊張して引張力を与えた状態で，それを取り囲んで組まれた型枠内にコンクリートを打設して所定の強度に達した段階で，PC 鋼材端で定着を徐々にゆるめて切断し，PC 鋼材とコ

ンクリートとの付着力によってプレストレスを導入する方法である[1.3] (図 1.3).
床版橋の桁，くい，ポール，まくら木などのような工場で製造されるプレキャスト構造部材や製品に用いられる.

② ポストテンション方式 (post-tensioning system)：通常，型枠中の所定位置にPC 鋼材を通したシースを配置した状態でコンクリートを打設し，所定の強度に達したらジャッキで PC 鋼材を緊張し，その反力としてコンクリートに圧縮力を導入し，PC 鋼材の端部をくさびやナットなどで定着する方法である[1.3]．主に，現場でプレストレスを与えるプレストレストコンクリート構造物に用いられる (図 1.4)．ポストテンション方式の PC 鋼材配置には，内ケーブル (internal cable) と外ケーブル (external cable) の 2 方式がある．内ケーブル方式は，PC 鋼材をコンクリート断面内に配置するもので，プレストレスの導入後，シース内にセメントグラウトを注入してまわりのコンクリートとの間に付着を与えるとともに PC 鋼材の腐食を防止するものと，アンボンド鋼材 (詳しくは 3.3.1 項 (4) で説明する) を用いて付着を与えないものがある．一方，外ケーブル方式は，PC 鋼材をコンクリート断面外に配置し，定着部，偏向部を介してプレストレスを与えるもので，部材厚の減少や維持管理面などから適用が増えている．外ケーブルの防錆にはセメントグラウトや防食鋼材が適用される.

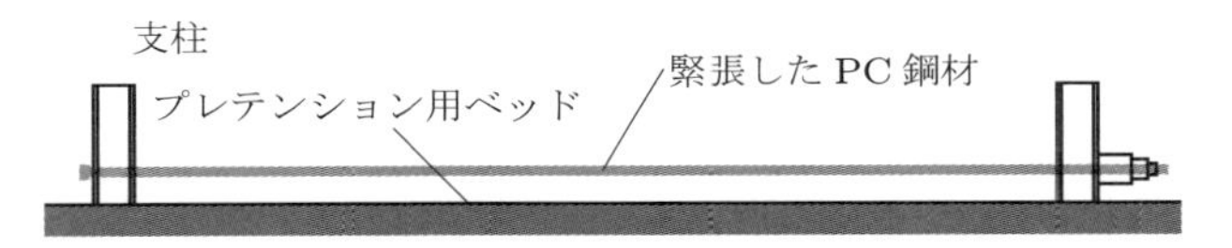

（a）ステップ 1：コンクリート打設前に PC 鋼材を緊張

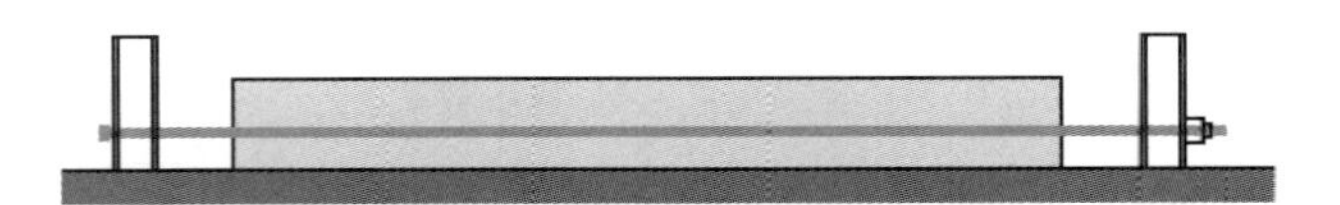

（b）ステップ 2：PC 鋼材に直接付着するようにコンクリート打設

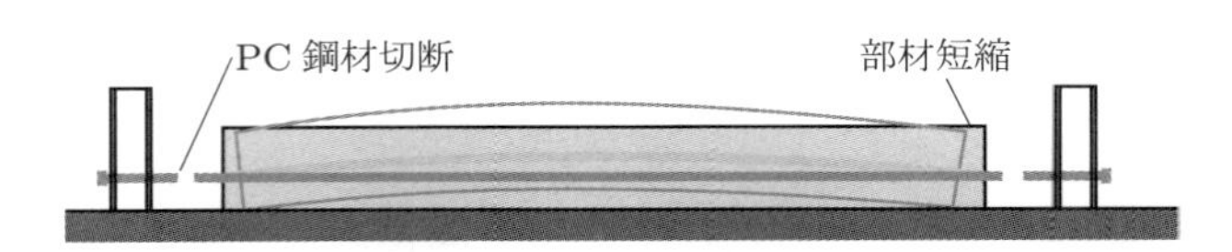

（c）ステップ 3：PC 鋼材の緊張解除によりプレストレス導入

図 1.3　プレテンション方式

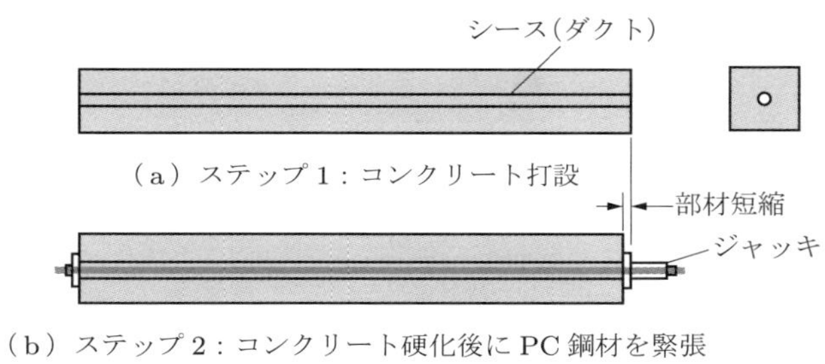

（a）ステップ 1：コンクリート打設

（b）ステップ 2：コンクリート硬化後に PC 鋼材を緊張

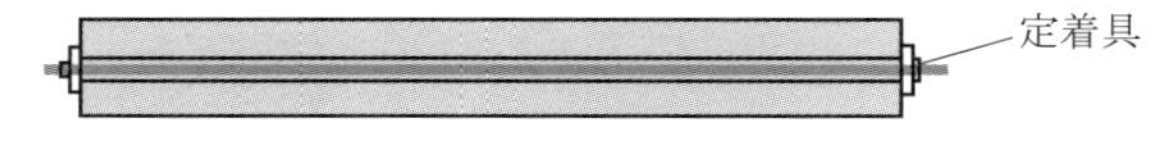

（c）ステップ 3：緊張した PC 鋼材の定着

図 1.4　ポストテンション方式

1.2.3 鉄骨鉄筋コンクリート

鉄骨鉄筋コンクリートは，コンクリート中に鉄骨と鉄筋を埋め込んで補強したものである．主として建築構造物に広く用いられてきたが，近年は橋脚や橋台などの土木構造物への適用例も増大している．

鉄骨鉄筋コンクリート構造は，次に示すように大きく三つに分類することができ，それぞれで耐力を算定する際の基本的な考え方が異なる．

① 累加型構造：主として充腹型またはそれに近い鉄骨（ワーレン型）を用いたもの(図 1.5).
② 鉄骨鉄筋併用構造：主として形鋼などの鉄骨と鉄筋を併用したもの．
③ 架設主体構造：主として架設上から鉄骨を用いたもの．

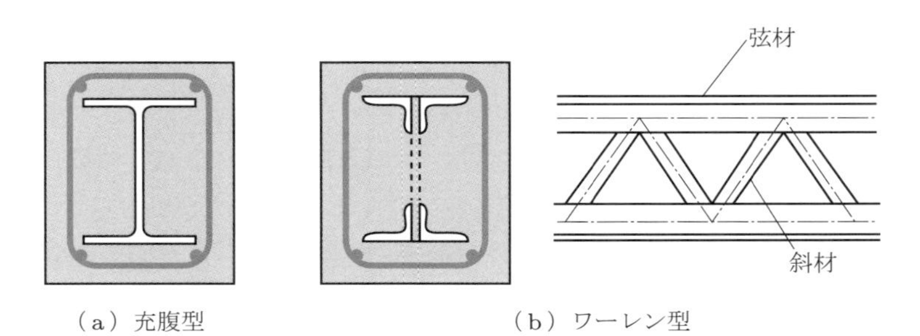

（a）充腹型　　（b）ワーレン型

図 1.5　鉄骨鉄筋コンクリート

1.3 各構造の設計に対する基本的考え方と特徴

1.3.1 鉄筋コンクリート

鉄筋コンクリートは，鉄筋とコンクリートという強度も応力－ひずみ関係も非常に異なった二つの材料から構成された複合材料である．このため，部材断面の応力や強度の算定法は，鋼構造のような均一材料からなるものとはかなり異なる．鉄筋コンクリートの場合には，鉄筋とコンクリートとの付着が完全に確保され，両者が一体となって外力に抵抗するという前提条件が極力崩れないように配慮することが，きわめて重要である．

1.2.1 項で説明したように，鉄筋コンクリートで曲げ作用を受ける部材では，鉄筋の高引張強度を有効に利用するため，通常の使用状態で作用する設計荷重のもとでも引張部分にひび割れを生じた断面を想定し，引張力はすべて鉄筋によって抵抗させるということを設計の基本としている．しかし，過大なひび割れは，鉄筋の腐食による耐力や耐久性の低下，また水密性や防水性の低下など，構造物の安全性や機能性に悪影響を及ぼす可能性があり，美観を損なう原因ともなるため，構造物の種類，使用目的や環境条件に応じてそのひび割れ幅を制御することが重要となる．

また，使用状態の設計荷重が作用したときと破壊状態の大きな荷重が作用したときとでは，鉄筋やコンクリートに発生する応力レベルが著しく異なる．したがって，構造物の破壊に対する安全性を知るためには，鉄筋とコンクリートの塑性的性質（応力－ひずみ関係の非線形性）を考慮しなければならない．

鉄筋コンクリートの特徴の主なものを示すと，次のようである．

① コンクリート系構造物の特徴として，任意の型枠を使用することによってさまざまな形状，寸法のものを容易につくることができる．

② 設計上ひび割れの発生を許すが，材料の品質検査，設計，施工を入念に行えば，耐久性の優れたものをつくることができる．

③ ②のような条件のもとでつくり，適切に維持管理を実施すれば，一般には大規模な補修，補強費は必要としない．

④ ひび割れが生じやすく，また局部的に破損しやすい．

⑤ 断面が大きく，またコンクリートそのものの重量が大きいため，構造物の自重が大きくなる．

⑥ 一般に，改造，改築がかなり困難である．

1.3.2 プレストレストコンクリート

プレストレストコンクリートは，与えるプレストレスの大きさを変化させることによって，さまざまな性能の構造物をつくることができる点に大きな特徴がある．

プレストレストコンクリート構造は，通常の使用状態においてひび割れの発生を許さないPC構造と，許容するPRC構造に大別できる[1.4]．具体的には，使用状態の設計荷重作用下において，次の3タイプの構造を自由自在につくることができる．

① 断面には引張応力が生じないもの．
② 引張応力は生じるが，ひび割れは発生しないもの．
③ ひび割れは発生するが，ひび割れ幅を許容値以下に制限するもの．

以上のうち，どのタイプを選択すべきかは構造物の種類，使用目的によって異なり，たとえば，使用状態でひび割れを発生させないことがとくに重要な構造物（タンクや原子炉用容器など）に対しては①が，それより条件が多少ゆるい構造物（橋梁をはじめとする一般のほとんどの構造物）に対しては②が採用される．さらに，ひび割れ防止に対して特別の要件がない構造物に対しては，③を採用することができる．

PC構造は①，②で，PRC構造は③である．構造設計にあたっては，使用状態の設計荷重作用下では，PC構造の場合はコンクリートの全断面を有効として応力や変形の計算を行う．一方，PRC構造の場合は鉄筋コンクリートと同様にコンクリートの引張抵抗を無視して取り扱う．しかし，PC構造といえども，破壊の終局状態においては多数のひび割れが発生しているので，破壊安全性の検討方法は基本的には鉄筋コンクリートと同じである．

PCの長所の主なものを示すと，以下のようである．

- ひび割れを生じないようにすることが可能であるため，耐久性や水密性が優れている．
- 全断面を有効に利用できるため，スレンダーな構造にできる．したがって，自重の影響が支配的な長大橋梁などではとくに有利である．PC桁橋では300 m級のもの (たとえば，ノルウェーのストルマ橋：301 m)，さらにPC斜張橋では支間400 m以上のもの (たとえば，スペインのルナ橋：440 m，ノルウェーのスカルンズンド橋：530 m) も架設されている．
- 高強度のPC鋼材とコンクリートを用いるので，鉄筋コンクリートより本質的に優れており，これらを高応力レベルで有効に活用できる．
- プレストレス導入時に高応力を与えるため，いわば載荷試験済みの構造であり，安全性に優れている．
- ポストテンション方式を採用すると，簡単にプレキャストコンクリート部材を接合できる．

- 一時的に過大荷重が作用して大きな変形やひび割れが発生しても，除荷されるとほとんど復元する．

以上のような利点があるが，次のような点に注意する必要がある．

- 鉄筋コンクリートに比べて剛性が小さいため，変形，振動しやすい．
- PC 鋼材は鉄筋に比べて耐熱性が多少劣るため，耐火性に注意を要する．
- 荷重の作用方向に敏感であるため，プレテンション部材の場合は製作，運搬，架設の際に注意が必要である．

1.3.3 鉄骨鉄筋コンクリート

1.2.3 項で説明したように，鉄骨鉄筋コンクリートの設計に対する耐力算定の基本的な考え方は，三つの構造形式で異なり，それぞれ以下のようである[1.4]．

① 累加型構造：断面耐力はそれぞれ独立に計算した鉄筋コンクリート部分と鉄骨部分との和として求める（累加強度方式）．

② 鉄骨鉄筋併用構造：断面耐力は鉄骨を鉄筋に換算して鉄筋コンクリートと同じ方法で計算する（鉄筋コンクリート方式）．

③ 架設主体構造：構造計算上は鉄骨を考慮しない．

以上のうち，① は，耐力計算は簡便であるが，一般に鉄筋コンクリート部分と鉄骨部分とで変形の適合条件を満足しないため，使用状態で生じる応力には別の計算が必要である．また，ひび割れ幅の検討にも別の計算が必要である．

一方，② では 1.3.1 項の鉄筋コンクリートの基本的考え方に従うが，この場合には鉄骨とコンクリートとの付着が確保されていることが前提条件となる．

鉄骨鉄筋コンクリートの特徴の主なものを示すと，次のようである．

- 鉄筋コンクリートに比べて多量の鋼材配置が可能なため，耐力が大きく断面寸法を小さくできる．
- ねばりの大きい鉄骨を用いるため，部材としてのじん性が大きい．
- 鋼部材と比べ，剛性や耐久性が優れている．
- 以上のような特徴があるので，対象構造物の設計条件によっては鉄筋コンクリート構造や鋼構造に比べて有利となることがある．

第2章

コンクリート構造の設計法

2.1 設計の目的

一般に，コンクリート構造物は公共性が高く，規模の大きなものが多く，しかも使用期間が長いことが特徴である．

構造設計で考慮すべき重要な要件としては，耐久性，安全性，使用性，復旧性，環境性などがあげられ，これらを経済的にバランスよく満足させることが設計の基本である．このため，対象構造物に対する要求性能を明確にし，それぞれの性能を信頼性の高い合理的な方法で判定することが大切である．土木学会「コンクリート標準示方書」は，2002年に性能照査型の示方書[2.1]として大きく改訂された．2007年版，2012年版，2017年版の「設計編」[2.2–2.4]も同様の概念に基づいている．また，2017年版「設計編」においては，設計の基本として，性能の照査のみならず，構造計画の段階において，2.2節に示すような「考える設計」を行うこととしている．

コンクリート構造物は補修や補強の難しい場合が多いので事前に詳細に調査し，有害なひび割れや損傷が生じないように設計しなければならない．

2.2 設計の手順

設計の手順は，大きく次の2段階に分けられる．

① 上記の各種要件を満足するような最適構造形式の選定（予備設計）．

② 設計基準を満足するような構造物の各部材諸元の決定（詳細設計）．

この予備設計は，現行の示方書[2.4]の「本編　3章 構造計画」に該当するものである．この構造計画においては，要求性能を満たすように，構造特性，材料，施工，維持管理，環境性，経済性等を配慮したうえで，冗長性や頑健性を有する構造物となるように，構造形式の設定等を行うものとしている．まず構造規格，立地条件，施工条件，材料品質などから定まる基本的設計条件に基づいて，いくつかの構造形式を選定する．次に，それぞれについて概略の構造形状と寸法を試算し，経済性，施工性，耐久性，環境性，維持管理などの優劣を相互に比較するとともに，冗長性や頑健性に優れた最適構造形式を決定する.

詳細設計では，予備設計で決定した最適構造形式に対して形面の形状と寸法を仮定し，適切な解析モデルに基づいて構造解析を行い，曲げモーメントやせん断力などの断面力を算定する．次に，断面解析を行って応力や耐力を算定するとともに，ひび割れ幅やたわみなどを計算し，所定の設計基準に従ってこれらの照査を実施する．必要に応じて断面の寸法を修正しながら最適の断面形状，寸法を決定する.

その後，鋼材配置，かぶり，継手構造などの構造細目を検討し，最終的に設計図面の作成と使用材料の量を算出して設計が完了する.

設計の一般的手順は以上のようであるが，各設計法においては，次の点などが異なる.

① 荷重の定め方.
② 構造解析や断面解析上の仮定.
③ 安全性（破壊）と使用性のいずれを重視するか.
④ 安全率の評価方法.

2.3 代表的設計法

以前から規準化されているコンクリート構造物の代表的な設計法を大別すると，次の三つがあげられる.

① 許容応力度設計法 (allowable stress design method).
② 終局強度設計法 (ultimate strength design method).
③ 限界状態設計法 (limit state design method).

2.3.1 許容応力度設計法

許容応力度設計法は，作用荷重の特性を考慮して定められた設計荷重によって生じる部材断面の応力を弾性理論，すなわち材料の応力－ひずみ関係がコンクリートと鋼材のいずれにおいても直線であるという考え方に基づいて算定し，これがそれぞれの材料強度に応じて定められた許容応力度を超えないことを照査する方法である．具体的には，次式で表すことができる.

$$\sum_{i=1}^{n} f_i \leqq f_a \tag{2.1}$$

ここに，f_i：各設計荷重 F_i による応力度の計算値
　　　　f_a：材料の許容応力度 $(= f_0/\nu)$

f_0：材料の設計基準強度

ν：材料安全率

許容応力度設計法では，調査や試験から推定できる作用荷重や材料強度の変動については，その危険側の影響を設計荷重や材料の設計基準強度の設定時に排除しておく．一方，推定が困難な作用荷重や材料強度の変動，解析理論の近似性，施工誤差などにともなう危険側の影響は，すべて材料安全率 ν で考慮する．

許容応力度設計法は，簡便で長年の実績があり，材料の許容応力度を適切に設定することによって，使用状態のひび割れ幅やたわみを間接的に制御できるという利点がある．しかし，ν が構造系や荷重特性に関係なく一定とされているので，構造物または各構造部材間で安全度が不均一となること，また ν は経験的，決定論的に定められたもので明確な根拠がないため，安全性の程度が不明確であることなどの問題がある．

2.3.2 終局強度設計法

終局強度設計法は許容応力度設計法のもつ，次のような問題点を改善しようとするものである．

① 作用荷重の特性に関係なく一律の安全率を採用する．

② 破壊安全度が明確でない．

これらのうち，① に関しては，設計荷重 F_i の種類を考慮して適当な大きさの荷重係数 (load factor) γ_i という安全係数を採用している．また，② に関しては，コンクリート，鉄筋，PC 鋼材などの応力－ひずみ関係の非線形な塑性的性質を考慮した塑性理論に基づいて断面の耐力 R_u を求め，これが $U = \sum \gamma_i F_i$ の大きさの終局荷重によって生じる最大断面力の計算値 S_u（不静定構造では線形解析から求められる値に対して適当な範囲で曲げモーメントの再分配を行う）より大きくなることを確かめることによって，破壊安全度の照査を行う．

現在，終局強度設計法は，たとえば，アメリカの ACI 基準[2.5] に採用されており，次式によって破壊安全度の照査が行われている．

$$\phi R_u \geqq S_u \tag{2.2}$$

この場合，終局荷重 U は荷重の組合せを考慮しなければならない．たとえば，死荷重 D と活荷重 L が作用する場合には，次式となる．

$$U = 1.2D + 1.6L \tag{2.3}$$

D，L 以外に，風荷重 W または地震荷重 E が作用する場合には，

$$U = 1.2D + L + (W \text{ または } E) \tag{2.4}$$

$$U = 0.9D + (W \text{ または } E) \tag{2.5}$$

も計算し，式 (2.3)〜(2.5) の最大値を終局荷重 U とする．

式 (2.2) の ϕ は耐力低減係数 (strength reduction factor) とよばれ，部材のじん性や解析理論の近似性，施工誤差などを考慮するための安全係数の一種であって，次のように定めている．

- 曲げおよび軸引張：$\phi = 0.65〜0.90$
- せん断およびねじり：$\phi = 0.75$
- 無筋コンクリート：$\phi = 0.60$

終局強度設計法では，使用状態でのひび割れ幅やたわみの大きさについては，必要に応じて別途検討することになっている．

このように，許容応力度設計法の問題点の多くが解決できるので，概念的には終局強度設計法のほうがより合理的である．しかし，上記の γ_i や ϕ という安全係数は経験的に定められており，やはり真の安全度は明確でない．このため，図 2.1 に示す $Z = R_u - S_u$ の分布形において安全性の条件 $Z \geqq 0$ を満足するように，たとえば Z の平均値と標準偏差（分散）に基づく安全性指標 β を用いたより合理的な安全率の決定法が研究[2.6] されている．

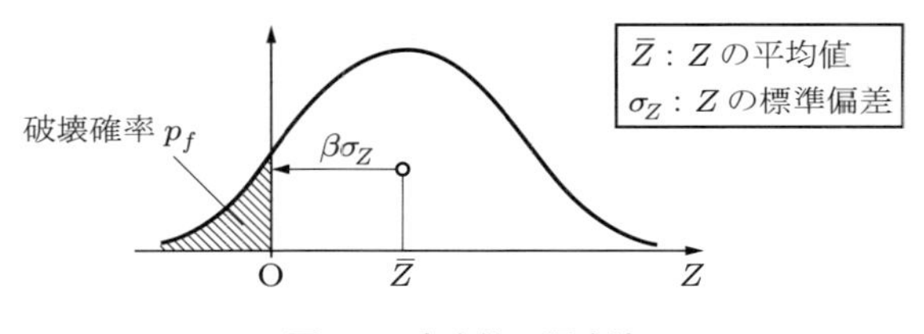

図 2.1　安全性の照査法

2.3.3 限界状態設計法

2.3.1 項で説明したように，許容応力度設計法は安全率の対象を材料強度にとって，使用性に重点をおいた設計法である．一方，終局強度設計法は安全率の対象を荷重にとって，破壊安全性に重点をおくものである．

限界状態設計法の目的は，構造物が要求される使用目的に適合しなくなる各種限界状態に達する確率を許容限度内におさめることであり，その目指すところは安全性照査にあたって，たとえば図 2.1 の破壊確率 p_f を用いる信頼性理論を基礎として，これらのすべてを一つの設計体系で合理的に取り扱おうとするものである．

しかし，限界状態の内容は多岐にわたり，しかもそれぞれの情報が不足しているため，材料強度，荷重，構造解析および断面解析に対して採用される各種の部分安全係数の値は，現在のところ経験的事実に基づいて決定論的に定められたものが多い．したがって，限界状態設計法は半確率論的方法である．

限界状態設計法は，1970 年に CEB-FIP の「コンクリート構造物設計施工国際指針」[2.7] が発表されてから急速に普及し，1972 年にイギリスでは全面的にこの設計法を採用して CP 110[2.8] を制定している．

わが国では，土木学会「コンクリート標準示方書」が 1986 年に大幅に改訂され，その「設計編」[2.9] では当分の間は許容応力度設計法の適用を認めつつ，初めて限界状態設計法に基づいた設計基準が導入された．その後，設計編や施工編などの全編に対して性能照査型への移行作業が進められ，2002 年に足並みをそろえて性能照査型の「コンクリート標準示方書」が発刊された．その「構造性能照査編」[2.1] (1986 年版の「設計編」に相当) では，構造物の要求性能を設定し，それらに応じた限界状態に至らないことを確認することによって性能照査を行うという，限界状態設計法に基づいている．2017 年版「設計編」[2.4] でも同様である．なお，許容応力度設計法は 2002 年版では付録に移され，2007 年版以降で削除されている．

2.4 限界状態設計法

2.4.1 限界状態の概念

構造物の強度が十分でなければ，設計耐用期間中に破壊が生じる危険性が高くなる．また，ひび割れ幅や変形が過大になると，耐久性や使用性が損なわれることになる．

したがって，設計においては，破壊などによってその機能をまったく消失するか，耐久性や通常の使用に必要なひび割れや変形などに関する要件を満足しなくなるかなどのクリティカルな状態を考慮しなければならない．このクリティカルな状態は，構造設計に含まれる材料強度や荷重などのさまざまな不確実性をパラメータとした確率変数で表される確率空間において，構造物の「安全な領域」と「安全でない領域」との境界に対応するもので，これを限界状態 (limit state) とよんでいる．

2.4.2 限界状態の分類

設計では，下記の要求性能[2.4] に対して各種限界状態を設定する．なお，2002 年版以前の示方書では，限界状態を終局，使用，疲労の三つに大別していた．

- 耐久性：構造物中の材料の劣化によって生じる性能の経時的な低下に対する抵抗性．
- 安全性：構造物の使用者や周辺の人の生命や財産を脅かさないための性能．力学面の性能（変動荷重や地震などの偶発荷重による破壊，崩壊）と機能面の性能に大別.

- 使用性：快適に構造物を使用するための性能や通常の状態での諸機能に対する性能.
- 復旧性：地震などの偶発荷重により低下した構造物の性能の回復の難易性を表す性能.
- 環境性

要求性能と限界状態，照査指標，荷重（作用）の関係の例を表 2.1 に示す．なお，本章においては，これ以降，2017 年版示方書「設計編」にならって，「荷重」については，材料劣化に対する環境作用なども含めて，「作用」という表記で統一する．ただし，第 3 章以降においては，2007 年版と同様に「荷重」という表記とし，一般用語としての「作用」と区別する．本書では扱わないが，耐震性に関しては 2017 年版示方書の「設計編」[2.4] を参照されたい.

表 2.1　要求性能，限界状態，照査指標と設計作用の例 [土木学会：コンクリート標準示方書 (2017 年制定)―設計編―，2018]

要求性能	限界状態	照査指標	考慮する設計作用
安全性	断面破壊	力	すべての作用（最大値）
	疲労破壊	応力度，力	繰返し作用
	変位変形，メカニズム	変形，基礎構造による変形	すべての作用（最大値），偶発作用
使用性	外観	ひび割れ幅，応力度	比較的しばしば生じる大きさの作用
	騒音，振動	騒音，振動レベル	比較的しばしば生じる大きさの作用
	車両走行の快適性など	変位，変形	比較的しばしば生じる大きさの作用
	水密性	構造体の透水量，ひび割れ幅	比較的しばしば生じる大きさの作用
	損傷（機能維持）	力，変形など	変動作用など
復旧性	修復性	力，変形など	偶発作用（地震の影響など）

2.4.3 各種部分安全係数

(1) 材料強度と作用の特性値

材料強度と作用は多くの要因によって変動するが，これらは調査や試験によってばらつきの分布形（確率密度関数）が推定できる変動と，推定が事実上困難な変動とに分けて取り扱うことができる.

たとえば，コンクリート強度について考えてみると，設計において実際に必要となるのは構造物内のコンクリート強度である．円柱供試体の試験によって，構造物内のコンクリートの材料，配合，計量，練混ぜ，運搬という施工条件による強度の変動は推定できる．しかし，打込み方法，締固め方法，養生方法などの施工条件や構造物の形状，寸法などによる強度の変動は明らかにできない.

限界状態設計法では，試験によって推定できる材料強度の変動は，その中からこれを下回る確率が一定限度以下となるような特定の値 f_k を定め，これによって材料強度の変動による危険側の影響をある程度まで排除している．このような f_k を材料強度の特性値といい，一般に図 2.2 のようにその変動の分布形を正規分布とみなし，次のように定義する．

$$f_k = f_m - k\sigma = f_m(1 - k\delta) \tag{2.6}$$

ここに，f_m：試験値の平均値

σ：試験値の標準偏差

δ：試験値の変動係数

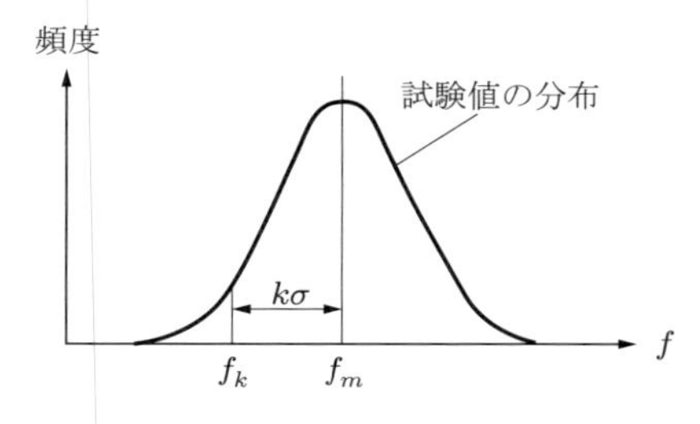

図 2.2　材料強度の特性値

式 (2.6) の k は，f_k より小さい試験値が得られる確率に関係する係数であって，土木学会「コンクリート標準示方書」の解説や CP 110 のようにその確率を 5% とすると，$k = 1.64$ となる．

コンクリート強度の特性値は，適切な JIS 試験による強度に基づいて定めるのが原則であるが，レディーミクストコンクリート (JIS A 5308) を使用する場合には購入者が指定した呼び強度を圧縮強度の特性値としてよい．また，鋼材の降伏強度や引張強度の特性値は該当する JIS 規格の下限値としてよい．

一方，作用は，その頻度，持続性，変動の程度によって，次のように分類されるが，それぞれの特性値 F_k は検討すべき限界状態ごとに定めなければならない．

① 永続作用（死荷重，静止土圧，プレストレス力，コンクリートの収縮とクリープなど）．

② 変動作用（活荷重，温度の影響，風荷重など）．

③ 偶発作用（地震，衝突荷重など）．

安全性（断面破壊など）の照査に用いる F_k としては，本来は設計耐用期間を上回る再現期間における作用の最大値（場合によっては最小値）が用いられるべきである．しかし，現在のところ，作用に関するデータが必ずしも十分でないことから，土木学会では構造物の施工中および設計耐用期間内に発生する最大（場合によっては最小）作用の期待値を特性値としている．これは，構造物の施工中および設計耐用期間中にその値以上（場合によってはそれ以下）の作用がまず発生しないと考えられる値のことである．なお，疲労破壊の照査に用いる F_k は，構造物の設計耐用期間中の作用の変動を考慮して定める．

使用性に関する照査に用いる F_k は，構造物の施工中および設計耐用期間中に比較的しばしば生じる大きさのものである．

耐久性に関する照査に用いる F_k は，使用性の照査の場合と同様である．

(2) 材料強度と作用の設計値

材料強度と作用の推定困難な変動が構造物に及ぼす危険側の影響は，それぞれに対して材料係数 γ_m，作用係数 γ_f を導入した設計値を用いることによって取り除くという考え方が採用されている．

材料強度の設計値 f_d は，その特性値 f_k を材料 (コンクリート，鉄筋，PC 鋼材) と要求性能（限界状態）ごとに定められた γ_m で割って，次のように与える．

$$f_d = \frac{f_k}{\gamma_m} \tag{2.7}$$

この γ_m は，具体的には，構造物内の材料強度と試験用供試体強度との相違や構造物内での局部的な材料強度の低下の可能性，材料強度の経時変化などを考慮するための安全係数である．

一方，個々の作用の設計値を設計作用 F_d とし，その値は作用の最大値がその特性値を上回る（または最小値がその特性値を下回る）可能性が多少あることを考慮するため，特性値 F_k に作用係数 γ_f をかけて求める．設計計算にあたって，要求性能に応じた各限界状態の照査に用いる設計作用の組合せと作用係数を表 2.2 に示す．

(3) その他の安全係数

(2) で述べた安全係数 γ_m，γ_f のほかに，土木学会では設計断面力を算出する構造解析の段階で構造解析係数 γ_a，設計断面耐力を算出する断面解析の段階で部材係数 γ_b，さらに両者を比較して安全性を照査する段階で構造物係数 γ_i というような安全係数を導入している．

材料強度および作用に関して，特性値とは別の体系の規格値 (たとえば，道路橋の TL 荷重，鉄道橋の KS 荷重) または公称値が定められている場合には，それらの特性値は規格値または公称値に材料修正係数 ρ_m，作用修正係数 ρ_f をかけることによって特性値に変換する．

土木学会「コンクリート標準示方書」[2.4] の解説に記載されている安全係数の例として，設計で豊富な実績のある線形解析により照査を行う場合の標準的な値を表 2.3 に示す．

表 2.2 設計作用の組合せと作用係数 [土木学会：コンクリート標準示方書 (2012 年制定)―設計編―, 2013]

要求性能	限界状態	考慮すべき設計作用
耐久性	すべての限界状態	1.0 × 永続作用 + 1.0 × 変動作用†4
安全性	断面破壊など†2	(1.0〜1.2)†3 × 永続作用 + (1.1〜1.2) × 主たる変動作用 + 1.0 × 従たる変動作用
		(1.0〜1.2)†3 × 永続作用 + 1.0 × 偶発作用 + 1.0 × 従たる変動作用
	疲労	1.0 × 永続作用 + 1.0 × 変動作用†4
使用性	すべての限界状態	1.0 × 永続作用 + 1.0 × 変動作用†4
復旧性	すべての限界状態	1.0 × 永続作用 + 1.0 × 偶発作用 + 1.0 × 従たる変動作用

†1 本表は，2017 年版で表記方法が変更されているが，内容についての変更はないため，本書ではよりわかりやすい 2012 年版を掲載している．

†2 安全性（断面破壊など）に対する照査は，ある一組の変動作用を主たる変動作用とし，その他の変動作用を従たる変動作用とする作用の組合せに対して行う．

†3 自重以外の永続作用の小さいほうが不利となる場合，永続作用に対する作用係数を 0.9〜1.0 とするのがよい．

†4 使用性や耐久性の照査ではひび割れや変形などの性能項目に対して，また，疲労の照査に対しては，それぞれ検討すべき作用の組合せを設定するので，変動作用を「主」と「従」に区別する必要はない．

表 2.3 標準的な安全係数の値の例（線形解析を用いる場合）[土木学会：コンクリート標準示方書 (2017 年制定)―設計編―, 2018]

安全係数 / 要求性能（限界状態）	材料係数 γ_m		部材係数 γ_b	構造解析係数 γ_a	作用係数 γ_f	構造物係数 γ_i
	コンクリート γ_c	鋼材 γ_s				
安全性（断面破壊）	1.3	1.0 または 1.05	1.1〜1.3	1.0	1.0〜1.2	1.0〜1.2
安全性（疲労破壊）	1.3	1.05	1.0〜1.3	1.0	1.0	1.0〜1.1
使用性	1.0	1.0	1.0	1.0	1.0	1.0
考慮されている内容	① 材料実験データの不足・偏り ② 品質管理の程度 ③ 供試体と構造物中との材料特性の差異 ④ 材料特性の経時変化		① 断面耐力算定の不確実性 ② 部材寸法のばらつき ③ 部材の重要度 ④ 破壊性状	① 断面力算定時の構造解析の不確実性	① 作用の統計的データの不足・偏り ② 作用算定方法の不確実性 ③ 設計耐用期間の作用の変化	① 構造物の重要度 ② 限界状態に達したときの社会経済的影響

(4) 要求性能（限界状態）の照査方法

》安全性に関する照査

① 断面破壊に対する照査：線形解析を用いる場合の断面破壊に対する照査方法を表 2.4 に示す．非線形解析を用いる場合は断面力以外の指標で照査を行う場合が

表 2.4　断面破壊の限界状態に対する安全性の照査フロー（線形解析を用いる場合）

断面耐力	断面力
材料強度の特性値 f_k	作用の特性値 F_k
$\gamma_m \downarrow$	$\gamma_f \downarrow$
材料の設計強度 $f_d = f_k/\gamma_m$	設計作用 $F_d = \gamma_f F_k$
$\downarrow$	$\downarrow$
断面耐力 $R(f_d)$	断面力 $S(F_d)$
$\gamma_b \downarrow$	$\gamma_a \downarrow$
設計断面耐力 $R_d = R(f_d)/\gamma_b$	設計断面力 $S_d = \sum \gamma_a S(F_d)$

照査 $\gamma_i S_d/R_d \leqq 1.0$

ある[2.4].

② 疲労破壊に対する照査：疲労破壊の限界状態に対する照査は，次式のように，原則として材料の設計変動応力 σ_{rd} と設計疲労強度 f_{rd} を部材係数 γ_b で割った値との比に構造物係数 γ_i をかけた値が，1.0 以下となることを確かめることによって行う．

$$\gamma_i \frac{\sigma_{rd}}{f_{rd}/\gamma_b} \leqq 1.0 \tag{2.8}$$

ここに，f_{rd} は材料の疲労強度の特性値 f_{rk} を材料係数 γ_m で割った値とする．

式 (2.8) の代わりに，次式のように，設計変動断面力 S_{rd} の設計疲労耐力 R_{rd} に対する比に構造物係数 γ_i をかけた値が，1.0 以下となることを確かめて照査することもできる．

$$\gamma_i \frac{S_{rd}}{R_{rd}} \leqq 1.0 \tag{2.9}$$

ここに，S_{rd} は設計変動作用を用いて求めた変動断面力に構造解析係数 γ_a をかけた値とする．また，R_{rd} は f_{rd} を用いて求めた部材断面の疲労耐力を部材係数 γ_b で割った値とする．

なお，ランダムな変動作用の繰返し作用下での設計変動応力または設計変動断面力の等価繰返し回数の算定には，マイナー則を適用する (詳しくは第 11 章で説明する).

≫耐久性，使用性に関する照査　表 2.4 の R_d，S_d は同じ次元（ディメンション）であれば設計の対象によって適宜選ぶことができ，ひび割れ幅や変形，変位などの限界状態の検討に対しても同じ形式で照査することができる．

第3章

コンクリート構造用材料の力学的性質

3.1 コンクリート

構造用コンクリートの品質として，所定の強度，変形特性，耐久性，施工性などのほか，構造物の種類によっては水密性，凍結・融解に対する抵抗性，耐薬品性などが要求される．

現在，プレーンコンクリートに対して20～30%の減水が可能な高性能減水剤や高性能AE減水剤などの混和剤の使用によって，良品質骨材を用いる場合には通常の方法で100 N/mm^{2}程度の高圧縮強度のコンクリートを得ることができる．

一般に，鉄筋コンクリートでは18～40 N/mm^{2}程度，プレストレストコンクリートでは40 N/mm^{2}程度以上の圧縮強度のものが用いられている．鉄筋コンクリートでは，曲げひび割れ幅の制御の点から使用状態での鉄筋の利用応力に限界があるため，有効に活用できるコンクリート強度の範囲が定まってくるためである．一方，プレストレストコンクリートでは，PC鋼材を定着する必要からコンクリートにある程度以上の強度が要求され，また使用状態でひび割れが発生せず，コンクリートの全断面が外力に抵抗できるPC構造とする場合には高強度コンクリートを採用することの利点が非常に大きいためである．

土木学会[3.1]では，コンクリート強度の適用範囲を圧縮強度の特性値（設計基準強度）で$f'_{ck} \leqq 80$ N/mm^{2}としている．

3.1.1 強度特性

(1) 圧縮強度

コンクリート構造物の設計や解析に必要な強度特性としては，圧縮強度，引張強度，曲げひび割れ強度，鉄筋との付着強度，支圧強度などがある．これらのうち，鉄筋コンクリートでは圧縮強度 (compressive strength) が活用されていること，また各種強度は圧縮強度と密接な関係があることなどから，圧縮強度はコンクリートの強度特性を代表するものとして，とくに重要視される．

圧縮強度の特性値は，原則として，標準養生 (20 ± 3°C 湿潤状態) した通常 $\phi 10 \times 20$ cm または $\phi 15 \times 30$ cm 円柱供試体の材齢 28 日の試験強度に基づいて定める．プレストレストコンクリートでは，プレストレスを与えてよいときの圧縮強度は，所要の強度が得られるときの材齢における試験強度から定める．

標準供試体としてアメリカでは $\phi 6 \times 12$ インチ (ほぼ $\phi 15 \times 30$ cm) 円柱供試体を用いているが，イギリス，フランス，ドイツでは一辺 15～20 cm の立方体供試体を採用している．コンクリート品質が同じでも，立方体供試体は円柱供試体より 20% 程度大きな圧縮強度を示すので，設計基準や文献を参照する際には注意する必要がある．

構造設計を行う場合のコンクリートの設計基準強度は，試験強度の変動を考慮して，各基準に具体的な定め方が規定されている．たとえば，土木学会「コンクリート標準示方書」[3.1] では，式 (2.6) を用いてその設計基準強度（特性値）f'_{ck} を求める．そして，設計圧縮強度としては，f'_{ck} を限界状態ごとに定めた所定の材料係数 γ_c で割って低減した値，$f'_{cd} = f'_{ck}/\gamma_c$ を用いる．

(2) 引張強度と曲げひび割れ強度

コンクリートの引張強度 (tensile strength) は圧縮強度に比べると著しく小さく，普通骨材を用いた場合で圧縮強度に対する強度比は 1/13～1/9 である．コンクリートが高強度になるほど，この比は小さくなる．

また，コンクリートの曲げひび割れ強度 (flexural cracking strength) は，引張軟化特性を考慮した解析から部材寸法の増大にともなって低下するとともに，乾燥の影響によって引張強度よりさらに低下することが定性的に示されている．曲げひび割れ強度は，曲げひび割れの検討，たわみ，PC 構造に対する縁引張応力度の制限値などの設計計算に用いる．それぞれの設計計算については，第 9，10，12 章で改めて説明する．

土木学会では，試験強度が得られない場合，普通コンクリートに対しては圧縮強度の設計基準強度 f'_{ck} を用いて，引張強度の特性値 f_{tk} と曲げひび割れ強度 f_{bck} を次のように与えている．

$$f_{tk} = 0.23 {f'_{ck}}^{2/3} \ [\mathrm{N/mm^2}] \tag{3.1}$$

$$f_{bck} = k_{0b} k_{1b} f_{tk} \tag{3.2}$$

ここに，$k_{0b} = 1 + 1/\{0.85 + 4.5(h/l_{ch})\}$

$k_{1b} = 0.55/h^{1/4} \quad (k_{1b} \geqq 0.4)$

k_{0b}：コンクリートの引張軟化特性に起因する引張強度と曲げ強度の関係を表

す係数

k_{1b}：乾燥や水和熱など，その他の原因によるひび割れ強度の低下を表す係数

h：部材断面の高さ [m] $(h > 0.2)$

l_{ch}：特性長さ [m] $(= G_F E_c / {f_{tk}}^2)$

E_c：ヤング係数 (3.1.2 項 (2) の表 3.1 で示す)

G_F：破壊エネルギーで，普通コンクリートでは次式より求めるものとする．

$$G_F = 10{d_{\max}}^{1/3}{f'_{ck}}^{1/3}\ [\mathrm{N/m}] \tag{3.3}$$

$d_{\max}$：粗骨材の最大寸法 [mm]

f'_{ck}：圧縮強度の特性値（設計基準強度）[N/mm^2]

なお，強度が特性値として与えられている場合には，その設計値は特性値を表 2.3 の γ_c で割ればよい．

細粗骨材がすべて人工軽量骨材の場合，引張強度の特性値は，式 (3.1) の値の 70% としてよい．

(3) 支圧強度

ポストテンション方式の PC 鋼材定着部や橋梁の支承部など，コンクリート構造物では局部的に大きな支圧応力を受ける箇所がある．

支圧強度 (bearing strength) は，コンクリート強度や図 3.1 に示すような支圧分布面積 A と支圧を受ける面積 A_a との比によって異なる．土木学会では，これらを考慮して支圧強度の特性値 f'_{ak} を次式で与えている．

$$f'_{ak} = \eta f'_{ck} \tag{3.4}$$

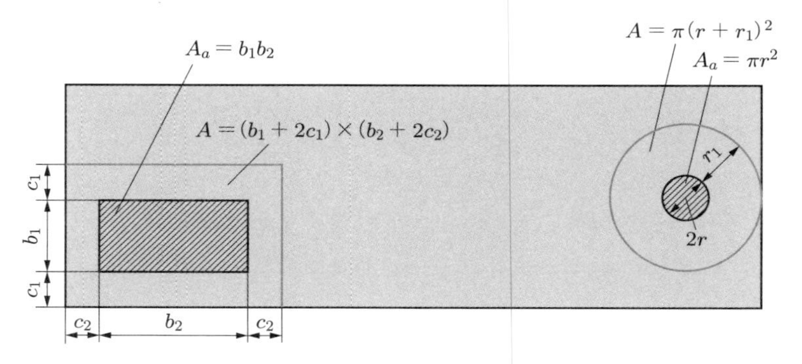

図 3.1　支圧面積のとり方の例 [土木学会：コンクリート標準示方書 (2017 年制定)—設計編—，2018]

ここに，$\eta = \sqrt{A/A_a} \leqq 2$

A：コンクリート面の支圧分布面積 (A_a の図心と一致して A_a からコンクリート縁辺に接するようにして対称にとった面積)

A_a：支圧を受ける面積

細粗骨材がすべて人工軽量骨材の場合，支圧強度の特性値は，式 (3.4) の値の 70% としてよい．

(4) 疲労強度

コンクリートの疲労強度 (fatigue strength) については 11.3 節で説明する．

3.1.2 変形特性

(1) 応力－ひずみ関係

構造物に作用する応力状態は複雑であるが，コンクリートの応力－ひずみ関係，あるいは応力－ひずみ曲線 (stress-strain curve) のうちで最も基本的なものは一軸圧縮載荷時のものであり，設計や解析では一般にこれが用いられる．

コンクリート供試体に圧縮応力が作用したときの，破壊に至るまでの応力－ひずみ関係は強度，骨材種類，載荷速度などでかなり異なる．ひずみ速度を一定に制御した状態で圧縮試験した場合，定性的には図 3.2 に示すような最大応力 f'_c 以後の下降域を含めた応力－ひずみ関係を求めることができる．鉄筋コンクリートやプレストレストコンクリートの曲げ部材断面の圧縮域コンクリート応力の分布も本質的にはこれと同じ形である．

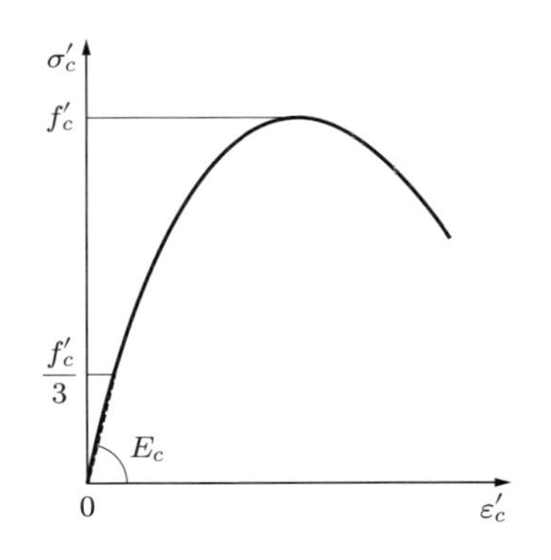

図 3.2　コンクリートの応力－ひずみ関係

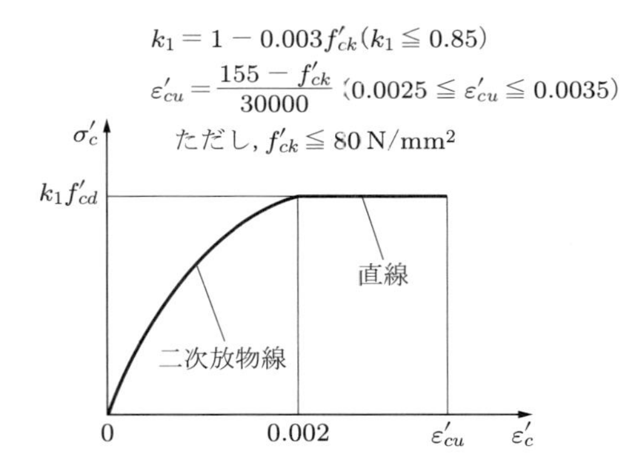

図 3.3　モデル化したコンクリートの応力－ひずみ関係 [土木学会：コンクリート標準示方書 (2017 年制定)―設計編―，2018]

このような最大応力以後の下降域を含めたコンクリートの応力－ひずみ関係は，断面の曲げ破壊強度の算定や塑性変形能（じん性）を評価するうえで，非常に重要な性質であり，数式的なモデル化が数多く提案されてきた．

曲げおよび曲げと軸方向力を受ける部材の断面破壊の限界状態の照査で耐力を算定する場合には，簡易化したものが用いられ，土木学会では二次放物線と直線を組み合わせた図 3.3 のようなモデル化を行っている．これを数式表示すると，次のようになる．

$$\sigma'_c = \begin{cases} k_1 f'_{cd} \dfrac{\varepsilon'_c}{0.002}\left(2 - \dfrac{\varepsilon'_c}{0.002}\right) & (\varepsilon'_c \leqq 0.002) \\ k_1 f'_{cd} & (0.002 < \varepsilon'_c \leqq \varepsilon'_{cu}) \end{cases} \tag{3.5}$$

ここに，f'_{cd}：設計圧縮強度 $(= f'_{ck}/\gamma_c)$

ε'_{cu}：終局圧縮ひずみで，次の値とする．

$$\varepsilon'_{cu} = \frac{155 - f'_{ck}}{30000} \quad (0.0025 \leqq \varepsilon'_{cu} \leqq 0.0035)$$

k_1：主として部材の圧縮強度が円柱供試体の強度よりも小さくなることを考慮するための係数で，次の値とする．

$$k_1 = 1 - 0.003 f'_{ck} \quad (k_1 \leqq 0.85)$$

ただし，ε'_{cu}，k_1 式中の設計基準強度 f'_{ck} $(\leqq 80\,\mathrm{N/mm^2})$ の単位は $\mathrm{N/mm^2}$ である．

コンクリートをスパイラル鉄筋やフープ鉄筋などで適切に拘束し，横拘束コンクリート (confined concrete) とすると，コンクリートの応力－ひずみ関係における下降域の低下勾配が緩やかとなり，部材のじん性が向上する．

このような横拘束コンクリートの応力－ひずみ関係は，耐震設計において非常に重要であるため，いくつかの提案がなされている．その代表的なものの一つとして，矩形フープ鉄筋による横拘束コンクリートに対するケントとパーク (Kent and Park) のモデル[3.2] を図 3.4 に，またその数式表示を次式に示す．

$$\sigma'_c = \begin{cases} f'_c\left\{\dfrac{2\varepsilon'_c}{0.002} - \left(\dfrac{\varepsilon'_c}{0.002}\right)^2\right\} & (\text{AB 領域，} \varepsilon'_c \leqq 0.002) \\ f'_c\{1 - Z(\varepsilon'_c - 0.002)\} & (\text{BC 領域，} 0.002 < \varepsilon'_c \leqq \varepsilon_{20c}) \\ 0.2 f'_c & (\text{CD 領域，} \varepsilon'_c > \varepsilon_{20c}) \end{cases} \tag{3.6}$$

ここに，$Z = 0.5/(\varepsilon_{50u} + \varepsilon_{50h} - 0.002)$

$\varepsilon_{50u} = (0.021 + 0.002 f'_c)/(f'_c - 6.89)$

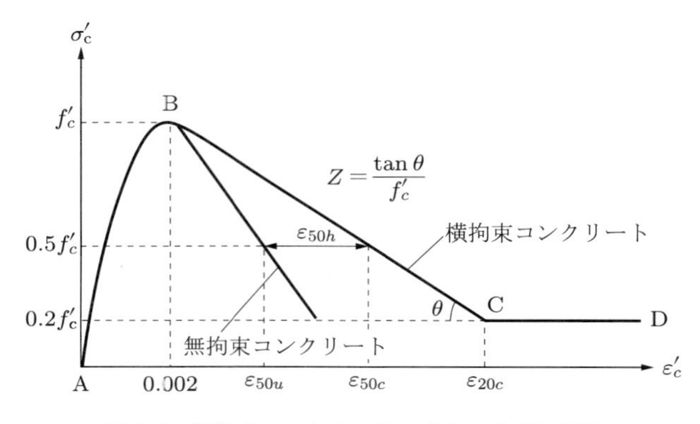

図 3.4　横拘束コンクリートの応力－ひずみ関係

$$\varepsilon_{50h} = (3/4)\rho_s\sqrt{b''/s_h}$$

f'_c：コンクリートの円柱供試体強度 [N/mm^2]

ρ_s：横拘束筋（矩形フープ鉄筋）外周に囲まれたコンクリートコアに対する横拘束筋体積の比

b''：コンクリートコアの幅

s_h：横拘束筋の配置間隔

(2) 弾性定数

コンクリートの応力－ひずみ関係は低応力の段階から非線形となるため，厳密にはヤング係数 (Young's modulus) を定めることはできないが，設計では一般に図 3.2 に示すように圧縮強度 f'_c の 1/3 点と原点とを結ぶ割線係数 (secant modulus) の値をヤング係数 E_c として用いている．

土木学会では，使用性の限界状態における弾性変形や不静定力計算用のヤング係数 E_c として，表 3.1 の値を与えている．繰返し荷重下の E_c は初期接線係数に近いので表の値を 10% 程度増すのがよいが，応力度への影響は小さく，使用性の限界状態と同様に疲労破壊の限界状態における応力度の計算にも表 3.1 の値を用いてよい．なお，2007 年版示方書から掲載されなくなったが，許容応力度設計法では，応力計算に鉄筋とコンクリートのヤング係数比 $n\ (= E_s/E_c) = 15$，すなわち $E_c \fallingdotseq 14\ \mathrm{kN/mm^2}$ の

表 3.1　コンクリートのヤング係数 E_c [土木学会：コンクリート標準示方書 (2017 年制定)—設計編—，2018]

f'_{ck} [N/mm^2]	18	24	30	40	50	60	70	80
E_c [kN/mm^2]	22 (13)	25 (15)	28 (16)	31 (19)	33 (—)	35 (—)	37 (—)	38 (—)

† (　) 内は骨材の全部を軽量骨材とした軽量骨材コンクリートに対する値．

一定値が採用されてきた．

コンクリートのポアソン比 (Poisson's ratio) は，破壊点近傍を除けば 1/7〜1/5 の範囲にあり，設計では 0.2 としてよい．

(3) クリープと収縮

コンクリートに持続応力が作用すると，図 3.5 のように載荷の瞬間に生じる弾性ひずみのほかに，時間的に増大するひずみが生じる．これをクリープひずみという．これと同時に，コンクリート内の水分の蒸発にともなう乾燥収縮をはじめ，自己収縮や炭酸化収縮によって収縮ひずみが発生する．

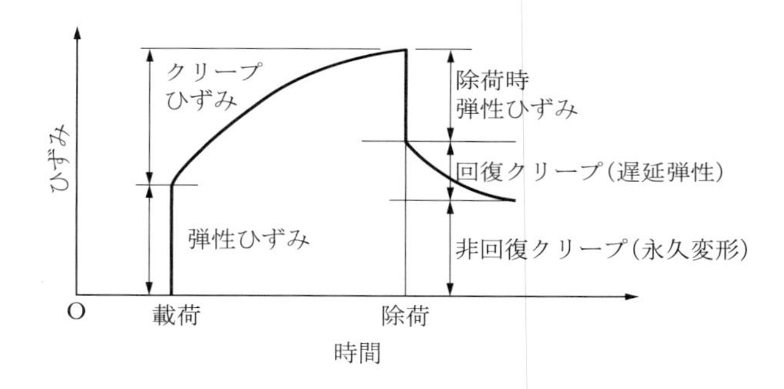

図 3.5　クリープひずみ – 時間曲線

コンクリートのクリープや収縮ひずみは，次のような原因となるので，コンクリート構造物の設計や解析において非常に重要な性質である．

① 構造物の長期にわたる経時変形．
② 鋼材とコンクリートに作用する応力の再分配．
③ 不静定構造物では二次応力の発生．
④ プレストレストコンクリートではプレストレスの時間的減少．

》クリープ　コンクリート構造物の近似的なクリープ (creep) 解析には，次に示す二つの基本法則がよく用いられる．

① クリープひずみは作用応力による弾性ひずみに比例し，圧縮応力と引張応力に対してその比例定数は等しい．
② 同一コンクリートでは，単位応力に対するクリープひずみの進行速度は一定不変である．

① はデービス – グランビル (Davis–Glanville) の法則とよばれ，作用応力が圧縮強度や引張強度の 40% 程度以下の場合に適用でき，次のように表せる．

$$\varepsilon'_{cc} = \frac{\phi\sigma'_{cp}}{E_{ct}} = \phi\varepsilon'_{ce} \tag{3.7}$$

ここに，ε'_{cc}：クリープひずみ
σ'_{cp}：作用応力
E_{ct}：載荷時材齢のヤング係数
ε'_{ce}：載荷時の弾性ひずみ
ϕ：クリープ係数

② はホイットニー (Whitney) の法則とよばれ，図 3.6 のように基準時間 $t = 0$ に応力 σ'_{cp} を与えたときのクリープひずみ曲線を A とすると，$t = t_1$ で同一応力を載荷したときのクリープひずみ曲線 B は $t = t_1$ 以後の曲線 A と同一の経過をたどるというものである．この法則は，具体的には次式のように表せる．

$$\varepsilon_{t-t1}(\mathrm{B}) = \varepsilon_t(\mathrm{A}) - \varepsilon_{t1}(\mathrm{A}) = (\phi_t - \phi_{t1})\frac{\sigma'_{cp}}{E_{ct}} \tag{3.8}$$

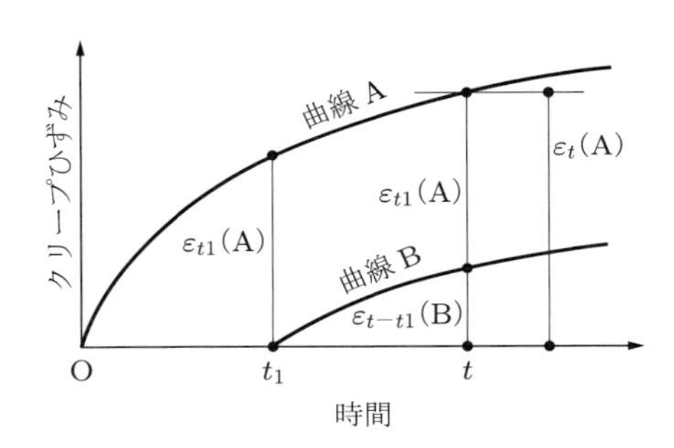

図 3.6　ホイットニーの法則

コンクリートのクリープひずみは，環境条件，断面寸法，配合，載荷時の材齢，骨材とセメント種類など，さまざまな要因によって異なる．コンクリートのクリープ係数の設計値は，試験結果や実際の構造物についての測定結果などを参考にして定める必要がある．ただし，土木学会では，プレストレストコンクリートの有効プレストレスや施工前後に構造系に変化を生じる構造物の不静定力，およびコンクリートの収縮により生じる断面力などを算定するのに用いられる単位クリープひずみの経時変化曲線式を与えている．それを式 (3.7) に代入すると，材齢 t' 日に初載荷を行ったコンクリートの材齢 t 日におけるクリープ係数 $\phi(t, t')$ は次式で求められる．

$$\phi(t, t') = \frac{4W(1 - RH/100) + 350}{12 + f'_c(t')}\log_e(t - t' + 1)E_{ct} \tag{3.9}$$

ここに，E_{ct}：載荷時の有効材齢 t' 日におけるコンクリートのヤング係数
W：コンクリートの単位水量 [kg/m^3]　($W \leqq 175\,\mathrm{kg/m^3}$)
RH：相対湿度 [%]　($45\% \leqq RH$)
$f'_c(t')$：載荷時の有効材齢 t' 日におけるコンクリートの圧縮強度 [N/mm^2]

》収　縮　コンクリートの収縮 (shrinkage) ひずみも，クリープと同様の要因に影響される．設計に用いる収縮ひずみの特性値は，実際に使用するコンクリートに関する JIS A 1129 の試験結果 ($100 \times 100 \times 400$ mm 供試体，水中養生 7 日後に温度 20°C，相対湿度 60% の環境で 6 箇月間乾燥後の収縮ひずみ) もしくは実績をもとに定めることが原則である．なお，試験によらない場合は，土木学会では，次式にて算定される収縮の試験値の推定値 ε'_{sh} ($\times 10^{-6}$) をもとにして特性値を設定してよいとしている．

$$\varepsilon'_{sh} = 2.4\left(W + \frac{45}{-20 + 30C/W}\alpha\Delta\omega\right) \tag{3.10}$$

ここに，W：コンクリートの単位水量 [kg/m^3]　($W \leqq 175\,\mathrm{kg/m^3}$)
C/W：セメント水比
α：骨材の品質の影響を表す係数 ($4 \leqq \alpha \leqq 6$)．標準的な骨材の場合は，$\alpha = 4$ としてよい．
$\Delta\omega$：骨材中に含まれる水分量で次式による．

$$\Delta\omega = \frac{\omega_S}{100 + \omega_S}S + \frac{\omega_G}{100 + \omega_G}G$$

ω_S および ω_G：細骨材および粗骨材の吸水率 [%]
S および G：単位細骨材および粗骨材量 [kg/m^3]

ただし，式 (3.10) で計算される値は最大で ±50% 程度のばらつきがあることに注意しなければならない．

また，式 (3.10) はコンクリート材料としての収縮ひずみを与えるが，プレストレストコンクリートや鉄筋コンクリート棒部材としての収縮ひずみの経時変化 $\varepsilon'_{sh}(t, t_0)$ は，次式により求めてよい．

$$\varepsilon'_{sh}(t, t_0) = \frac{\{(1 - RH/100)/(1 - 60/100)\}\varepsilon'_{sh,inf}(t - t_0)}{(d/100)^2\beta + (t - t_0)} \tag{3.11}$$

ここに，t，t_0：コンクリートの材齢および乾燥開始材齢［日］($t_0 \geqq 3$ 日)
RH：構造物のおかれる環境の平均相対湿度 [%] ($45\% \leqq RH \leqq 80\%$)

d：有効部材厚 [mm]．全面が乾燥面の棒部材の場合，一辺の長さとしてよい．なお，一般的な断面で全表面が乾燥面でない場合は，以下の式により算定する．

$$d = 4\frac{V}{S}$$

ここに，V/S：体積表面積比 [mm]．V は部材体積であり，S には外気に接する部分の表面積を用いる．

$\varepsilon'_{sh,inf}$：乾燥収縮ひずみの最終値

β：乾燥収縮ひずみの経時変化を表す係数

乾燥収縮ひずみの最終値 $\varepsilon'_{sh,inf}$ は，JIS A 1129 ($100 \times 100 \times 400$ mm 供試体使用) により収縮ひずみの経時変化曲線が得られている場合と，そうでない場合では，それぞれ以下のようにして求める．

① 収縮ひずみの経時変化曲線が得られている場合：収縮ひずみの経時変化曲線 $\varepsilon'_{sh}(t, 7)$ (材齢7日に乾燥を開始したときの材齢 t 日の乾燥収縮ひずみ) を，次式により回帰して，$\varepsilon'_{sh,inf}$ と β を求める．

$$\varepsilon'_{sh}(t, 7) = \frac{\varepsilon'_{sh,inf}(t-7)}{\beta + (t-7)}$$

② 収縮ひずみの経時変化曲線が得られていない場合：$\varepsilon'_{sh,inf}$ と β は次式により求めてよい．

$$\varepsilon'_{sh,inf} = \left(1 + \frac{\beta}{182}\right)\varepsilon'_{sh}$$

$$\beta = \frac{30}{\rho}\left(\frac{120}{-14 + 21C/W} - 0.70\right)$$

ここに，ε'_{sh}：JIS A 1129 試験により求めた6箇月乾燥後のひずみの値．試験によらないで式 (3.10) の計算値を用いることもできるが，その場合は推定値のばらつきを考慮しなければならない．

ρ：コンクリートの単位容積質量 [g/cm^3] で，配合により求めてよい．

なお，プレストレストコンクリートの標準的な条件 ($f'_{ck} = 40$ N/mm^2 程度，単位水量 175 kg/m^3，$W/C = 40\%$，$\omega_S = 2.0\%$ および $\omega_G = 1.0\%$，環境温度 $T = 20°$C，設計耐用期間 $t = 100$ 年，降雨条件を考慮した部材上下面の相対湿度はそれぞれ 95% および 65%) 下での，収縮ひずみとクリープ係数の断面平均値として表 3.2 が示されている．ただし，条件が大きく異なる場合や，部材下面のひび割れ幅や長期

表 3.2 コンクリートの収縮ひずみおよびクリープ係数 [土木学会：コンクリート標準示方書 (2017 年制定)—設計編—, 2018]

プレストレスを与えたときまたは荷重を載荷するときのコンクリートの材齢	4〜7 日	14 日	28 日	3 箇月	1 年
収縮ひずみ ($\times 10^{-6}$)	360	340	330	270	150
クリープ係数	3.1	2.5	2.2	1.8	1.4

の変位，変形量の算定にこれを用いることはできない．その場合には，上述の手順に従って収縮ひずみおよびクリープ係数の算定を行う．

3.2 鉄 筋

3.2.1 種 類

鉄筋として用いられる棒鋼には，その表面形状によって普通丸鋼 (round bar：JIS 記号 SR) と異形棒鋼 (deformed bar：JIS 記号 SD) とがある．鉄筋コンクリート用棒鋼の JIS 規格 (JIS G 3112) を表 3.3 に示す．

表 3.3 鉄筋コンクリート用棒鋼の種類 [JIS G 3112]

区分	種類の記号	降伏点または耐力 [N/mm^2]	引張強さ [N/mm^2]
丸鋼	SR 235	235 以上	380〜520
	SR 295	295 以上	440〜600
異形棒鋼	SD 295	295 以上	440〜600
	SD 345	345〜440	490 以上
	SD 390	390〜510	560 以上
	SD 490	490〜625	620 以上

表 3.3 において，鉄筋記号 SR，SD の後に付ける数字は鉄筋の規格最小降伏点強度を N/mm^2 単位で表示したものである．

なお，SD 345，SD 390，SD 490 の 3 種に対しては，鉄筋の伸び能力（部材のじん性）を確保するために，降伏点または耐力の上限値が規定されている．ただし，SD 490 は一般には市販されていない．

表 3.3 のとおり JIS では SD 490 まで規格されているが，今日ではより高強度の鉄筋も製造されている．高強度の鉄筋を使用すれば，鉄筋量の減少，部材断面寸法の縮小，およびこれにともなう死荷重の減少などの利点がある．したがって，土木学会では，従来の鉄筋性能に関わる評価式や適用性を満足することが確認できる場合には，SD 685 まで使用可能としている．

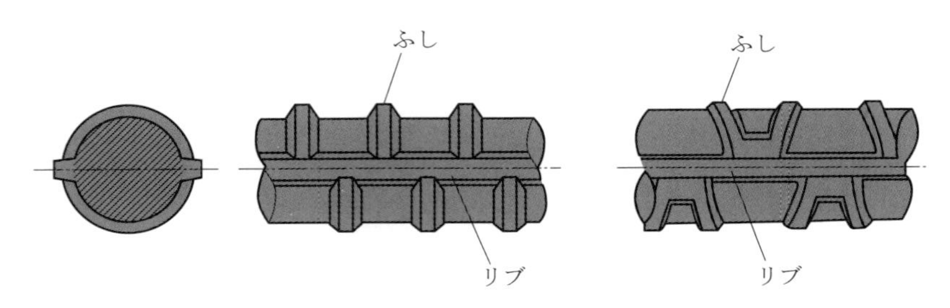

図 3.7　異形棒鋼の表面形状例

異形棒鋼は，図 3.7 に示すように，コンクリートとの付着強度を高めるために，表面に突起があり，このうち軸線方向の突起をリブ，その他の突起をふしという．

このようにして付着性能をよくすると，コンクリートのひび割れの分散効果によって鉄筋コンクリート部材のひび割れ幅を小さくすることができ，また鉄筋の定着長さや重ね継手長さ (詳しくは第 13 章で説明する) を短くできる．このため，現在では異形棒鋼が主流であり，公称直径 51 mm のものまで規格化されている (付表 1 参照)．太径の異形棒鋼は大型鉄筋コンクリート工事に用いられており，近年は 64～70 mm クラスのものも開発されている．

なお，鉄筋の疲労強度については，11.3 節で説明する．

3.2.2 応力－ひずみ関係

コンクリート構造物で通常使用されている表 3.3 の，いわゆる軟鋼に属する鉄筋の応力－ひずみ関係を図 3.8 に示す．コンクリートと異なって比例限界 P 以下の範囲では両者の関係は直線で，その勾配 $E_s = \sigma_s/\varepsilon_s$ で表されるヤング係数は鉄筋の種類に関わらず，設計上は $E_s = 200\,\mathrm{kN/mm^2}$ としてよい．

断面の終局曲げ耐力の算定の際には，一般に図 3.9 のようにモデル化したものを用いる．これは，通常は鉄筋がひずみ硬化領域 (図 3.8 で点 B を過ぎて応力が再び上昇

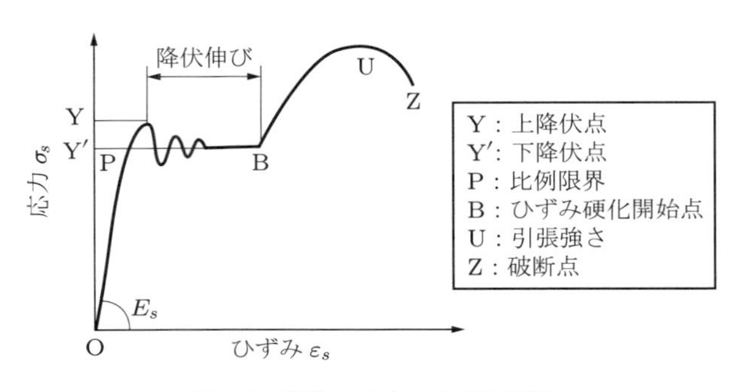

図 3.8　鉄筋の応力－ひずみ関係

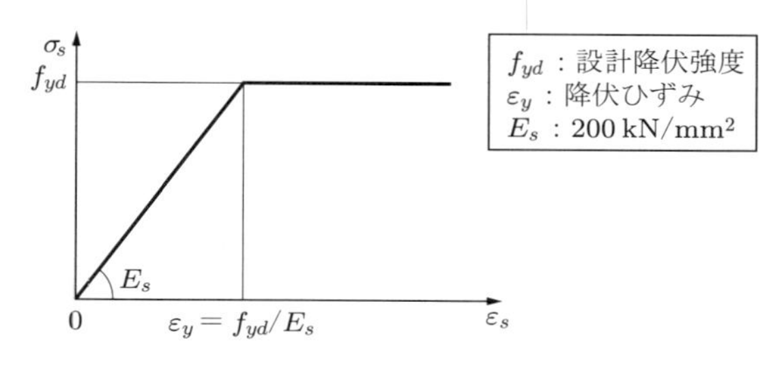

図 3.9　鉄筋のモデル化した応力－ひずみ関係 [土木学会：コンクリート標準示方書 (2017 年制定)—設計編—，2018]

する領域) に到達するまでに，コンクリートがその終局圧縮ひずみ ε'_{cu} に到達して部材断面の破壊が生じるためである．

3.3 PC 鋼材

3.3.1 種　類

プレストレストコンクリートに用いられる PC 鋼材としては，PC 鋼線，PC 鋼より線（ストランド），PC 鋼棒がある．

(1) PC 鋼線

PC 鋼線 (prestressing wire) は，ピアノ線材 (JIS G 3502) をパテンチング（急冷）した後に常温で伸線し，残留ひずみを除去するために最終工程でブルーイング（低温焼なまし）を施して製造されたもので，直径 9 mm 程度までのものをいう．

PC 鋼線の種類を表 3.4 に示す．異形鋼線は主としてプレテンション方式に使用されている．

これらのほかに，引張状態でブルーイングしてリラクセーションを著しく小さくしたもの，硬線材料に熱処理を施し，冷間引抜き加工して製造される PC 硬鋼線 (JIS G 3538) もある．

(2) PC 鋼より線

PC 鋼線を複数本束ねてより合わせた PC 鋼より線 (prestressing strand) として，JIS G 3536 (表 3.4) には，2 本より線，7 本より線，19 本より線が規格化されている．太径のものは主としてポストテンション方式に用いられる．

JIS 化されているもの以外に，さらに多数の PC 鋼線をより合わせた多層より線や 7 本より線を複数本より合わせた多重より線も開発されている．

表 3.4　PC 鋼線および PC 鋼より線 [JIS G 3536]

種類		記号	呼び名[†1]	0.2% 永久伸びに対する試験力 [kN]	引張荷重 [kN]	伸び [%]	リラクセーション率[†2] [%]	
							N	L
PC 鋼線	丸線 (A 種)	SWPR1AN SWPR1AL	(2.9 mm)	11.3 以上	12.7 以上	3.5 以上	8.0 以下	2.5 以下
			(4 mm)	18.6 以上	21.1 以上	3.5 以上	8.0 以下	2.5 以下
			5 mm	27.9 以上	31.9 以上	4.0 以上	8.0 以下	2.5 以下
	異形線	SWPD1N SWPD1L	(6 mm)	38.7 以上	44.1 以上	4.0 以上	8.0 以下	2.5 以下
			7 mm	51.0 以上	58.3 以上	4.5 以上	8.0 以下	2.5 以下
			8 mm	64.2 以上	74.0 以上	4.5 以上	8.0 以下	2.5 以下
			9 mm	78.0 以上	90.2 以上	4.5 以上	8.0 以下	2.5 以下
	丸線 (B 種)	SWPR1BN SWPR1BL	5 mm	29.9 以上	33.8 以上	4.0 以上	8.0 以下	2.5 以下
			7 mm	54.9 以上	62.3 以上	4.5 以上	8.0 以下	2.5 以下
			8 mm	69.1 以上	78.9 以上	4.5 以上	8.0 以下	2.5 以下
PC 鋼より線	2 本より線	SWPR2N SWPR2L	2.9 mm 2 本より	22.6 以上	25.5 以上	3.5 以上	8.0 以下	2.5 以下
	異形 3 本より線	SWPD3N SWPD3L	2.9 mm 3 本より	33.8 以上	38.2 以上	3.5 以上	8.0 以下	2.5 以下
	7 本より線 (A 種)	SWPR7AN SWPR7AL	7 本より 9.3 mm	75.5 以上	88.8 以上	3.5 以上	8.0 以下	2.5 以下
			7 本より 10.8 mm	102 以上	120 以上	3.5 以上	8.0 以下	2.5 以下
			7 本より 12.4 mm	136 以上	160 以上	3.5 以上	8.0 以下	2.5 以下
			7 本より 15.2 mm	204 以上	240 以上	3.5 以上	8.0 以下	2.5 以下
	7 本より線 (B 種)	SWPR7BN SWPR7BL	7 本より 9.5 mm	86.8 以上	102 以上	3.5 以上	8.0 以下	2.5 以下
			7 本より 11.1 mm	118 以上	138 以上	3.5 以上	8.0 以下	2.5 以下
			7 本より 12.7 mm	156 以上	183 以上	3.5 以上	8.0 以下	2.5 以下
			7 本より 15.2 mm	222 以上	261 以上	3.5 以上	8.0 以下	2.5 以下
	19 本より線	SWPR19N SWPR19L	19 本より 17.8 mm	330 以上	387 以上	3.5 以上	8.0 以下	2.5 以下
			19 本より 19.3 mm	387 以上	451 以上	3.5 以上	8.0 以下	2.5 以下
			19 本より 20.3 mm	422 以上	495 以上	3.5 以上	8.0 以下	2.5 以下
			19 本より 21.8 mm	495 以上	573 以上	3.5 以上	8.0 以下	2.5 以下
			19 本より 28.6 mm	807 以上	949 以上	3.5 以上	8.0 以下	2.5 以下

†1 (　) が付いた呼び名以外の線の使用が望ましい．
†2 JIS Z 2276 により，引張荷重の最小値の 70% に相当する荷重をかけたときの 1000 時間後の値．

(3) PC 鋼棒

PC 鋼棒 (prestressing bar) には，キルド鋼を熱間圧延処理した後の製造方法によって，引抜き鋼棒，圧延鋼棒，熱処理鋼棒がある．

一般に，直径 9.2〜40 mm の丸棒 (表 3.5) は主にポストテンション方式，直径 7.1〜12.6 mm の異形棒 (表 3.6) はプレテンション方式に使用されている．

表 3.5 PC鋼棒 [JIS G 3109]

種類		記号	耐力[†2] [N/mm^2]	引張強さ [N/mm^2]	伸び [%]	リラクセーション率[†3] [%]
A種	2号	SBPR 785/1030	785以上	1030以上	5以上	4.0以下
B種	1号	SBPR 930/1080	930以上	1080以上	5以上	4.0以下
	2号	SBPR 930/1180	930以上	1180以上	5以上	4.0以下
C種	1号	SBPR 1080/1230	1080以上	1230以上	5以上	4.0以下
呼び名[†1]		9.2 mm 11 mm 13 mm (15 mm) 17 mm (19 mm) (21 mm) 23 mm 26 mm (29 mm) 32 mm 36 mm 40 mm				

†1 ( )を付けた呼び名以外の鋼棒の使用が望ましい.

†2 0.2%永久伸びに対する応力をいう.

†3 JIS Z 2276により，引張強さの下限値の70%に相当する値に公称断面積をかけた荷重を初期試験力としたときの1000時間後の値.

表 3.6 細径異形PC鋼棒 [JIS G 3137]

種類		記号	耐力[†1] [N/mm^2]	引張強さ [N/mm^2]	伸び [%]	リラクセーション率[†2] [%]
B種	1号	SBPDN 930/1080	930以上	1080以上	5以上	4.0以下
		SBPDL 930/1080	930以上	1080以上	5以上	2.5以下
C種	1号	SBPDN 1080/1230	1080以上	1230以上	5以上	4.0以下
		SBPDL 1080/1230	1080以上	1230以上	5以上	2.5以下
D種	1号	SBPDN 1275/1420	1275以上	1420以上	5以上	4.0以下
		SBPDL 1275/1420	1275以上	1420以上	5以上	2.5以下
呼び名		7.1 mm 9.0 mm 10.7 mm 12.6 mm				

†1 0.2%永久伸びに対する応力をいう.

†2 JIS Z 2276により，引張強さの下限値の70%に相当する値に公称断面積をかけた荷重を初期試験力としたときの1000時間後の値.

PC鋼棒は材端にねじ転造加工ができ，ナットによる定着やカプラによる接続が非常に容易である．このため，プレキャスト部材の組立てやPC鋼材を順次接続していく張出架設工法などに利用しやすい.

(4) その他のPC緊張材

近年，ポストテンション方式において，施工の繁雑なシース内へのグラウト注入を省略するアンボンド工法への関心が高くなっている．この際に用いるアンボンドPC鋼材は，アスファルト系またはポリマー系防錆材を約1 mm厚に塗布して防護用紙を巻き付けた塗布型，およびPC鋼材をプラスチックシースで被覆した間隙にグリースを充てんしたシースド型に分類できる．このほか，充てん用樹脂の硬化時間を調整し，緊張時はアンボンドタイプ，樹脂の硬化後はボンドタイプとなるようなプレグラウト

PC 鋼材が実用化されている.

また，防食型の連続繊維補強材やエポキシ樹脂加工 PC 鋼材も注目され，前者では土木学会「連続繊維補強材の品質規格（案）：JSCE-E131」，後者に関しては土木学会「内部充てん型エポキシ樹脂被覆 PC 鋼より線の品質規格（案）：JSCE-E141」が定められている.

3.3.2 応力－ひずみ関係

図 3.10 の応力－ひずみ関係に示すように，PC 鋼材は鉄筋と異なって，明瞭な降伏点をもたない．このため，わが国では永久ひずみが 0.2% に相当する応力を降伏点または耐力 (proof stress) と定義している.

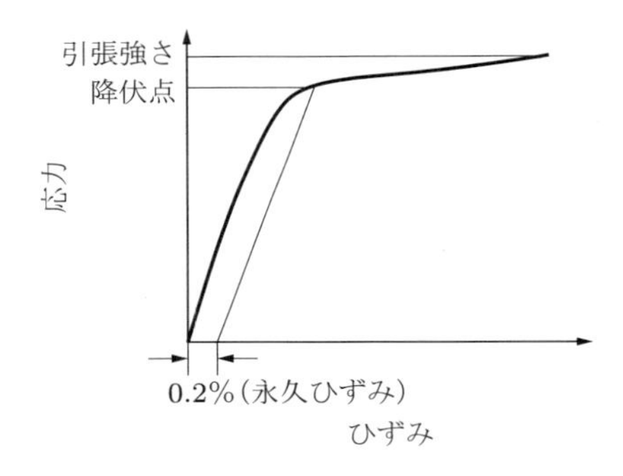

図 3.10　PC 鋼材の応力－ひずみ関係

構造設計に用いる PC 鋼材のヤング係数は，$E_p = 200\,\mathrm{kN/mm^2}$ としてよい．また，終局曲げ耐力の算定に用いる応力－ひずみ関係として，土木学会では図 3.11 のようにモデル化したものを与えている.

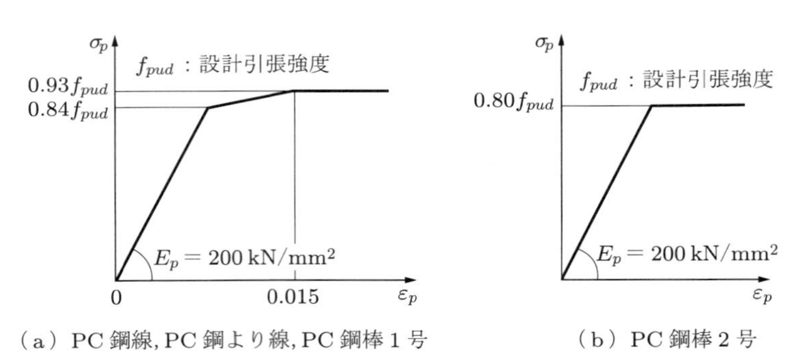

（a）PC 鋼線, PC 鋼より線, PC 鋼棒 1 号　　（b）PC 鋼棒 2 号

図 3.11　PC 鋼材のモデル化した応力－ひずみ関係 [土木学会：コンクリート標準示方書 (2017 年制定)―設計編―, 2018]

3.3.3 リラクセーション

リラクセーション (relaxation) とは，PC 鋼材を緊張して一定の長さに保持した場合，時間の経過とともに緊張応力が減少する現象をいい，初期の緊張応力に対する応力減少量の百分率を純リラクセーション率という．

プレストレストコンクリート部材中の PC 鋼材の場合，コンクリートのクリープや収縮によって PC 鋼材長が時間の経過とともに減少するので，一定ひずみ状態のもとでの純リラクセーション率とは異なる．このような場合には，コンクリートのクリープや収縮が生じている過程での，いわゆる見掛けのリラクセーション率が重要となる．

PC 鋼材が許容引張応力度以下の状態にあり，常温下におかれた部材のプレストレス減少の計算には，設計上は表 3.7 に示す見掛けのリラクセーション率を用いてよい．

表 3.7　PC 鋼材の見掛けのリラクセーション率 γ [土木学会：コンクリート標準示方書 (2017 年制定)—設計編—，2018]

PC 鋼材の種類	γ [%]
PC 鋼線および PC 鋼より線	5
PC 鋼棒	3
低リラクセーション PC 鋼線および PC 鋼より線†	1.5

† JIS Z 2276 の試験方法で，1000 時間後の純リラクセーション率が約 2.5% 以下のものをいう．

3.4 鉄筋とコンクリートとの付着特性

鉄筋コンクリートは，鉄筋とコンクリートとが一体となり，互いに力を伝達しあいながら荷重に抵抗するという複合材料である．したがって，構成材料そのものの力学的性質と同時に，鉄筋とコンクリートとの間で行われる相互の力の伝達機構，すなわち付着の性質は非常に重要である．

3.4.1 付着応力の発生機構

図 3.12 に示すように，鉄筋軸方向の 2 断面 (距離 Δl) で鉄筋に作用する力に ΔT の差がある場合，この力の差はコンクリートとの界面に沿って発生する界面力によって伝達される[3.2]．このような界面力を付着力といい，鉄筋の単位表面積に対する界面力を付着応力 (bond stress) とよぶ．

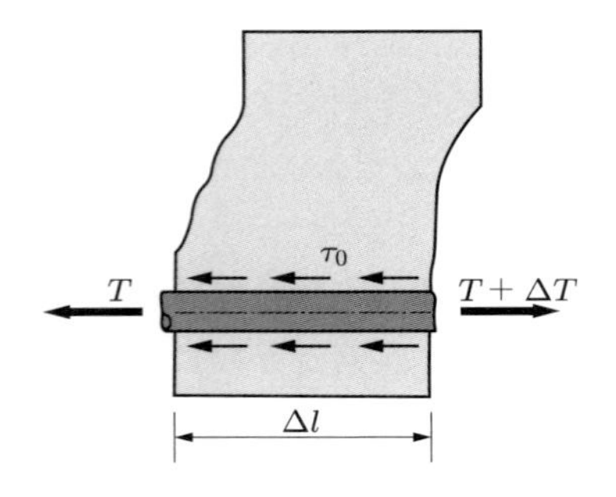

図3.12　付着応力の考え方

したがって，付着応力 τ_0 は長さ Δl の鉄筋に対する力の釣合条件より，次のように表現することができる．

$$(T+\Delta T)-T = A_s(\sigma_s+\Delta\sigma_s)-A_s\sigma_s = \tau_0 u\Delta l \tag{3.12}$$

式 (3.12) より，次の関係式が得られる．

$$\tau_0 = \frac{A_s\Delta\sigma_s}{u\Delta l} \tag{3.13}$$

ここに，A_s，u，σ_s：それぞれ鉄筋の断面積，周長，応力

3.4.2 付着抵抗の性質

付着抵抗の発生機構を分類すると，次の三つの作用がある．

① コンクリート中のセメントペースト硬化体と鉄筋との化学的粘着．

② 鉄筋表面での摩擦．

③ 機械的抵抗．

普通丸鋼の場合，低応力レベルで鉄筋とコンクリートの間にすべりが発生すると，① の抵抗作用はなくなり，その後は ② の摩擦作用で抵抗する．この摩擦抵抗強度は，鉄筋のさびなどの表面状態にかなり影響される．端部にフックを付けない状態で普通丸鋼を引っ張ると，通常はコンクリートから引き抜けた状態で付着破壊が生じる．

異形鉄筋の場合，鉄筋表面のふしによる機械的抵抗によって，普通丸鋼に比べて付着強度は著しく増大する．異形鉄筋では，図 3.13 に示すように，二つのふし間における付着抵抗の機構は次の三つの応力に起因する[3.2]．

① 鉄筋表面での粘着作用にともなうせん断応力 v_a．

② ふしの前面における支圧応力 σ_b．

③ ふし間の円柱コンクリート面に作用するせん断応力 v_c．

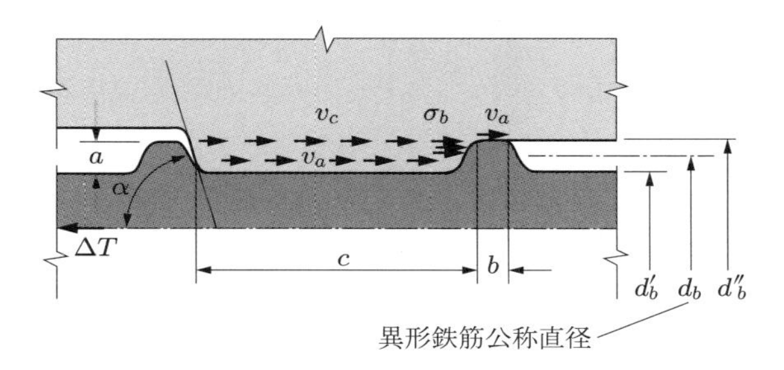

図 3.13　異形鉄筋の付着のメカニズム

隣接した二つのふしの中心間の鉄筋に着目し，力の釣合を考えると次式が成り立つ．

$$\Delta T = \pi d'_b (b+c) v_a + \pi \frac{{d''_b}^2 - {d'_b}^2}{4} \sigma_b \fallingdotseq \pi d''_b c v_c \tag{3.14}$$

鉄筋に作用する力が増大すると，粘着作用は容易に消失し，摩擦作用による抵抗もほかの抵抗機構に比べると非常に小さいので，実質的には v_a は無視できる．さらに，通常の異形鉄筋の形状から，近似的に，$b+c \fallingdotseq c$，$\pi({d''_b}^2 - {d'_b}^2)/4 \fallingdotseq \pi d_b a$ (d_b：公称直径) とみなすことができるので，式 (3.14) から次の関係が得られる．

$$\Delta T \fallingdotseq \pi d_b a \sigma_b \fallingdotseq \pi d_b c v_c \tag{3.15}$$

したがって，異形鉄筋の表面形状と付着抵抗応力の間には次の関係がある．

$$v_c \fallingdotseq \frac{a}{c} \sigma_b \tag{3.16}$$

式 (3.16) から，異形鉄筋の付着特性は，その表面形状を表すパラメータ (a/c) と密接な関係があることが理解できる．

すなわち，a/c の値が大きくなると，せん断応力 v_c が支配的な影響を及ぼし，図 3.14 (a) に示すようなせん断破壊面が形成されて鉄筋の引抜けによって付着破壊が生じる[3.2]．一方，a/c の値が小さくなると，ふし前面の支圧応力が支配的となっ

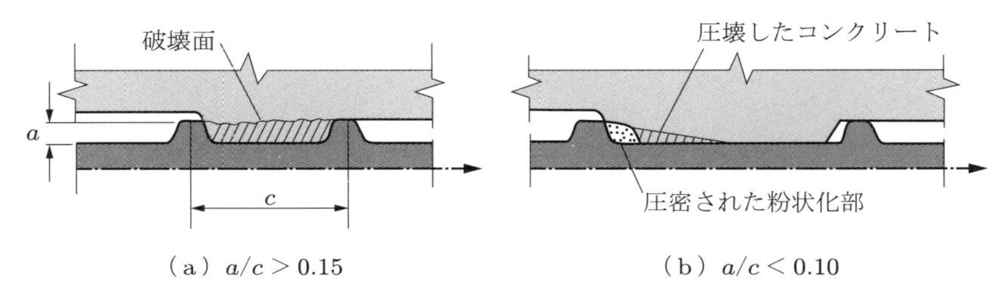

（a）$a/c > 0.15$　　（b）$a/c < 0.10$

図 3.14　異形鉄筋の付着破壊

て図 (b) のようにコンクリートが局部圧壊し，最終的にはそれにともなって発生するくさび作用によって通常はまわりのコンクリートが割裂されて付着が破壊する．現在使用されている異形鉄筋では，図 (b) のような付着破壊が先行するように，その表面形状が決められている．

土木学会では，鉄筋の付着強度の特性値 f_{bok} を次のように与えている．

① JIS G 3112 の規定を満足する異形鉄筋の場合：次式のようになる．

$$f_{bok} = 0.28{f'_{ck}}^{2/3}\ [\mathrm{N/mm^2}] \quad (f_{bok} \leqq 4.2\ \mathrm{N/mm^2}) \tag{3.17}$$

ここに，γ_c：材料係数 (表 2.3 参照)

② 普通丸鋼の場合：式 (3.17) の 40% とする．ただし，普通丸鋼の場合には鉄筋端部に半円形のフックを設けなければならない．

細粗骨材がすべて人工軽量骨材の場合，付着強度の特性値は，式 (3.17) の値の 70% としてよい．

演習問題

3.1 鉄筋コンクリート構造およびプレストレストコンクリート構造に用いられるコンクリートに要求される性能を説明せよ．

3.2 設計基準強度が 80 N/mm^2 を超えるような高強度コンクリートでは，図 3.15 に示すような応力－ひずみ曲線が設計に用いられる．このような応力－ひずみ曲線を用いなければならない理由について考察せよ．

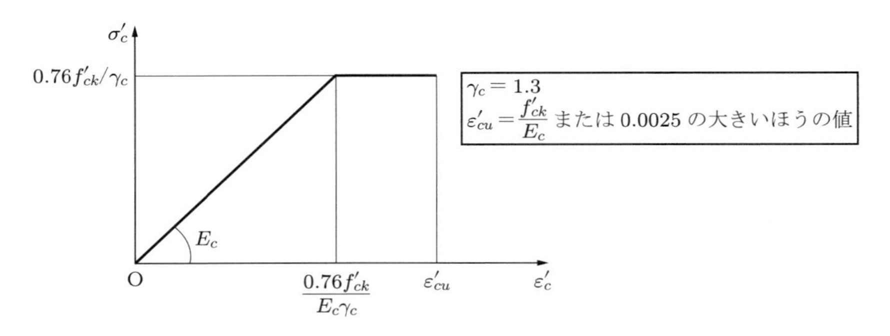

図 3.15　高強度コンクリートの応力－ひずみ曲線

3.3 JIS A 1129 に従って $W/C = 0.50$，密度 2.20 g/cm^3 のコンクリートの乾燥収縮ひずみを計測したところ，乾燥期間 6 箇月における収縮ひずみが 600×10^{-6} であった．このコンクリートの乾燥収縮ひずみの最終値を求めよ．

第4章 曲げに対する耐力

4.1 一般

4.1.1 曲げを受ける部材の力学的挙動

コンクリートの応力－ひずみ関係は，その圧縮強度の 1/3 点程度まではほぼ直線で弾性範囲内にあるが，その後は次第に曲線状に変化して塑性的性質が顕著になっていく．このため，鉄筋コンクリートやプレストレストコンクリート部材では，断面に生じるひずみの大小，いいかえると荷重の大小によって断面内の応力分布状態が変化する．また，曲げひび割れが発生すると応力状態が急激に変化し，荷重の増加にともなってついには破壊する．

鉄筋コンクリート部材についていえば，鉄筋比 p $(= A_s/(bd))$ が釣合鉄筋比 p_b (4.1.2 項で説明する) より小さい通常の場合，断面の応力状態は作用曲げモーメントの大きさに応じて図 4.1 のように変化する．すなわち，次のようになる．

① 曲げモーメントが非常に小さく，最大引張応力がコンクリートの曲げひび割れ強度 f_{bck} より小さく，曲げひび割れは発生していない．この状態では全断面が外力に抵抗し，鉄筋，コンクリートともに弾性範囲内にある．

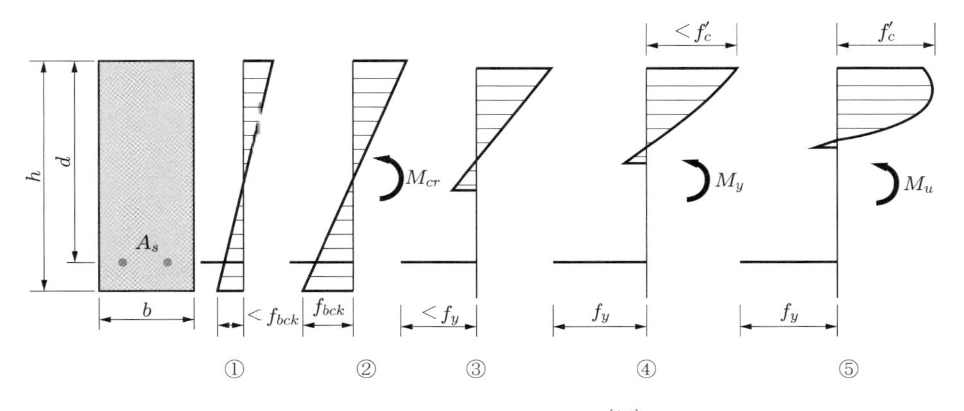

図 4.1　断面の応力状態の推移[4.1]

② 弾性状態を仮定した断面引張縁の引張応力が f_{bck} に達した状態である．このときの曲げモーメントを曲げひび割れ発生モーメント M_{cr} といい，次式のように表す．

$$M_{cr} = \frac{y_t}{I f_{bck}} \tag{4.1}$$

ここに，y_t：断面の中立軸から引張縁までの距離 (鉄筋を無視する場合，$= h/2$)
I：全断面有効の断面二次モーメント
f_{bck}：曲げひび割れ強度で，曲げ試験によるか，もしくは式 (3.2) による．

③ 曲げモーメントが M_{cr} よりさらに増加した状態で，コンクリートの引張抵抗はほとんど消失し，引張力の大部分は鉄筋で受けもたれる．この状態でも，鉄筋はもちろん，コンクリートもほぼ弾性範囲内にある．通常，鉄筋コンクリート構造は，使用荷重作用下ではこのような状態にある (断面の各応力の求め方は第8章で説明する)．

④ 鉄筋の引張応力が降伏点 f_y に達した状態である．このときの曲げモーメントを降伏モーメント M_y という．この段階になると，コンクリートはもはや弾性範囲を超えた状態にあり，断面圧縮域のコンクリート応力の分布は非線形となる．

⑤ M_y より大きな曲げモーメントが作用すると，鉄筋の引張応力は f_y のまま塑性ひずみが著しく増大し，中立軸が急激に断面圧縮縁に向かって上昇する．これにともなって，最終的に断面圧縮縁のコンクリートひずみがその終局圧縮ひずみ ε'_{cu} に達して最大抵抗曲げモーメント M_u を示す．その後は耐力が減少する．

このような過程を，部材断面の曲げモーメント－曲率 ($M-\phi$) 関係[4.2] で表したのが図 4.2 である．荷重－たわみ関係に置き換えても同様である．

曲げひび割れの発生を境に，有効断面が減少するので剛性が低下しはじめる．さらに，$p < p_b$ の場合には，図 4.2 (a) のように鉄筋が降伏する点で変形が急激に増大しはじめ，それ以降は塑性変形が著しく進展し，ねばりのある破壊性状を示す．これに対して，$p > p_b$ の場合には，図 (b) のように鉄筋が降伏するより前にコンクリートが圧縮破壊し，ぜい性的な破壊性状を示す．

図 4.1，4.2 に示す関係は，プレストレストコンクリートについてもほぼ同様である．ただし，プレストレスによる圧縮応力が導入されているため，曲げひび割れ発生モーメント M_{cr} が増大すること，また PC 鋼材は鉄筋のように明瞭な降伏点がないため，鉄筋コンクリートにみられるような $M-\phi$ 関係において曲線の傾きが著しく変化する点はみられず，明確な降伏モーメント M_y が存在しないことなどが大きな相違点である．

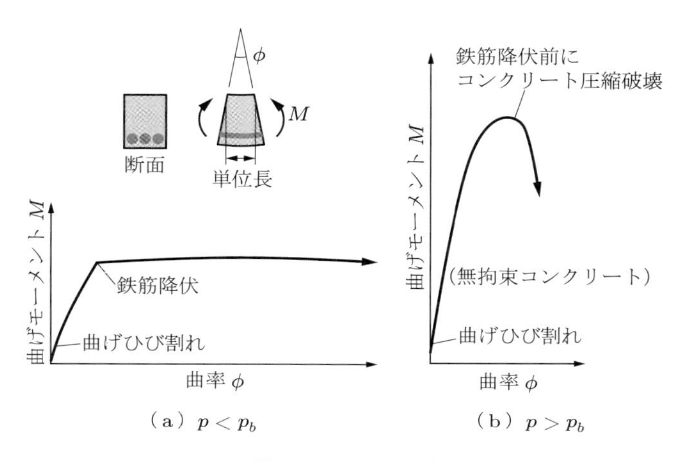

図 4.2 $M-\phi$ 関係

4.1.2 曲げを受ける部材の破壊形式

明瞭な降伏点のある鉄筋で補強された部材が曲げモーメントの作用で破壊する，いわゆる曲げ破壊 (flexural failure) の形式は次の三つに分類される．

① 曲げ引張破壊：曲げモーメントを増加していくと，まず引張鉄筋が降伏点に到達する．以後はその塑性ひずみの増大により中立軸が急激に圧縮縁側に近づき，圧縮域が減少する．最終的に，圧縮縁のコンクリートひずみが終局圧縮ひずみ ε'_{cu} に達し，コンクリートの圧縮破壊（圧壊）によって破壊するとき，これを曲げ引張破壊 (flexural tension failure) という．この破壊形式はじん性に富む (図 4.2 (a))．

② 釣合破壊：引張鉄筋量が多くなってある限界値に達すると，曲げモーメントが増加する際に，鉄筋が降伏点に到達すると同時にコンクリートの圧縮縁ひずみが ε'_{cu} に到達してコンクリートが圧縮破壊する．このような破壊形式を釣合破壊 (balanced failure) という．そして，このときの鉄筋比を釣合鉄筋比 (balanced reinforcement ratio) とよぶ．

③ 曲げ圧縮破壊：釣合鉄筋比より多量の鉄筋を配置した断面では，鉄筋応力が降伏点より小さい弾性範囲内の状態で，コンクリートが急激に圧縮破壊して崩壊する．このようなぜい性的な曲げ破壊の形式を曲げ圧縮破壊 (flexural compression failure) といい (図 4.2 (b))，そのような断面を過大鉄筋断面 (over-reinforced section) とよぶ．

以上のほかに，まれではあるが，引張鉄筋比 (tension steel ratio) が極端に小さな断面では，曲げひび割れ発生モーメント M_{cr} よりも降伏モーメント M_y や最大モーメント M_u のほうがむしろ小さくなり，曲げひび割れの発生と同時に鉄筋が降伏あるいは破断し，非常に突発的な破壊性状を示す．通常強度の鉄筋とコンクリートを用いた場合，一般に引張鉄筋比を0.2%以上とすればこのような破壊は起こらない．

構造設計にあたっては，① の曲げ引張破壊形式のねばりのある破壊性状を示すように断面を定めることが大切である．

プレストレストコンクリートでは，PC 鋼材が鉄筋のように明瞭な降伏点をもたないため，② の釣合断面や釣合鉄筋比は定義できない．そこで，通常は鋼材指数 (reinforcement index) という指標を用い，その値の大小によって破壊形式を分類する．

たとえば，ACI 基準[4.3] では，PC 曲げ部材断面の PC 鋼材指数 q を次式によって定義し，その大小で曲げ破壊の形式を次の二つに分類している．

$$q = p_p \frac{f_p}{f'_{ck}} \tag{4.2}$$

- $q \leqq 0.36\beta$：鉄筋コンクリートの ① に相当する曲げ引張破壊
- $q > 0.36\beta$：鉄筋コンクリートの ③ に相当する曲げ圧縮破壊

ここに，p_p：PC 鋼材比で $p_p = A_p/(bd_p)$

A_p：PC 鋼材の断面積

b：圧縮域における断面の幅

d_p：PC 鋼材に対する断面の有効高さ

f'_{ck}：コンクリートの設計基準強度

f_p：曲げ破壊時の PC 鋼材（付着型）の引張応力で，次式で求める．

$$f_p = f_{pu}\left(1 - \frac{\gamma_p}{\beta} p_p \frac{f_{pu}}{f'_{ck}}\right) \tag{4.3}$$

γ_p：PC 鋼材の応力－ひずみ曲線の特性を表し，$\gamma_p = 0.55$ $(f_{py}/f_{pu} \geqq 0.8), 0.40$ $(f_{py}/f_{pu} \geqq 0.85), 0.28$ $(f_{py}/f_{pu} \geqq 0.90)$ とする．

f_{py}，f_{pu}：それぞれ PC 鋼材の降伏点，引張強度

β：等価応力ブロックの高さを表す係数で，次の値とする．

$$\beta = \begin{cases} 0.85 & (f'_{ck} \leqq 27.6\,\mathrm{N/mm^2}) \\ 0.85 - 0.05(f'_{ck} - 27.6)/6.9 \geqq 0.65 & (f'_{ck} > 27.6\,\mathrm{N/mm^2}) \end{cases}$$

4.2 一般的方法による終局曲げ耐力算定法

4.2.1 計算上の仮定

鉄筋コンクリート部材およびプレストレストコンクリート部材の終局曲げ耐力の断面計算は，一般に次のような仮定のもとで行う．

① 破壊に至るまで断面は平面を保持する．すなわち，維ひずみは中立軸からの距離に比例する．

② コンクリートの引張抵抗は無視する．

③ 付着のある鉄筋および鋼材のひずみは，その断面位置のコンクリートのひずみと同じとする（完全付着の仮定）．

④ 圧縮縁コンクリートひずみが終局値 ε'_{cu} に達したとき，部材は破壊する．

⑤ コンクリート，鉄筋，PC 鋼材の応力－ひずみ関係は定められているものとする．

4.2.2 耐力算定法

図 4.3 の鉄筋コンクリート長方形断面において，コンクリートと鉄筋の応力－ひずみ関係が図 3.3，3.9（土木学会示方書モデル）で与えられたときの，終局曲げモーメント（曲げ耐力）の計算法を以下に示す．

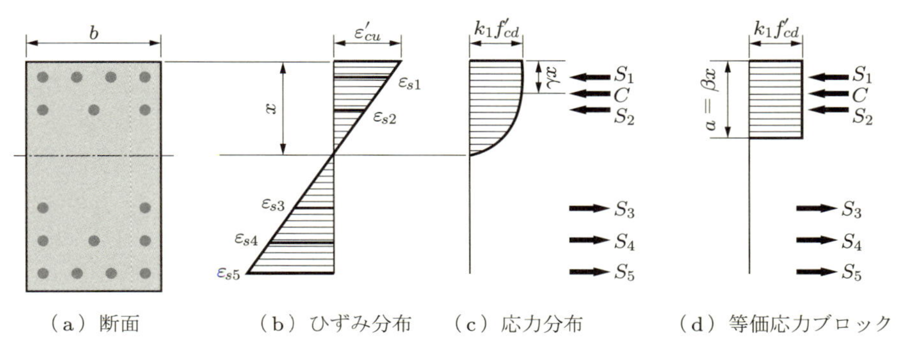

図 4.3 断面の応力－ひずみ分布と等価応力ブロック

破壊時の中立軸が圧縮縁より x の位置にあるとすると，4.2.1 項の ①，③ の仮定から，圧縮縁から d_i の位置における i 段目の鉄筋のひずみ ε_{si} は，次式となる．

$$\varepsilon_{si} = \frac{x - d_i}{x}\varepsilon'_{cu} \tag{4.4}$$

このひずみ ε_{si} に対応する鉄筋の応力 σ_{si} は，鉄筋の応力－ひずみ関係から求められる．したがって，i 段目の鉄筋に作用する力 S_i は，その断面積を A_{si} とすると，次式で与えられる．

$$S_i = \sigma_{si} A_{si} \tag{4.5}$$

一方，断面圧縮域におけるコンクリート応力の分布は，図 4.3 (c) のような形状を示す．この形状は，図 3.3 に示したコンクリートの応力－ひずみ関係で，原点を断面の中立軸，ε'_{cu} 点を圧縮縁とみたてたものに相当する．

コンクリートの平均圧縮応力を $\eta(k_1 f'_{cd})$ とすると，コンクリートの圧縮合力 C は次式で与えられ，その作用点は圧縮縁から γx 離れた位置にある．

$$C = \eta(k_1 f'_{cd}) bx \tag{4.6}$$

η の値は，コンクリートの応力－ひずみ関係から次のように求められる．

$$\eta(k_1 f'_{cd})\varepsilon'_{cu} = \int_0^{\varepsilon'_{cu}} \sigma'_c \, \mathrm{d}\varepsilon'_c \tag{4.7}$$

$$\begin{aligned} \therefore \eta &= \int_0^{\varepsilon'_{cu}} \frac{\sigma'_c}{k_1 f'_{cd} \varepsilon'_{cu}} \, \mathrm{d}\varepsilon'_c \\ &= \frac{\displaystyle\int_0^{0.002} k_1 f'_{cd} \frac{\varepsilon'_c}{0.002}\left(2 - \frac{\varepsilon'_c}{0.002}\right) \mathrm{d}\varepsilon'_c + \int_{0.002}^{\varepsilon'_{cu}} k_1 f'_{cd} \, \mathrm{d}\varepsilon'_c}{k_1 f'_{cd} \varepsilon'_{cu}} \end{aligned} \tag{4.8}$$

また，γ の値は，応力－ひずみ曲線に囲まれた面積の原点に関する断面一次モーメントより，次のように求められる．

$$\int_0^{\varepsilon'_{cu}} \sigma'_c \varepsilon'_c \, \mathrm{d}\varepsilon' = (1 - \gamma)\varepsilon'_{cu} \int_0^{\varepsilon'_{cu}} \sigma'_c \, \mathrm{d}\varepsilon'_c \tag{4.9}$$

$$\begin{aligned} \therefore \gamma &= 1 - \frac{\displaystyle\int_0^{\varepsilon'_{cu}} \varepsilon'_c \sigma'_c \, \mathrm{d}\varepsilon'_c}{\varepsilon'_{cu} \displaystyle\int_0^{\varepsilon'_{cu}} \sigma'_c \, \mathrm{d}\varepsilon'_c} \\ &= 1 - \frac{\displaystyle\int_0^{0.002} \varepsilon'_c k_1 f'_{cd} \frac{\varepsilon'_c}{0.002}\left(2 - \frac{\varepsilon'_c}{0.002}\right) \mathrm{d}\varepsilon'_c + \int_{0.002}^{\varepsilon'_{cu}} \varepsilon'_c k_1 f'_{cd} \, \mathrm{d}\varepsilon'_c}{\varepsilon'_{cu} \left\{ \displaystyle\int_0^{0.002} k_1 f'_{cd} \frac{\varepsilon'_c}{0.002}\left(2 - \frac{\varepsilon'_c}{0.002}\right) \mathrm{d}\varepsilon'_c + \int_{0.002}^{\varepsilon'_{cu}} k_1 f'_{cd} \, \mathrm{d}\varepsilon'_c \right\}} \end{aligned} \tag{4.10}$$

次に，軸方向の力の釣合条件 $C + \sum_{i=1}^{n} S_i = 0$ より，次式が得られる．

$$\eta(k_1 f'_{cd})bx + \sum_{i=1}^{n} \sigma_{si} A_{si} = 0 \tag{4.11}$$

式 (4.11) を解いて中立軸位置 x の値が求められると，曲げモーメントの釣合条件から，破壊抵抗曲げモーメント M_u（終局曲げ耐力）は次式から計算できる．

$$M_u = \eta(k_1 f'_{cd})bx(x - \gamma x) + \sum_{i=1}^{n} \sigma_{si} A_{si}(x - d_i) \tag{4.12}$$

なお，曲げモーメントのほかに軸圧縮力 N' が作用する場合には，式 (4.11)，(4.12) にその影響を考慮して次式のようにすればよい．ただし，この場合は N' が断面高さ h の 1/2 に作用するものとしている (詳しくは第 5 章で説明する)．

$$N' = \eta(k_1 f'_{cd})bx + \sum_{i=1}^{n} \sigma_{si} A_{si} \tag{4.13}$$

$$M_u = \eta(k_1 f'_{cd})bx(x - \gamma x) + \sum_{i=1}^{n} \sigma_{si} A_{si}(x - d_i) - N'\left(x - \frac{1}{2}h\right) \tag{4.14}$$

4.3 等価応力ブロック法による終局曲げ耐力算定法

4.2.2 項で説明した耐力算定法は，構成材料の応力－ひずみ関係を直接的に取り入れた一般的な方法である．しかし，実設計では精度を損なわない範囲で等価応力ブロックを用いて簡易化されているため，等価応力ブロックについて説明する．

4.3.1 等価応力ブロック

図 4.3 (c) で，たとえば $f'_{ck} = 30\ \mathrm{N/mm^2}$ とすれば，式 (3.5) 中の k_1，ε'_{cu} の定義式から $k_1 = 0.85$，$\varepsilon'_{cu} = 0.0035$ となり，コンクリートの圧縮合力 C とその作用位置 γx を式 (4.6)，(4.8)，(4.10) より計算すると，次のようになる．

$$C = 0.688 f'_{cd} bx, \quad \gamma x = 0.416x \tag{4.15}$$

図 4.3 (c) の曲線状の応力分布を，コンクリートの圧縮合力の大きさと作用位置が同じ図 (d) のような長方形分布に置き換えても，曲げ耐力の計算値は同じである．こ

のように，力学的に同等な長方形応力分布を等価応力ブロック (equivalent stress block) といい，実設計で広く用いられている．

土木学会「コンクリート標準示方書」[4.4] に採用されている，コンクリートの応力－ひずみ関係の特性を表す値 k_1，ε'_{cu} と，図 4.3 (d) のように破壊時の中立軸が部材断面内に存在する場合の等価応力ブロックの高さ係数 β をまとめて示すと，次のようである．

$$\begin{cases} k_1 = 1 - 0.003f'_{ck} \quad (f'_{ck} \leqq 80\,\mathrm{N/mm^2},\ k_1 \leqq 0.85) \\ \varepsilon'_{cu} = \dfrac{155 - f'_{ck}}{30000} \quad (f'_{ck} \leqq 80\,\mathrm{N/mm^2},\ \varepsilon'_{cu} \leqq 0.0035) \\ \beta = 0.52 + 80\varepsilon'_{cu} \end{cases} \tag{4.16}$$

図 4.3 (d) で $\beta = 0.52 + 80 \times 0.0035 = 0.8$ $(\varepsilon'_{cu} = 0.0035)$ のとき，$C = k_1 f'_{cd}\beta xb = 0.85f'_{cd}0.8xb = 0.68f'_{cd}bx \fallingdotseq$ 式 (4.15) の C，$\gamma x = 0.5\beta x = 0.4x \fallingdotseq$ 式 (4.15) の γx で，図 (c) の場合と力学的効果はほぼ同じである．$f'_{ck} = 30\,\mathrm{N/mm^2}$ 以外でも同様である．一般に，長方形断面以外の曲げ耐力算定にこのような等価応力ブロックを用いても，4.2 節のような精算値との差は小さい．

4.3.2 単鉄筋長方形断面の曲げ耐力

まず，図 4.4 のように，断面の引張側のみに鉄筋を配置した最も基本的な単鉄筋 (single reinforcement) の長方形断面を考えよう．これが曲げモーメント M を受けて曲げ引張破壊を起こす場合，等価応力ブロックを用いると以下のように簡単に曲げ耐力が求められる．

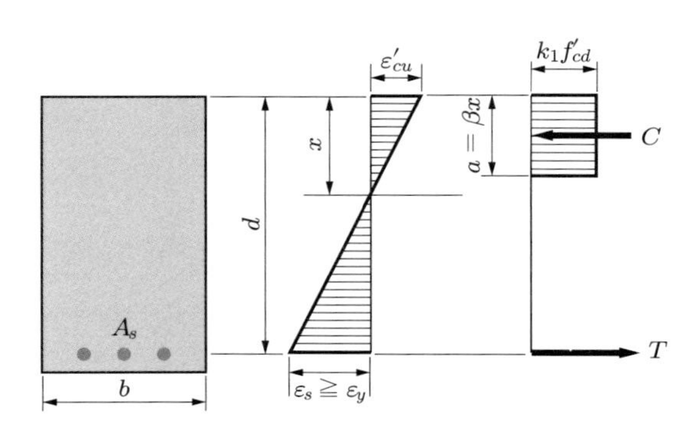

図 4.4　単鉄筋長方形断面

コンクリートの圧縮合力 C は，等価応力ブロックを適用すると，次のようになる．

$$C = k_1 f'_{cd} ab \quad (a = \beta x) \tag{4.17}$$

ここに，f'_{cd}：コンクリートの設計圧縮強度 $(= f'_{ck}/\gamma_c)$
　　γ_c：コンクリートの材料係数（表 2.3 参照）

一方，この場合は終局時に鉄筋が降伏しているので，鉄筋の引張合力 T は次のようになる．

$$T = A_s f_{yd} \tag{4.18}$$

ここに，f_{yd}：鉄筋の設計引張降伏強度 $(= f_{yk}/\gamma_s)$
　　γ_s：鉄筋の材料係数（表 2.3 参照）
　　A_s：鉄筋の断面積

部材軸方向の力の釣合条件 $C - T = 0$ より，

$$k_1 f'_{cd} ab - A_s f_{yd} = 0 \tag{4.19}$$

となる．式 (4.19) より，破壊時の等価応力ブロックの高さ a は，次のようになる．

$$a = \frac{A_s f_{yd}}{k_1 f'_{cd} b} = pmd \tag{4.20}$$

ここに，p：引張鉄筋比 $(= A_s/(bd))$

$$m = \frac{f_{yd}}{k_1 f'_{cd}} \tag{4.21}$$

圧縮合力と引張合力の距離で表される抵抗偶力のアーム長 (lever arm) z は，有効高さ (effective depth) d と a の値より，

$$z = d - 0.5a \tag{4.22}$$

となる．したがって，曲げ耐力（破壊抵抗曲げモーメント）M_u は，次式で与えられる．

$$M_u = Tz \ (= Cz) = A_s f_{yd}(d - 0.5a) \tag{4.23}$$

安全性の照査で，断面破壊の限界状態を対象とする場合の設計曲げ耐力 M_{ud} は M_u を部材係数 γ_b（この場合，1.1 としてよい）で割って，次式のように求められる．

$$M_{ud} = \frac{M_u}{\gamma_b} = \frac{A_s f_{yd}(d - 0.5a)}{\gamma_b} \tag{4.24}$$

以上の計算にあたっては，曲げ引張破壊を仮定している．すなわち，引張鉄筋比 $p = A_s/(bd)$ が釣合鉄筋比 p_b より小さいことを前提としている．

4.1.2 項で述べたように，釣合鉄筋比とは，鉄筋が降伏ひずみ ε_y に達すると同時に，コンクリートの圧縮縁ひずみが終局圧縮ひずみ ε'_{cu} に達して圧縮破壊するときの鉄筋比をいい，図 4.5 から以下のように求められる．

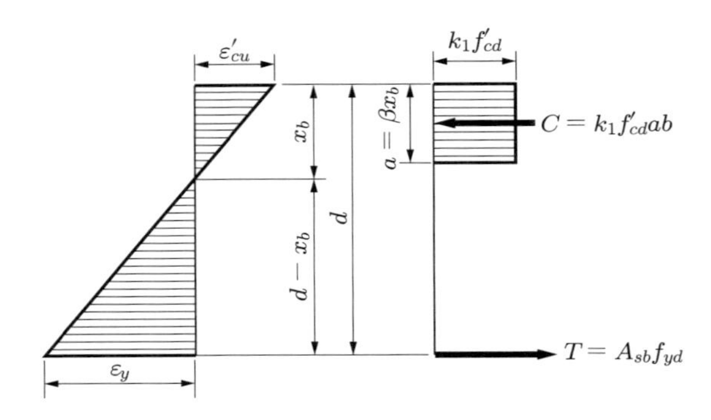

図 4.5　釣合破壊（単鉄筋長方形断面）

釣合断面の破壊時における軸方向の力の釣合条件は式 (4.19) と同様であるから，その中立軸位置 x_b は次のようになる．

$$x_b = \frac{a}{\beta} = \frac{A_{sb} f_{yd}}{\beta k_1 f'_{cd} b} = \frac{m A_{sb}}{\beta b} \tag{4.25}$$

ここに，A_{sb}：釣合断面に対応する鉄筋の断面積

さらに，ひずみの適合条件から，

$$\frac{x_b}{d - x_b} = \frac{\varepsilon'_{cu}}{\varepsilon_y} \tag{4.26}$$

が成り立つ．したがって，x_b は次のようになる．

$$x_b = \frac{\varepsilon'_{cu}}{\varepsilon'_{cu} + \varepsilon_y} d \tag{4.27}$$

式 (4.25)，(4.27) から，釣合鉄筋比 p_b は次式で与えられる．

$$p_b = \frac{\beta}{m} \frac{\varepsilon'_{cu}}{\varepsilon'_{cu} + \varepsilon_y} = \beta k_1 \frac{f'_{cd}}{f_{yd}} \frac{\varepsilon'_{cu}}{\varepsilon'_{cu} + \varepsilon_y} \tag{4.28}$$

式 (4.28) において，ε_y は鉄筋の降伏ひずみ (図 3.9 参照) を表し，$\varepsilon_y = f_{yd}/E_s$ ($E_s = 200\,\mathrm{kN/mm^2}$) として求める．

鉄筋量が多く，$p > p_b$ の場合はコンクリートの圧壊が先行して破壊がぜい性的になるので，余裕をもたせて $p \leqq 0.75p_b$ に制限している．なお，式 (4.28) 中の βk_1 は近似的に $\beta k_1 = 0.88 - 0.004f'_{ck}$ $(\beta k_1 \leqq 0.68)$ としてもよい．

例題 4.1 $b = 400$ mm，$d = 600$ mm，引張鉄筋として SD 295 の材質の異形棒鋼 D 35 (付表 1 参照) を 5 本用いた ($A_s = 5$-D 35) 単鉄筋長方形断面の設計曲げ耐力を求めよ．ただし，コンクリートの設計基準強度（特性値）$f'_{ck} = 27\,\text{N/mm}^2$ とする．

解 鉄筋は SD 295 であるから，表 3.3 よりその降伏強度（特性値）は $f_{yk} = 295\,\text{N/mm}^2$ である．

鉄筋断面積は，巻末の付表 1 より $A_s = 4783\,\text{mm}^2$ となる．また，コンクリートと鉄筋の設計強度は，それぞれの材料係数 γ_c，γ_s (表 2.3 参照) を用いて，次のようになる．

$$f'_{cd} = \frac{f'_{ck}}{\gamma_c} = \frac{27}{1.3} = 20.8\,\text{N/mm}^2$$

$$f_{yd} = \frac{f_{yk}}{\gamma_s} = \frac{295}{1.0} = 295\,\text{N/mm}^2$$

$f'_{ck} = 27\,\text{N/mm}^2$ に対して，k_1 は式 (4.16) より，

$$k_1 = 1 - 0.003f'_{ck} = 1 - 0.003 \times 27 = 0.919$$

となる．$k_1 \leqq 0.85$ の制限条件から，この場合は $k_1 = 0.85$ とする．次に，ε'_{cu} は，

$$\varepsilon'_{cu} = \frac{155 - f'_{ck}}{30000} = \frac{155 - 27}{30000} = 0.0043$$

となる．$\varepsilon'_{cu} \leqq 0.0035$ の制限条件から，この場合は $\varepsilon'_{cu} = 0.0035$ とする．最後に，β は，

$$\beta = 0.52 + 80\varepsilon'_{cu} = 0.52 + 80 \times 0.0035 = 0.8$$

となる．曲げ引張破壊を仮定すると，a の値は式 (4.20) より，

$$a = \frac{A_s f_{yd}}{k_1 f'_{cd} b} = \frac{4783 \times 295}{0.85 \times 20.8 \times 400} = 200\,\text{mm} \quad \left(x = \frac{a}{\beta} = 250\,\text{mm}\right)$$

となる．設計曲げ耐力 M_{ud} は，式 (4.24) より，次のようになる．

$$M_{ud} = \frac{A_s f_{yd}(d - 0.5a)}{\gamma_b} = \frac{4783 \times 295 \times (600 - 0.5 \times 200)}{1.1}$$
$$= 641.4 \times 10^6 \ \mathrm{N \cdot mm} = 641.4 \ \mathrm{kN \cdot m}$$

次に，曲げ引張破壊が起こるという仮定の妥当性を検討する．

① 検討方法1：曲げ破壊時の鉄筋のひずみ ε_s は，$\varepsilon'_{cu} = 0.0035$ とし，次式となる．

$$\varepsilon_s = \frac{\varepsilon'_{cu}(d - x)}{x} = \frac{0.0035 \times (600 - 250)}{250} = 0.0049$$

$$\varepsilon_y = \frac{f_{yd}}{E_s} = \frac{295}{200 \times 10^3} = 0.0015$$

これより，$\varepsilon_s > \varepsilon_y$ であり，鉄筋は降伏して仮定どおり曲げ引張破壊する．

② 検討方法2：釣合鉄筋比 p_b は，$k_1 = 0.85$，$\varepsilon'_{cu} = 0.0035$，$\beta = 0.8$ として式 (4.28) より，次式となる．

$$p_b = \beta k_1 \frac{f'_{cd}}{f_{yd}} \frac{\varepsilon'_{cu}}{\varepsilon'_{cu} + \varepsilon_y} = 0.8 \times 0.85 \frac{20.8}{295} \frac{0.0035}{0.0035 + 0.0015} = 0.034$$

この断面の鉄筋比は，次のようになる．

$$p = \frac{A_s}{bd} = \frac{4783}{400 \times 600} = 0.020$$

したがって，$p < p_b$ であり，仮定どおり曲げ引張破壊する．

なお，$p = 0.020 < 0.75p_b = 0.026$ であり，設計上は部材のじん性に問題はない．

例題 4.2

例題4.1の断面でスパン $l = 10$ m の単純はりに等分布荷重（特性値）として永久荷重（自重を含む）$w_p = 10$ kN/m，変動荷重 $w_r = 30$ kN/m が作用するとき，断面破壊の限界状態に対する安全性を検討せよ．ただし，永久荷重と変動荷重に対する荷重係数をそれぞれ $\gamma_{fp} = 1.1$，$\gamma_{fr} = 1.2$ (構造解析係数 $\gamma_{ap} = \gamma_{ar} = 1.0$) とし，構造物係数を $\gamma_i = 1.0$ とする．

解

この場合の設計最大曲げモーメント $M_{\max}$ は，

$$M_{\max} = \gamma_{ap} \frac{\gamma_{fp} w_p l^2}{8} + \gamma_{ar} \frac{\gamma_{fr} w_r l^2}{8}$$
$$= 1.0 \frac{1.1 \times 10 \times 10^2}{8} + 1.0 \frac{1.2 \times 30 \times 10^2}{8} = 587.5 \ \mathrm{kN \cdot m}$$

となる．安全性の照査は，表2.4で示したように，次式で確認する．

$$\gamma_i \frac{M_{\max}}{M_{ud}} = 1.0 \frac{587.5}{641.4} = 0.92 < 1.0$$

したがって，この断面は曲げ破壊に対して安全である．

4.3.3 複鉄筋長方形断面の曲げ耐力

まず最初に，曲げ破壊時に引張鉄筋，圧縮鉄筋がともに降伏点に達しているものとすれば，複鉄筋 (double reinforcement) 断面の場合も単鉄筋断面の場合と同様の方法で曲げ耐力を算定できる．

この場合，合力 C，C'，T はそれぞれ以下のようになる (図 4.6)．

$$\begin{cases} C = k_1 f'_{cd} ab \\ C' = A'_s f'_{yd} \\ T = A_s f_{yd} \end{cases} \tag{4.29}$$

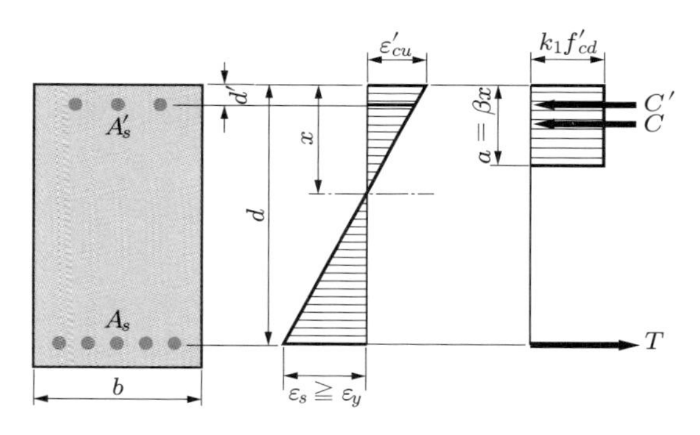

図 4.6　複鉄筋長方形断面

軸方向の力の釣合条件，$C + C' - T = 0$ より，a は次のようになる．

$$a = \frac{A_s f_{yd} - A'_s f'_{yd}}{k_1 f'_{cd} b} = \left(p - p' \frac{f'_{yd}}{f_{yd}}\right) md = \bar{p} md \tag{4.30}$$

ここに，p：引張鉄筋比 $(= A_s/(bd))$

p'：圧縮鉄筋比 $(= A'_s/(bd))$

$\bar{p} = p - p'(f'_{yd}/f_{yd})$

$m = f_{yd}/(k_1 f'_{cd})$

曲げモーメントの釣合条件から，曲げ耐力 M_u は次式で与えられる．

$$M_u = C(d - 0.5a) + C'(d - d')$$

$$= (A_s f_{yd} - A'_s f'_{yd})(d - 0.5a) + A'_s f'_{yd}(d - d') \tag{4.31}$$

なお，この場合，内力の抵抗モーメントを計算する軸は断面のどの位置でもよいが，ここでは引張鉄筋位置としている．

このように，圧縮鉄筋が降伏するためには，次の条件が成立しなければならない．

$$\varepsilon'_{cu}\frac{x - d'}{x} \geqq \frac{f'_{yd}}{E_s} \tag{4.32}$$

したがって，

$$x \geqq \frac{\varepsilon'_{cu}}{\varepsilon'_{cu} - f'_{yd}/E_s} d' \tag{4.33}$$

となる．ここで，式 (4.33) に $x = a/\beta = \bar{p}md/\beta$ を代入すると，次のようになる．

$$\bar{p} \geqq \frac{\beta}{m}\frac{d'}{d}\frac{\varepsilon'_{cu}}{\varepsilon'_{cu} - f'_{yd}/E_s} = \beta k_1 \frac{f'_{cd} d'}{f_{yd} d}\frac{\varepsilon'_{cu}}{\varepsilon'_{cu} - f'_{yd}/E_s} \tag{4.34}$$

さらに，引張鉄筋が降伏する前に上縁コンクリートが圧縮破壊を生じないための条件として，式 (4.28) を参照して，

$$\bar{p} \leqq \frac{\beta}{m}\frac{\varepsilon'_{cu}}{\varepsilon'_{cu} + f_{yd}/E_s} = \beta k_1 \frac{f'_{cd}}{f_{yd}}\frac{\varepsilon'_{cu}}{\varepsilon'_{cu} + f_{yd}/E_s} \tag{4.35}$$

となる．したがって，式 (4.31) から M_u を計算できるのは，$\bar{p}$ が式 (4.34)，(4.35) の両条件を満足する場合である．

なお，ぜい性的な破壊を避けるために，$\bar{p}$ は式 (4.28) の p_b の 75% 以下に制限しなければならない．

式 (4.34) が満足されないときは，曲げ破壊時に圧縮鉄筋は降伏点に達せず弾性範囲内にあるので，そのひずみ ε'_s を考慮して計算しなければならない．

$\varepsilon'_s = \varepsilon'_{cu}(x - d')/x$ であるから，圧縮鉄筋の応力 σ'_s の値は，次のようになる．

$$\sigma'_s = E_s\varepsilon'_s = E_s\varepsilon'_{cu}\left(1 - \frac{d'}{x}\right) = E_s\varepsilon'_{cu}\left(1 - \beta\frac{d'}{d}\frac{d}{a}\right) \tag{4.36}$$

力の釣合条件式 $A_s f_{yd} = k_1 f'_{cd} ab + A'_s \sigma'_s$ の両辺を bdf_{yd} で割って，式 (4.36) を代入すると，

$$p = \frac{1}{m}\frac{a}{d} + p'\frac{\sigma'_s}{f_{yd}} = \frac{1}{m}\frac{a}{d} + p'\frac{E_s\varepsilon'_{cu}}{f_{yd}}\left(1 - \beta\frac{d'}{d}\frac{d}{a}\right) \tag{4.37}$$

となる．これを，a/d について解くと，次式が得られる．

$$\frac{a}{d}=\frac{m}{2}\left\{p-p'\frac{E_s\varepsilon'_{cu}}{f_{yd}}+\sqrt{\left(p-p'\frac{E_s\varepsilon'_{cu}}{f_{yd}}\right)^2+p'\frac{4\beta d'}{md}\frac{E_s\varepsilon'_{cu}}{f_{yd}}}\right\} \qquad (4.38)$$

式 (4.38) の a/d を用い，式 (4.36) より σ'_s を求めれば，この場合の M_u は次式から計算することができる．

$$M_u=(A_sf_{yd}-A'_s\sigma'_s)(d-0.5a)+A'_s\sigma'_s(d-d') \qquad (4.39)$$

例題 4.3　$b=400\,\mathrm{mm}$，$d=600\,\mathrm{mm}$，$d'=40\,\mathrm{mm}$ の複鉄筋長方形断面の設計曲げ耐力を求めよ．ただし，$f'_{ck}=30\,\mathrm{N/mm^2}$，また $A_s=$ 5-D 25 (SD 295)，$A'_s=$ 4-D 16 (SD 295) とする．

解　巻末の付表 1 より，$A_s=2533\,\mathrm{mm^2}$，$A'_s=794\,\mathrm{mm^2}$ となるので，次のようになる．

$$p=\frac{A_s}{bd}=\frac{2533}{400\times 600}=0.01055$$

$$p'=\frac{A'_s}{bd}=\frac{794}{400\times 600}=0.00331$$

$$f'_{cd}=\frac{f'_{ck}}{\gamma_c}=\frac{30}{1.3}=23.1\,\mathrm{N/mm^2}$$

$f'_{ck}=30\,\mathrm{N/mm^2}$ に対し，式 (4.16) より，$k_1=0.85$，$\varepsilon'_{cu}=0.0035$，$\beta=0.8$ である．

圧縮鉄筋，引張鉄筋ともに SD 295 を使用するので，$f'_{yd}=f_{yd}=295\,\mathrm{N/mm^2}$ である．したがって，次のようになる．

$$\bar{p}=p-p'\frac{f'_{yd}}{f_{yd}}=0.01055-0.00331\frac{295}{295}=0.00724$$

$$m=\frac{f_{yd}}{k_1f'_{cd}}=\frac{295}{0.85\times 23.1}=15.024$$

式 (4.34) の検討：

$$\beta k_1\frac{f'_{cd}d'}{f_{yd}d}\frac{\varepsilon'_{cu}}{\varepsilon'_{cu}-f'_{yd}/E_s}$$

$$=0.8\times 0.85\frac{23.1\times 40}{295\times 600}\frac{0.0035}{0.0035-295/(200\times 10^3)}$$

$$= 0.00614 < \bar{p}$$

式 (4.35) の検討：

$$\beta k_1 \frac{f'_{cd}}{f_{yd}} \frac{\varepsilon'_{cu}}{\varepsilon'_{cu} + f_{yd}/E_s} = 0.8 \times 0.85 \frac{23.1}{295} \frac{0.0035}{0.0035 + 295/(200 \times 10^3)}$$
$$= 0.03746 > \bar{p}$$

以上，式 (4.35) の条件を満足することにより終局時に引張鉄筋は降伏し，さらに式 (4.34) の条件を満足することにより圧縮鉄筋も降伏している．

そこで，式 (4.30) より，

$$a = \bar{p}md = 0.00724 \times 15.024 \times 600 = 65\,\mathrm{mm}$$

となり，式 (4.31) より，

$$M_u = (A_s f_{yd} - A'_s f'_{yd})(d - 0.5a) + A'_s f'_{yd}(d - d')$$
$$= (2533 \times 295 - 794 \times 295) \times (600 - 0.5 \times 65)$$
$$+ 794 \times 295 \times (600 - 40)$$
$$= 422.3 \times 10^6\,\mathrm{N \cdot mm} = 422.3\,\mathrm{kN \cdot m}$$

となる．したがって，与えられた複鉄筋断面の設計曲げ耐力 M_{ud} は次のようになる．

$$M_{ud} = \frac{M_u}{\gamma_b} = \frac{422.3}{1.1} = 383.9\,\mathrm{kN \cdot m}$$

ちなみに，A'_s 以外はまったく同じとし，$A'_s = 0$ とした単鉄筋長方形断面に対して例題 4.1 と同様の方法で設計曲げ耐力 M_{ud} を計算すると，$M_{ud} = 375.3\,\mathrm{kN \cdot m}$ である．複鉄筋断面では $M_{ud} = 383.9\,\mathrm{kN \cdot m}$ であることを考えると，圧縮鉄筋を配置することによる曲げ耐力の増加はきわめて小さいことがわかる．

なお，この複鉄筋断面では $\bar{p} < 0.75p_b = 0.75 \times 0.03746 = 0.0281$ であり，設計上は部材のじん性に問題はない．

4.3.4 単鉄筋 T 形断面の曲げ耐力

式 (4.20) によれば，単鉄筋長方形断面 (幅 b) に対する等価応力ブロックの高さは $a = A_s f_{yd}/(k_1 f'_{cd} b)$ である．この a の値とフランジ厚さ t との大小関係により，以下のような取扱いを行う．

① $a \leqq t$ のとき (図 4.7 (a))：長方形断面 (幅 b) として計算を行う．

② $a > t$ のとき (図 4.7 (b))：T 形断面として計算を行う．図 4.8 に示すように，断

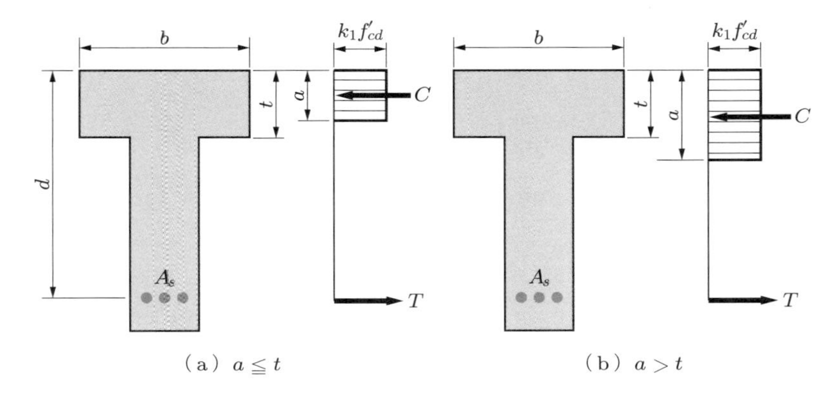

図 4.7　単鉄筋 T 形断面の取扱い方

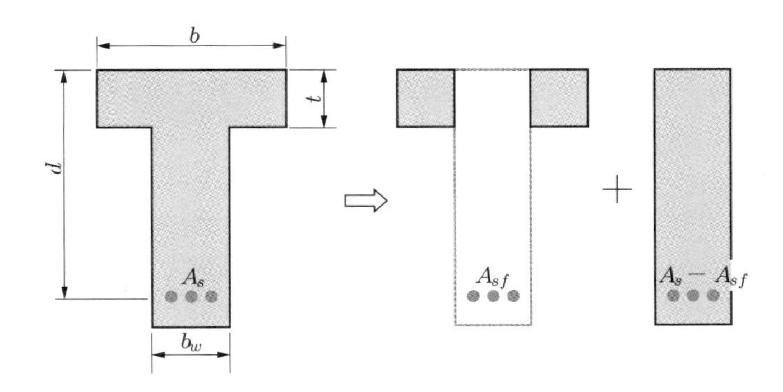

図 4.8　単鉄筋 T 形断面の曲げ耐力計算法

面をウェブの幅に等しい長方形断面とフランジ突出部に分けて計算する．A_{sf} をフランジ突出部に作用する圧縮力に釣り合う鉄筋断面積とすれば，

$$A_{sf} = \frac{k_1 f'_{cd}(b - b_w)t}{f_{yd}} \tag{4.40}$$

となる．したがって，T 形断面の曲げ耐力は，次のようにして求められる．

$$M_u = (A_s - A_{sf})f_{yd}(d - 0.5a) + A_{sf}f_{yd}(d - 0.5t) \tag{4.41}$$

$$a = \frac{(A_s - A_{sf})f_{yd}}{k_1 f'_{cd} b_w} \tag{4.42}$$

設計にあたっては，$(A_s - A_{sf})/(b_w d)$ は式 (4.28) で与えられる釣合鉄筋比 p_b の 75% 以下となるように制限しなければならない．

なお，計算にあたってはコンクリートの引張抵抗を無視しているので，この T 形断面に対する計算の考え方は，I 形断面や箱形断面などにも同様に適用できる．

例題 4.4 図 4.9 に示す単鉄筋 T 形断面の設計曲げ耐力 M_{ud} を求めよ．ただし，コンクリートは $f'_{ck} = 24\,\mathrm{N/mm^2}$，鉄筋は 8-D 35 (SD 390) で $f_{yd} = 390\,\mathrm{N/mm^2}$ とする．

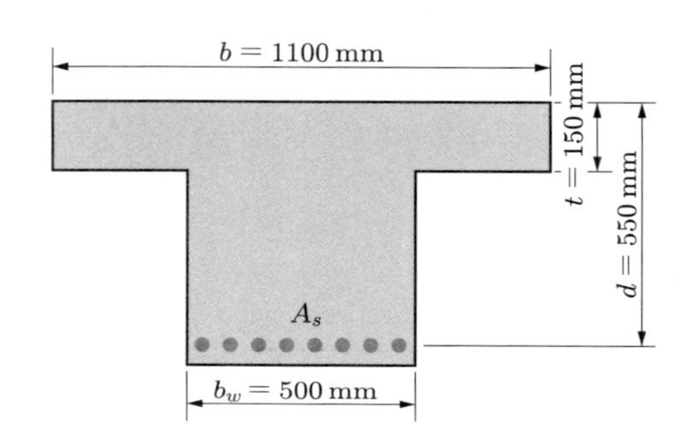

図 4.9　単鉄筋 T 形断面

解

$$f'_{cd} = \frac{f'_{ck}}{\gamma_c} = \frac{24}{1.3} = 18.5\,\mathrm{N/mm^2}$$，巻末の付表 1 より

$$A_s = \text{8-D 35} = 7653\,\mathrm{mm^2}$$

$f'_{ck} = 24\,\mathrm{N/mm^2}$ に対し，式 (4.16) より，$k_1 = 0.85$，$\varepsilon'_{cu} = 0.0035$，$\beta = 0.8$ である．式 (4.20) より，等価応力ブロックの高さ a は次のようになる．

$$a = \frac{A_s f_{yd}}{k_1 f'_{cd} b} = \frac{7653 \times 390}{0.85 \times 18.5 \times 1100} = 173\,\mathrm{mm} > t = 150\,\mathrm{mm}$$

したがって，単鉄筋 T 形断面として計算を行う．

式 (4.40) より，A_{sf} は次のようになる．

$$A_{sf} = \frac{k_1 f'_{cd}(b - b_w)t}{f_{yd}} = \frac{0.85 \times 18.5 \times (1100 - 500) \times 150}{390}$$
$$= 3629\,\mathrm{mm^2}$$

式 (4.42) より，a は次のようになる．

$$a = \frac{(A_s - A_{sf})f_{yd}}{k_1 f'_{cd} b_w} = \frac{(7653 - 3629) \times 390}{0.85 \times 18.5 \times 500} = 200\,\mathrm{mm}$$

曲げ耐力 M_u は，式 (4.41) より次のように求められる．

$$
\begin{aligned}
M_u &= (A_s - A_{sf}) f_{yd}(d - 0.5a) + A_{sf} f_{yd}(d - 0.5t) \\
&= (7653 - 3629) \times 390 \times (550 - 0.5 \times 200) \\
&\quad + 3629 \times 390 \times (550 - 0.5 \times 150) \\
&= 706.2 \times 10^6 + 672.3 \times 10^6 \\
&= 1378.5 \times 10^6\ \mathrm{N \cdot mm} = 1378.5\ \mathrm{kN \cdot m}
\end{aligned}
$$

したがって，この断面の設計曲げ耐力 M_{ud} は，

$$
M_{ud} = \frac{M_u}{\gamma_b} = \frac{1378.5}{1.1} = 1253.2\ \mathrm{kN \cdot m}
$$

となり，式 (4.28) より，

$$
p_b = 0.8 \times 0.85 \frac{18.5}{390} \frac{0.0035}{0.0035 + 390/(200 \times 10^3)} = 0.0207
$$

となる．また，

$$
\frac{A_s - A_{sf}}{b_w d} = \frac{7653 - 3629}{500 \times 550} = 0.0146 < p_b = 0.0207
$$

が成り立つ．

したがって，鉄筋は仮定どおり降伏している．なお，$(A_s - A_{sf})/(b_w d) = 0.0146 < 0.75 p_b = 0.0155$ であるから，設計上は部材のじん性に問題はない．

演習問題

4.1 $b = 400\ \mathrm{mm}$，$d = 500\ \mathrm{mm}$，はり断面の高さ $h = 550\ \mathrm{mm}$ の単鉄筋長方形断面で引張鉄筋が $A_s = $ 5-D 29 (SD 295) のとき，以下の問いに答えよ．ただし，曲げ強度には式 (3.2) より求める曲げひび割れ強度を用い，粗骨材の最大寸法は 20 mm，コンクリートのヤング係数 E_c は表 3.1 より求めることとする．また，簡単にするため，断面の中立軸から引張縁までの距離 y_t，および全断面有効の断面二次モーメント I では，鉄筋の影響は無視するものとする．

(1) コンクリートの設計基準強度 $f'_{ck} = 20\ \mathrm{N/mm^2}$ の場合の曲げひび割れ発生モーメント M_{cr}，終局曲げ耐力 M_u，設計曲げ耐力 M_{ud} を求めよ．

(2) コンクリートの設計基準強度 $f'_{ck} = 40\ \mathrm{N/mm^2}$ の場合の曲げひび割れ発生モーメント M_{cr}，終局曲げ耐力 M_u，設計曲げ耐力 M_{ud} を求めよ．

(3) (1)，(2) の計算結果より，設計曲げ耐力に及ぼすコンクリート強度の影響について検討せよ．

4.2 演習問題 4.1 と同じ寸法の単鉄筋長方形断面で，$f'_{ck} = 20\,\mathrm{N/mm^2}$，引張鉄筋が $A_s =$ 4-D 22 (SD 295) のとき，設計曲げ耐力を求めよ．また，この結果と演習問題 4.1 の結果に基づいて，設計曲げ耐力に及ぼす引張鉄筋量の影響を検討せよ．

4.3 $b = 300\,\mathrm{mm}$，$d = 500\,\mathrm{mm}$，$d' = 50\,\mathrm{mm}$，引張鉄筋が $A_s =$ 4-D 29 (SD 345)，圧縮鉄筋が $A'_s =$ 4-D 22 (SD 295) の複鉄筋長方形断面で $f'_{ck} = 35\,\mathrm{N/mm^2}$ のとき，その設計曲げ耐力を計算せよ．

4.4 $b = 900\,\mathrm{mm}$，$b_w = 400\,\mathrm{mm}$，$t = 150\,\mathrm{mm}$，$d = 600\,\mathrm{mm}$，引張鉄筋が $A_s =$ 8-D 35 (SD 390) の単鉄筋 T 形断面の設計曲げ耐力を求めよ．ただし，$f'_{ck} = 30\,\mathrm{N/mm^2}$ とする．

第5章

曲げと軸方向力に対する耐力

5.1 一　般

曲げのみが作用する場合は，第4章で述べたとおりである．一方，軸方向力のみが作用するのは，いわゆる中心軸圧縮柱部材が該当するが，実構造物ではこのような部材はほとんど存在しない．一部の橋脚に両端ヒンジの柱が用いられる程度である．

実構造物中の柱部材には，軸方向力とともに，曲げモーメントが作用していることが多い．また，理論上は軸方向力のみを受ける柱でも，実際には寸法誤差（施工誤差）のために軸方向力の作用線と部材軸とは必ずしも一致せず，偏心軸圧縮力を受けることになる．柱部材に地震力などの水平力がはたらくと，軸方向力と同時に非常に大きな曲げモーメントが作用する．

ここでは，曲げモーメントと軸方向力（圧縮力）を受ける部材の安全性（断面破壊の限界状態）の照査に必要な耐力の算定法について述べる．

5.2 柱部材

5.2.1 種　類

鉄筋コンクリート柱を大別すると，次の2種類がある (図5.1).

① 帯鉄筋柱：軸方向鉄筋とこれを適当な間隔で囲んでいる帯鉄筋 (tie reinforcement) とを用いたもので，正方形または長方形断面のものが多い．

② らせん鉄筋柱：軸方向鉄筋とこれを小さいピッチで取り囲んでいるらせん鉄筋 (spiral reinforcement) とを用いたもので，円形または正八角形断面のものが多い．

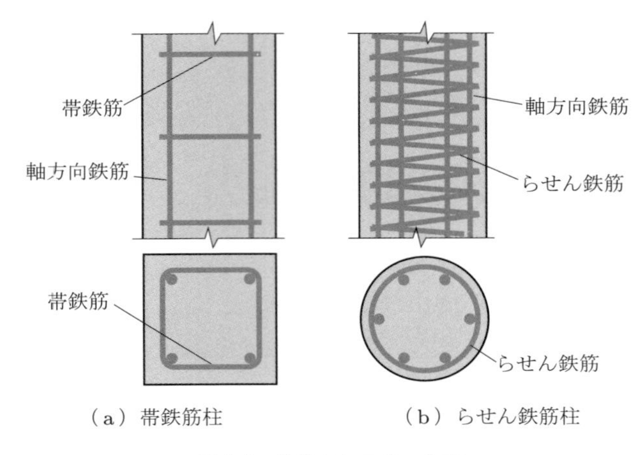

図 5.1　鉄筋コンクリート柱

5.2.2 柱の有効長さと細長比

柱の有効長さ (effective length) h は，図 5.2 に示すように，座屈のときに両端ヒンジの柱の変形に相似な変形の部分の長さをいう．

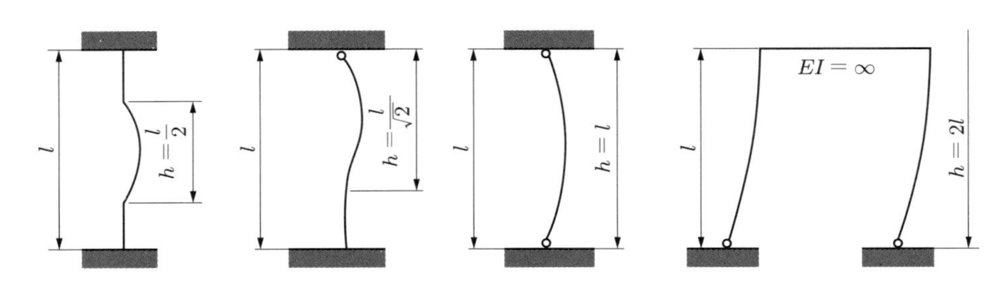

図 5.2　柱の有効長さ h

土木学会「コンクリート標準示方書」[5.1] では，設計の便宜上，柱の両端がはりなどで横方向に支持されている場合には有効長さとして柱部材の軸線の長さをとってよいとしている．また，一端が固定され，他端が自由に変形できる柱の有効長さは柱長の 2 倍と規定している．

柱の有効長さと断面の最小回転半径との比，すなわち細長比 (slenderness ratio) が大きくなると，柱は座屈によって耐力が低下する．土木学会では，細長比に応じて次のような区別を設け，柱の設計を行うように定めている．

① 短柱 (short column)：細長比が 35 以下の柱を短柱といい，横方向変位の影響を無視してよい．

② 長柱 (long column)：細長比が 35 を超える柱を長柱といい，横方向変位の影響を考慮しなければならない.

5.3 曲げと軸方向力を受ける部材の破壊形式

鉄筋コンクリートやプレストレストコンクリート部材断面に曲げモーメントおよび軸方向力が作用する場合の破壊性状や終局耐力は，曲げモーメントと軸方向力との比率によって異なる．図 5.3 (a) のように，断面がその終局耐力に達したときの曲げモーメント M_u と軸方向力 N'_u との関係を表す図を相互作用曲線 (interaction curve) とよぶ.

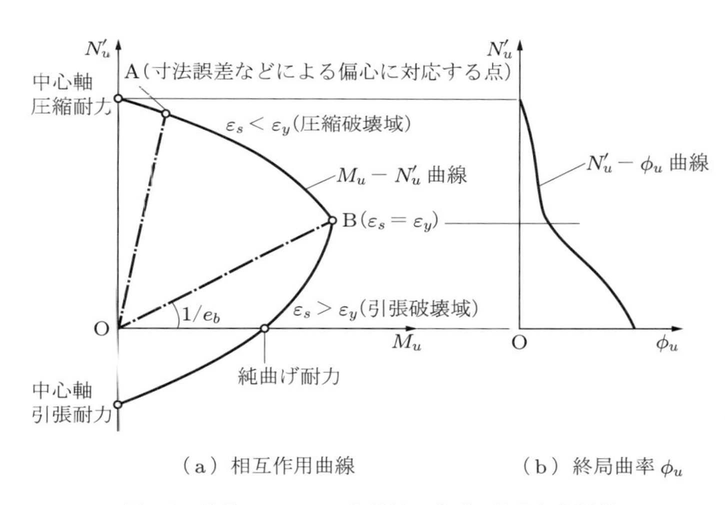

（a）相互作用曲線　（b）終局曲率 ϕ_u

図 5.3　鉄筋コンクリート部材の曲げ－軸方向力関係

図 5.3 (a) の相互作用曲線の内側の点で表される曲げモーメントと軸方向力の組合せ作用に対しては，この部材は安全である．逆に，この曲線の外側の点は断面破壊を表す.

相互作用曲線が縦軸（正側）と交わる点は，中心軸圧縮耐力を表す (その設計耐力の求め方は 5.4.1 項の式 (5.2)，(5.3) で説明する)．しかし，5.1 節で説明したように，施工にともなう寸法誤差などの影響により，柱部材はすべて偏心圧縮柱として設計することが望ましい．すなわち，その最小限の偏心距離に対応する直線と相互作用曲線との交点 A が，実用上の最大軸方向圧縮耐力を与えるとみなして設計する.

相互作用曲線上の点 B は，曲げモーメントと軸方向力を受ける部材断面の破壊形式を分類するうえで，非常に重要な限界の点である．この点は，断面圧縮縁のコンクリートひずみがその終局値 ε'_{cu} に達すると同時に，引張鉄筋が降伏点に到達する状態に対応し，この破壊形式を釣合破壊 (balanced failure) とよぶ．また，このような状態の曲げモーメントを釣合モーメント，軸方向力を釣合軸力という．

曲げモーメントと軸方向力との比 (偏心距離 e) が釣合破壊時の偏心距離 e_b より小さければ，引張鉄筋が降伏するより前に圧縮側コンクリートが圧壊する (圧縮破壊域)．逆に，e が e_b より大きいと，引張鉄筋が降伏した後でコンクリートの圧壊が生じる (引張破壊域)．

図 5.3 (b) は，相互作用曲線上の各点に対して，対応する終局曲率 ϕ_u を解析的に計算して $N'_u - \phi_u$ 関係を併記したものである．その結果より，釣合軸力より大きな軸圧縮力が作用する場合には破壊時の曲率が急激に小さくなることがわかる．このことは，軸圧縮力が増加すると部材のじん性 (ductility) が減少することを示し，コンクリート構造の耐震設計において柱部材に作用する軸方向力に制限を設けるのはこのためである．

5.4 曲げと軸方向力を受ける部材断面の耐力算定法

5.4.1 中心軸方向圧縮力を受ける部材の断面耐力

中心軸方向圧縮耐力が実際問題として重要となる場合は少ないが，柱部材の設計においてはその耐力は重要な指標となる．

鉄筋コンクリート短柱に中心軸方向力を加えた場合，次式の降伏荷重 P_y に達するまでは，図 5.4 に示すように，帯鉄筋柱もらせん鉄筋柱もほとんど同一の挙動を示す．

$$P_y = k_1 f'_c A_c + f'_{sy} A'_s \tag{5.1}$$

ここに，f'_c：円柱供試体によるコンクリートの圧縮強度
f'_{sy}：軸方向鉄筋の圧縮降伏強度
k_1：コンクリート強度の低減係数 (式 (4.16) 参照)

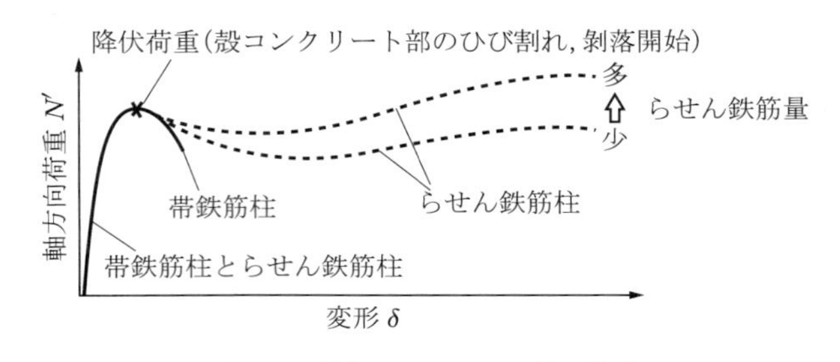

図 5.4　鉄筋コンクリート柱の挙動

A_c：コンクリートの断面積

A'_s：軸方向鉄筋の断面積

式 (5.1) の降伏荷重に達すると，帯鉄筋柱ではコンクリートの圧壊と帯鉄筋間での軸方向鉄筋の座屈とが生じてただちに破壊する．

一方，らせん鉄筋柱では降伏荷重に達すると，らせん鉄筋の外側の殻コンクリートにひび割れ，破壊が生じ，荷重はいったん低下する．しかし，さらに変形が増大すると，らせん鉄筋はその内部に取り囲まれたコンクリートの横方向変形を拘束するように側方より圧縮力を与え，これによってコンクリートは三軸圧縮応力状態に近い強度を発揮し，優れたねばりを示す．らせん鉄筋柱の大きな変形領域での挙動は，図 5.4 に示すようにらせん鉄筋量によって異なる．

土木学会「コンクリート標準示方書」[5.1] は，設計軸方向（中心軸）圧縮耐力 N'_{oud} を次のように与えている．

$$N'_{oud} = \frac{k_1 f'_{cd} A_c + f'_{yd} A_{st}}{\gamma_b} \tag{5.2}$$

$$N'_{oud} = \frac{k_1 f'_{cd} A_e + f'_{yd} A_{st} + 2.5 f_{pyd} A_{spe}}{\gamma_b} \tag{5.3}$$

ここに，A_c：コンクリートの断面積

A_e：らせん鉄筋で囲まれたコンクリート（コア部）の断面積

A_{st}：軸方向鉄筋の全断面積

A_{spe}：らせん鉄筋の換算断面積 $(= \pi d_{sp} A_{sp}/s)$

d_{sp}：らせん鉄筋で囲まれた断面（有効断面）の直径

A_{sp}：らせん鉄筋の断面積

s：らせん鉄筋のピッチ

f'_{cd}：コンクリートの設計圧縮強度

f'_{yd}：軸方向鉄筋の設計圧縮降伏強度

f_{pyd}：らせん鉄筋の設計引張降伏強度

k_1：コンクリート強度の低減係数 (式 (4.16) 参照)

γ_b：部材係数で，この場合は 1.3 としてよい．

帯鉄筋柱では式 (5.2) による値とし，らせん鉄筋柱では式 (5.2)，(5.3) のいずれか大きいほうの値とする．

軸方向圧縮力を受ける部材において，設計曲げモーメントと設計軸方向力との比 M_d/N'_d が非常に小さい場合，施工誤差による部材軸線の曲がりなどによる曲げモーメントのわずかな増加によって，耐力はかなり低下する．このようなことを避けるた

めに，設計軸方向圧縮耐力に式 (5.2)，(5.3) のような上限を設け，その部材係数 γ_b としては 1.3 と少し大きな値が設定されている．

5.4.2 曲げと軸方向力を受ける部材の断面耐力

曲げと軸方向力を受ける断面の終局耐力を算定する際の基本仮定は，第 4 章の曲げのみが作用する場合と同じである．断面圧縮域コンクリートの応力分布についても，曲げのみが作用する場合と同じである．

設計曲げモーメント M_d と設計軸方向力 N'_d が同時に作用する場合の安全性の検討にあたっては，5.4.1 項で説明した曲げ－軸方向力の相互作用曲線を設計用に表現した図 5.5 において，点 $(\gamma_i M_d, \gamma_i N'_d)$ が相互作用曲線の内側に入るのを照査することが基本的な考え方[5.1] である．ただし，γ_i は構造物係数を表す．

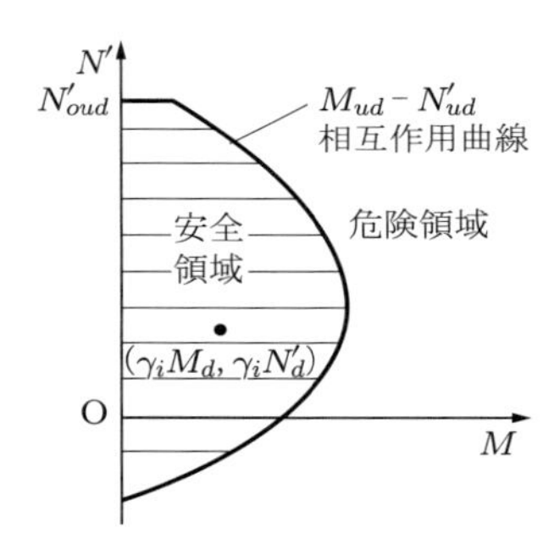

図 5.5　設計用の相互作用曲線

これは，偏心距離 $e = M_d/N'_d$ を一定として求めた設計曲げ耐力 M_{ud} が次式を満足するのを確かめることによって行う．

$$\gamma_i \frac{M_d}{M_{ud}} \leqq 1.0 \tag{5.4}$$

終局耐力を対象とする際の偏心距離は塑性重心（中心軸圧縮の合力作用点）から測るという考え方もあるが，構造解析では断面力が断面図心軸 G－G に関して求められるのが一般的であるので，上記の e は図心軸から測るものとする．

なお，偏心距離 e と断面高さ h との比が $e/h \geqq 10$ の場合，軸方向力の影響は小さいので，その影響を無視して断面耐力を算定 (第 4 章参照) してよい．

以下に，図 5.6 により偏心圧縮力 (曲げ ＋ 軸圧縮) 下での耐力計算法を示す．

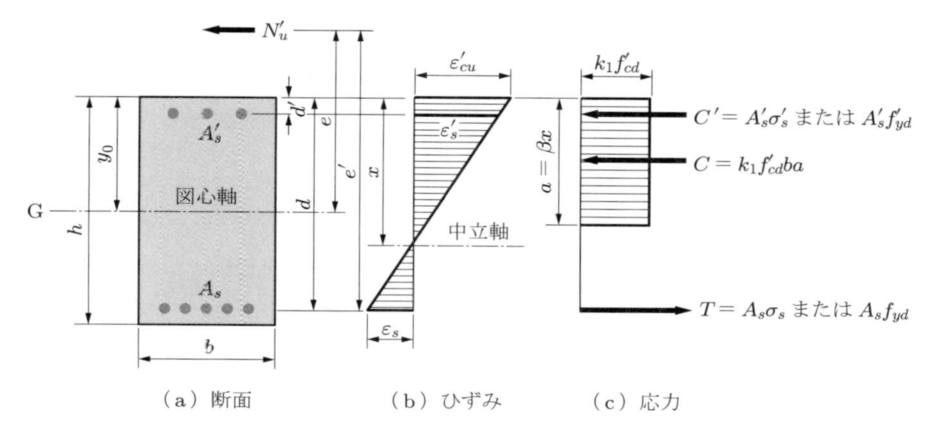

図 5.6　偏心圧縮力を受ける長方形断面部材

≫釣合状態の偏心距離 e_b の計算　断面圧縮縁のコンクリートひずみが終局値 ε'_{cu} に達すると同時に，引張鉄筋が降伏ひずみ ε_y に達するような，釣合状態の偏心距離 e_b を求める．

この場合の中立軸位置 x は，式 (4.26) に示したものと同様であり，コンクリート圧縮応力分布の等価応力ブロックの高さ a_b は次式で与えられる．

$$a_b = \beta x = \frac{\varepsilon'_{cu}}{\varepsilon'_{cu} + f_{yd}/E_s} \beta d \tag{5.5}$$

このときの軸方向耐力 N'_b，曲げ耐力 M_b は，次のようになる．

$$N'_b = k_1 f'_{cd} b a_b + A'_s f'_{yd} - A_s f_{yd} \tag{5.6}$$

$$M_b = k_1 f'_{cd} b a_b (y_0 - 0.5 a_b) + A'_s f'_{yd} (y_0 - d') + A_s f_{yd} (d - y_0) \tag{5.7}$$

ここに，y_0：圧縮縁から断面図心までの距離で，次式で与えられる．

$$y_0 = \frac{bh^2/2 + n(A_s d + A'_s d')}{bh + n(A_s + A'_s)} \tag{5.8}$$

釣合軸力 N'_b の作用点から断面図心までの偏心距離 e_b は，式 (5.6)，(5.7) の N'_b，M_b より，$e_b = M_b / N'_b$ として求められる．

≫$e > e_b$ の場合の計算　この場合には，圧縮縁コンクリートひずみが ε'_{cu} に達してコンクリートが圧壊するより先に引張鉄筋が降伏する，いわゆる引張破壊域にある．

終局時に圧縮側の鉄筋も降伏点に達しているとすれば，釣合条件式は次のようになる．

$$N'_u = k_1 f'_{cd} ba + A'_s f'_{yd} - A_s f_{yd} \tag{5.9}$$

$$N'_u e' = k_1 f'_{cd} ba(d - 0.5a) + A'_s f'_{yd}(d - d') \tag{5.10}$$

ここに，$e' = e + d - y_0$

式 (5.9)，(5.10) より N'_u を消去し，a/d を求めると次のようになる．

$$\frac{a}{d} = 1 - \frac{e'}{d} + \sqrt{\left(1 - \frac{e'}{d}\right)^2 + 2m\left\{\bar{p}\frac{e'}{d} + p'\frac{f'_{yd}}{f_{yd}}\left(1 - \frac{d'}{d}\right)\right\}} \tag{5.11}$$

ここに，$\bar{p} = p - p'(f'_{yd}/f_{yd})$ $(p = A_s/(bd)$，$p' = A'_s/(bd))$，$m = f_{yd}/(k_1 f'_{cd})$

式 (5.11) より a/d が求められると，断面図心についての曲げ耐力 M_u は次式を用いて計算できる．

$$M_u = k_1 f'_{cd} ba(y_0 - 0.5a) + A'_s f'_{yd}(y_0 - d') + A_s f_{yd}(d - y_0) \tag{5.12}$$

以上は，圧縮側の鉄筋が降伏すると仮定しているので，式 (5.11) から a の値が求められると，次のようにしてこの仮定が正しいかどうかを確かめる必要がある．

$$\varepsilon'_s = \frac{a/\beta - d'}{a/\beta}\varepsilon'_{cu} \geqq \varepsilon'_y = \frac{f'_{yd}}{E_s} \tag{5.13}$$

もし，$\varepsilon'_s < \varepsilon'_y$ の場合には，式 (5.9)，(5.10) の f'_{yd} の代わりに次式の σ'_s を用いて再度同様な計算を行って，a の値を求める．

$$\sigma'_s = E_s\varepsilon'_s = \frac{a/\beta - d'}{a/\beta}\varepsilon'_{cu}E_s = E_s\varepsilon'_{cu}\left(1 - \frac{\beta d'}{a}\right) \tag{5.14}$$

》$e < e_b$ の場合の計算　この場合には，引張鉄筋が降伏点に到達する前にコンクリートが圧壊する，いわゆる圧縮破壊域にある．なお，通常は圧縮側の鉄筋は降伏している．

したがって，釣合条件式としては，式 (5.9) において f_{yd} の代わりに次式で表される σ_s を用いる．

$$\sigma_s = E_s\varepsilon_s = \frac{d - a/\beta}{a/\beta}\varepsilon'_{cu}E_s = E_s\varepsilon'_{cu}\left(\frac{\beta d}{a} - 1\right) \tag{5.15}$$

式 (5.9)，(5.10) より N'_u を消去すると，a/d に関して次式が得られる．

$$\left(\frac{a}{d}\right)^3 - 2\left(1-\frac{e'}{d}\right)\left(\frac{a}{d}\right)^2 + 2m\left(p\frac{E_s\varepsilon'_{cu}}{f_{yd}}\frac{e'}{d} - p'\frac{f'_{yd}}{f_{yd}}\frac{d-d'-e'}{d}\right)\frac{a}{d}$$
$$-2pm\frac{\beta E_s\varepsilon'_{cu}}{f_{yd}}\frac{e'}{d} = 0 \tag{5.16}$$

式 (5.16) を解いて a/d を求める．この値を式 (5.15) に代入すると，σ_s が算定でき，式 (5.9) より N'_u が計算できる．

曲げ耐力 M_u は，式 (5.12) において，f_{yd} の代わりにこのようにして求めた σ_s を代入することによって算定できる．

以上のようにして計算した M_u に対して，安全性（断面破壊の限界状態）の照査に用いる設計曲げ耐力 M_{ud} は，部材係数 γ_b (この場合は 1.1 としてよい) を考慮して，$M_{ud} = M_u/\gamma_b$ として求める．

例題 5.1 図 5.7 に示す単鉄筋長方形断面に，$M_d = 400\,\mathrm{kN\cdot m}$，$N'_d = 1000\,\mathrm{kN}$ が作用するとき，安全性を検討せよ．ただし，コンクリートは $f'_{ck} = 30\,\mathrm{N/mm^2}$，鉄筋は 5-D 25 (SD 295) とする．また，構造物係数は $\gamma_i = 1.0$ とする．

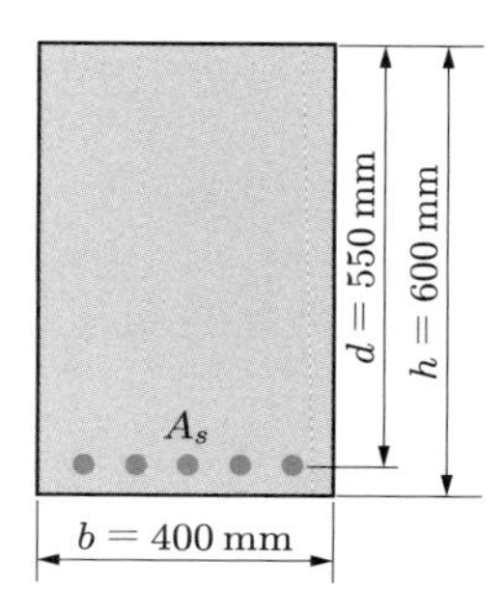

図 5.7 単鉄筋長方形断面

解

$$A_s = 5\text{-D } 25 = 2533\,\mathrm{mm^2}$$

$$f_{yd} = 295\,\mathrm{N/mm^2}$$

$$f'_{cd} = \frac{f'_{ck}}{\gamma_c} = 23.1\,\mathrm{N/mm^2}$$

$E_c = 28\,\mathrm{kN/mm^2}$ (表 3.1 参照) より，$n = E_s/E_c = 200/28 = 7.14$

$f'_{ck} = 30\,\mathrm{N/mm^2}$ に対し，式 (4.16) より $k_1 = 0.85$，$\varepsilon'_{cu} = 0.0035$，$\beta = 0.8$ と

なる．釣合状態に対して，式 (5.5) より，

$$a_b = \frac{\varepsilon'_{cu}}{\varepsilon'_{cu} + f_{yd}/E_s}\beta d = \frac{0.0035}{0.0035 + 295/(200 \times 10^3)} \times 0.8 \times 550$$
$$= 310\,\mathrm{mm}$$

となる．式 (5.8) より，断面の図心軸の位置は，

$$y_0 = \frac{bh^2/2 + nA_s d}{bh + nA_s} = \frac{400 \times 600^2/2 + 7.14 \times 2533 \times 550}{400 \times 600 + 7.14 \times 2533} = 318\,\mathrm{mm}$$

となる．式 (5.6) より，N'_b を計算すると，

$$N'_b = k_1 f'_{cd} b a_b - A_s f_{yd} = 0.85 \times 23.1 \times 400 \times 310 - 2533 \times 295$$
$$= 1687.5\,\mathrm{kN}$$

となる．式 (5.7) より，M_b を計算すると，

$$M_b = k_1 f'_{cd} b a_b (y_0 - 0.5a_b) + A_s f_{yd}(d - y_0)$$
$$= 0.85 \times 23.1 \times 400 \times 310 \times (318 - 0.5 \times 310)$$
$$+ 2533 \times 295 \times (550 - 318)$$
$$= 570.2\,\mathrm{kN \cdot m}$$
$$e_b = \frac{M_b}{N'_b} = \frac{570.2}{1687.5}\,\mathrm{m} = 338\,\mathrm{mm}$$

となる．一方，設計軸力の偏心距離 e は，

$$e = \frac{M_d}{N'_d} = \frac{400}{1000}\,\mathrm{m} = 400\,\mathrm{mm}$$

である．したがって，$e > e_b$ であるから，この場合は引張破壊域にあり，次のようになる．

$$e' = e + d - y_0 = 400 + 550 - 318 = 632\,\mathrm{mm}$$
$$m = \frac{f_{yd}}{k_1 f'_{cd}} = \frac{295}{0.85 \times 23.1} = 15.02$$
$$\bar{p} = p = \frac{A_s}{bd} = \frac{2533}{400 \times 550} = 0.0115$$

式 (5.11) より，

$$\frac{a}{d} = 1 - \frac{e'}{d} + \sqrt{\left(1 - \frac{e'}{d}\right)^2 + 2m\bar{p}\frac{e'}{d}}$$

$$= 1 - \frac{632}{550} + \sqrt{\left(1 - \frac{632}{550}\right)^2 + 2 \times 15.02 \times 0.0115 \times \frac{632}{550}} = 0.498$$

$$a = 0.498 \times 550 = 274\,\mathrm{mm}$$

となり，式 (5.12) より，

$$\begin{aligned} M_u &= k_1 f'_{cd} ba(y_0 - 0.5a) + A_s f_{yd}(d - y_0) \\ &= 0.85 \times 23.1 \times 400 \times 274 \times (318 - 0.5 \times 274) \\ &\quad + 2533 \times 295 \times (550 - 318) \\ &= 562.9\,\mathrm{kN \cdot m} \end{aligned}$$

$$M_{ud} = \frac{M_u}{\gamma_b} = \frac{562.9}{1.1} = 511.7\,\mathrm{kN \cdot m}$$

となる．結局，この場合は $\gamma_i(M_d/M_{ud}) = 1.0 \times 400/511.7 < 1.0$ であるから安全である．

5.5 二軸曲げを受ける部材断面の耐力

二軸曲げモーメントと軸方向力を同時に受ける部材の断面耐力は，5.4 節で説明した一軸曲げモーメントと軸方向力を受ける部材と同様に算定できる．この場合には，断面の周囲に配置されたすべての鉄筋はその配置位置を正確に考慮するとともに，中立軸の傾きが断面の主軸方向と一致しないことを考慮する必要がある．したがって，厳密な解析はコンピュータによらないかぎり困難である．

具体的には，図 5.8 の長方形断面の例で示すように，断面図心から 2 方向に偏心し

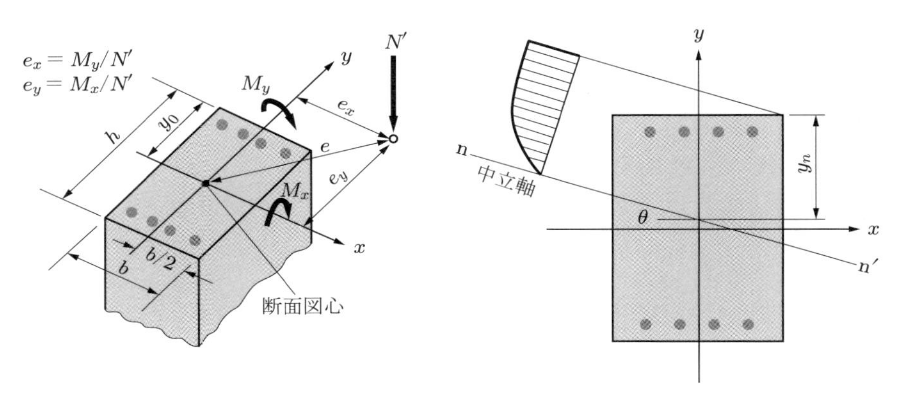

図 5.8　二軸曲げを受ける部材断面の例

た位置に軸圧縮力を受ける場合，その断面耐力は中立軸位置 y_n と中立軸の傾斜角 θ を未知数として計算される x 軸方向および y 軸方向からの偏心距離 e_x および e_y が所定の値に収束するまで，繰返し計算を行うことによって求めることができる．

近似解法のうち，最も有名なのは，次式である[5.2]．

$$\left(\frac{M_x}{M_{ux}}\right)^{\alpha}+\left(\frac{M_y}{M_{uy}}\right)^{\alpha}=1 \tag{5.17}$$

ここに，M_x，M_y：それぞれ x 軸，y 軸に関する曲げモーメント
　　　　M_{ux}，M_{uy}：それぞれ x 軸，y 軸に関する一軸曲げ耐力
　　　　α：軸方向力の大きさ，鉄筋比などによって変化する定数

この近似式は，アメリカの旧 ACI 基準 (1963)[5.3] に採用された．イギリスの CP 110 (1972)[5.4] においても用いられており，具体的な α の値が与えられている．

5.6 長　柱

長柱では，横方向変形にともなう付加モーメント（二次モーメントとよぶ）を考慮して解析する必要がある．このような変形を考慮する解析は，幾何学的非線形性を考慮した解析とよばれる．したがって，長柱の耐力計算には，コンクリートの応力－ひずみ関係などの材料の非線形性と幾何学的非線形性の両方を考慮する必要があり，繰返し計算を実施しなければならない．

鉄筋コンクリート長柱の設計では，このような一般的な方法以外に，二次モーメントの影響を近似的に取り扱う方法によっても行われている．細長比がおおむね 100 以下の場合には，一般的に認められている近似式を用いることもできる．

以下に，設計の参考のために，従来の基準などに採用された近似式による長柱の設計法を示す．

5.6.1 耐力低減係数を用いる方法

従来の土木学会「コンクリート標準示方書 (昭和 55 年版)」[5.5] や旧 ACI 基準 (1963)[5.3] では，長柱の見掛けの断面耐力が柱の有効長さと横寸法との比によって低下するものと考え，たとえば土木学会では次式で与えられるような耐力低減係数 α を用いていた．

$$\text{帯鉄筋柱の場合：}\alpha=1.45-0.03\frac{h}{d}\quad\left(15<\frac{h}{d}\leqq 40\right) \tag{5.18}$$

$$\text{らせん鉄筋柱の場合：}\alpha = 1.30 - 0.03\frac{h}{D} \quad \left(10 < \frac{h}{D} \leqq 25\right) \tag{5.19}$$

ここに，h：柱の有効長さ
　　　d：帯鉄筋柱の最小横寸法
　　　D：らせん鉄筋柱の有効断面の直径

実際の設計では，座屈荷重 N_{cr} の計算を詳しく行う代わりに，短柱耐力 N_u に軸力低減係数 α_N をかける近似的方法によって長柱の耐力を求める．

すなわち，中心軸圧縮力を受ける場合には次のようになる．

$$N_{cr} = \alpha_N N_u \tag{5.20}$$

軸方向力と曲げモーメントが同時に作用する場合には，軸方向力による二次モーメントの作用によって，二次モーメントの影響を無視したときの（短柱としたとき）N_u に応じる曲げ耐力 M_u より小さい曲げモーメント M_0 にしか耐えられない．この場合には，次のようになる．

$$M_0 = \alpha_M M_u \tag{5.21}$$

簡単のため，軸方向力と曲げモーメントに対する耐力低減係数 α_N，α_M の両方に対して，同じ長柱耐力低減係数 α を用いて設計してもよい．

5.6.2 二次モーメントを用いる方法

横方向変形によって発生する長柱の二次モーメントの大きさは，細長比，形状，荷重および境界条件，材料の性質，鉄筋の量と配置などに影響される．

各国の規定では，設計の便宜上これらを考慮した近似式を定めている．

たとえば，CP 110[5.4] は二次モーメントによる偏心距離 e_2 として次式を与えている．

$$e_2 = \frac{{l_0}^2}{1750h}\left(1 - 0.0035\frac{l_0}{h}\right) \tag{5.22}$$

ここに，l_0：柱の有効長さ
　　　h：部材断面の高さ

ACI[5.6] では，柱の横方向変形を無視して計算した曲げモーメント M にモーメント拡大係数 (moment amplifier) δ をかけて求められた M_e を用いて設計しなければならないと規定している．すなわち，

$$M_e = \delta M_2 \tag{5.23}$$

ここに，$\delta = C_m/\{1 - N_u/(0.75N_c)\} \geqq 1.0$，$N_c = \pi^2 EI/{l_0}^2$

N_u：軸方向力（荷重係数をかけた値）

l_0：柱の有効長さ

C_m：柱の実曲げモーメント分布を等価な一様曲げモーメント分布に置き換えるための係数で，柱支持間に横方向力が作用している場合は $C_m = 1.0$，作用していない場合は次式より定める．

$$C_m = 0.6 + 0.4\frac{M_1}{M_2} \geqq 0.4 \tag{5.24}$$

M_1：柱材端モーメントの小さいほうの値（柱の変形が単一曲率の場合を正値とする）

M_2：柱材端モーメントの大きいほうの値（常に正値とする）

EI：次のどちらかを用いてよいとしている．

$$EI = \frac{E_c I_g/5 + E_s I_s}{1 + \beta_d}，\text{または } EI = \frac{(E_c I_g/2.5)}{1 + \beta_d} \tag{5.25}$$

E_c，E_s：コンクリートおよび鉄筋のヤング係数

I_g，I_s：全断面および鉄筋の部材断面図心に関する断面二次モーメント

β_d：軸方向の永久荷重最大値と全荷重との比（荷重係数をかけた値）

演習問題

5.1 $b = 300$ mm，$h = 450$ mm，$d = 400$ mm，$d' = 50$ mm，$A_s =$ 5-D 22 (SD 345)，$A'_s =$ 3-D 16 (SD 295) の複鉄筋長方形断面に，曲げモーメント $M_d = 200$ kN・m，軸圧縮力 $N'_d = 400$ kN が作用したときの安全性を検討せよ．ただし，コンクリートの設計基準強度 $f'_{ck} = 30$ N/mm^2 とする．

5.2 $b = 1200$ mm，$b_w = 400$ mm，$t = 200$ mm，$h = 900$ mm，$d = 820$ mm，$A_s =$ 8-D 32 (SD 295) の単鉄筋 T 形断面が偏心軸方向圧縮力を受けて釣合状態にあるとき，N'_b と M_b の値を計算せよ．ただし，$f'_{ck} = 27$ N/mm^2 とする．

第6章

せん断に対する耐力

6.1 一　般

鉄筋コンクリートやプレストレストコンクリート部材にせん断力が作用すると，せん断応力によって斜め方向のひび割れが発生し，せん断破壊を起こすことがある．せん断破壊 (shear failure) は，曲げ破壊 (flexural failure) と異なって，破壊の進行が急激で変形性能が乏しく，構造物に致命的な損傷を与えることが多い．このため，構造設計にあたっては，この種の破壊を必ず防止しなければならない．

6.1.1 せん断応力度

均等質弾性体でひび割れが発生していないはり部材に曲げモーメント M とせん断力 V が作用している場合を考える．M，V による曲げ応力度 σ，せん断応力度 τ はそれぞれ次式によって算出できる．

$$\sigma = \frac{My}{I} \tag{6.1}$$

$$\tau = \frac{VG}{Ib} \tag{6.2}$$

ここに，y：断面内の着目している位置から中立軸（図心軸）までの距離
b：断面内の着目している位置での断面幅
I：中立軸に関する断面二次モーメント
G：断面内の着目している位置から上側または下側の断面部分の中立軸に関する断面一次モーメント

図 6.1 (a) のように，部材内の微小要素に上記の σ（引張応力度を正の値とする）と τ が作用するとき，モールの応力円 (Mohr's stress circle) を利用すると合成応力として，次のような主応力が発生する[6.1]．

$$f_1 = \frac{1}{2}(\sigma + \sqrt{\sigma^2 + 4\tau^2}) \quad \text{（主引張応力度）} \tag{6.3}$$

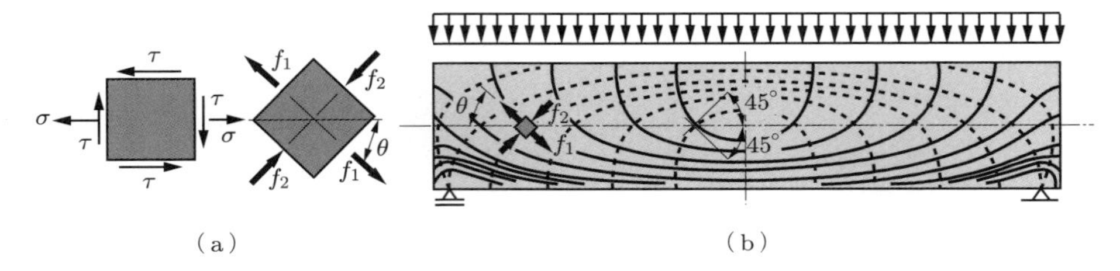

図 6.1　等分布荷重を受ける等質なはり部材の主応力線

$$f_2 = \frac{1}{2}(\sigma - \sqrt{\sigma^2 + 4\tau^2}) \quad \text{（主圧縮応力度）} \tag{6.4}$$

一方，部材軸に対する主引張応力度の傾斜角 θ は，次式から求められる．

$$\tan 2\theta = \frac{2\tau}{\sigma} \tag{6.5}$$

一例として，等分布荷重が作用する長方形断面はり部材に対し，式 (6.3)～(6.5) から求められた主応力線図を図 6.1 (b) に示す．

主応力線は，図のように中立軸と 45° の角度で交わる．荷重が増加して主引張応力度（斜め引張応力度）f_1 が大きくなると，その作用方向と直角方向に斜めひび割れ (diagonal crack) が発生する．

コンクリートは引張応力に対してはきわめて弱いが，せん断応力そのものに対しては大きな強度をもっている．したがって，鉄筋コンクリートやプレストレストコンクリート部材がせん断応力そのものによって破壊することはまずない．ほとんどの場合，せん断応力の作用によって生じる主引張応力の値がコンクリートの引張強度を超えると斜めひび割れが発生し，これがせん断破壊に結びつくのである．

鉄筋コンクリートの場合，設計上はコンクリートの引張抵抗を無視するので，断面のせん断応力度の分布は均等質弾性体でひび割れのない場合とは異なったものとなる (詳しくは 14.2.2 項で説明する)．

6.1.2 斜めひび割れとせん断破壊

斜めひび割れ（せん断ひび割れ）を大別すると，図 6.2 に示すような，次の二つの種類がある．

① ウェブせん断ひび割れ (web shear crack)：曲げひび割れの生じていない領域において，ウェブ中央位置付近から斜め上下方向に向かって発生するひび割れである．このようなひび割れは，せん断力に比べて曲げモーメントが小さい場合やプレストレストコンクリート部材でプレストレスが大きい場合に生じやすい．

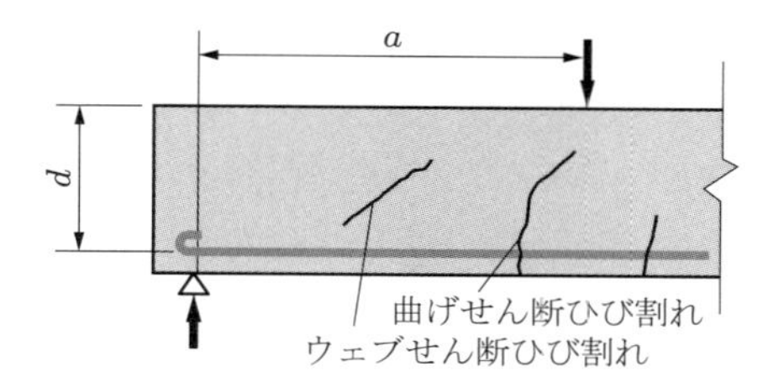

図 6.2 せん断ひび割れの種類

② 曲げせん断ひび割れ (flexural shear crack)：曲げひび割れ (flexural crack) として発達したものがせん断と曲げの影響で傾斜するひび割れであり，せん断力と曲げモーメントがともに大きい領域に生じやすい．

はり部材の代表的なせん断破壊形式は，次のとおりである (図 6.3).

① 斜め引張破壊 (diagonal tension failure)：ウェブせん断ひび割れの発達による破壊で，せん断補強鉄筋が配置されていない場合には，ウェブせん断ひび割れの発生とほぼ同時に急激にぜい性的な破壊性状を示す．

② せん断圧縮破壊 (shear compression failure)（または曲げせん断破壊）：曲げせん断ひび割れの発達によってコンクリートの圧縮域が次第に減少し，最終的には曲げ圧縮域コンクリートの圧壊によって破壊が生じるものである．これは，① の破壊ほどには急激な進展はみられない．

③ せん断引張破壊 (shear tension failure)（またはせん断付着破壊）：ウェブ幅が薄い場合や鋼材が集中配置されている場合，斜めひび割れ発生後に鋼材の付着破壊によるコンクリートの割裂，あるいはひび割れ開口部での鋼材のダウエル作用によるコンクリートの割裂によって破壊する．

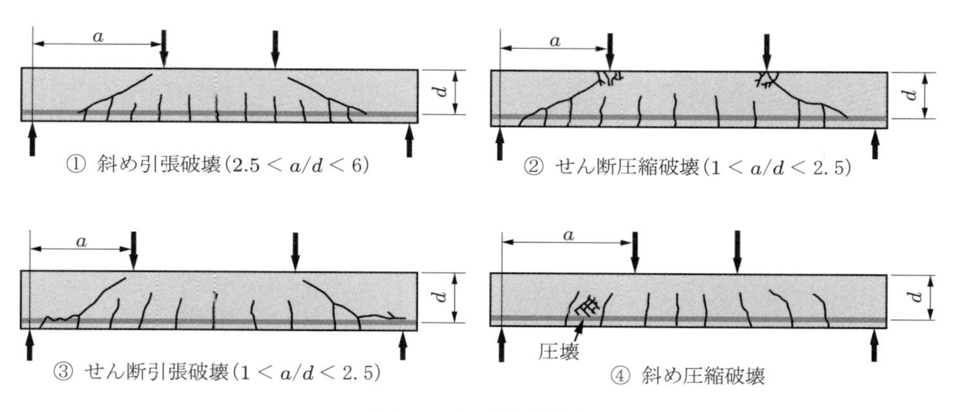

図 6.3 せん断破壊形式

④ 斜め圧縮破壊 (diagonal compression failure)（またはウェブ圧縮破壊）：斜めひび割れ間のコンクリートが斜め圧縮応力により圧縮破壊するものである．とくに，プレストレストコンクリートのI形やT形断面でウェブが非常に薄く，しかもプレストレスが過大な場合には，せん断補強鉄筋を配置しても，このような破壊を生じやすい．

以上のようなせん断破壊形式の相違は，せん断スパン有効高さ比 (a/d) によりせん断ひび割れ発生後のせん断抵抗のメカニズムが異なるためである．

一例として，2点集中荷重を受ける長方形断面の鉄筋コンクリート単純はり（せん断補強鉄筋無配置）の破壊形式，耐力と a/d との関係はおおむね図6.4のようである．図のように，$a/d \geqq 6$ 程度でないと曲げ破壊は生じない[6.2]．

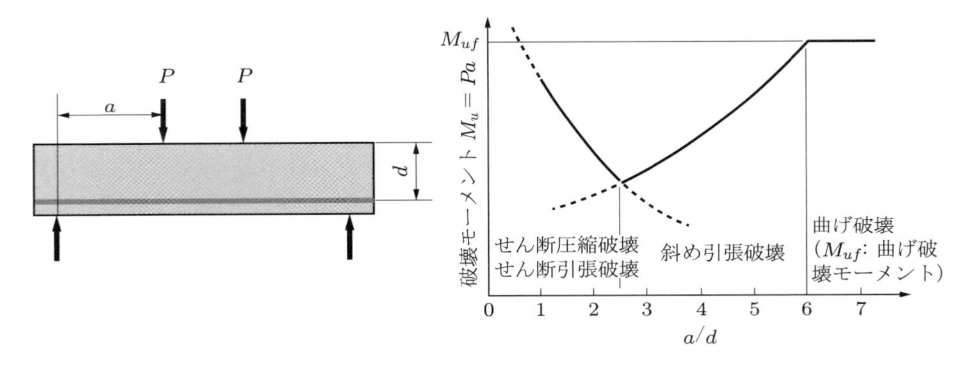

図6.4　せん断破壊形式・耐力と a/d との関係

6.2 せん断補強鉄筋を用いない棒部材

6.2.1 せん断抵抗のメカニズム

斜めひび割れが発生したはり部材のせん断スパン内における力の釣合状態を，図6.5に示す．

図のように，せん断力 V は次に示す三つの抵抗成分の総和と釣り合っている[6.1]．

$$V = V_c + V_a + V_d \tag{6.6}$$

ここに，V_c：斜めひび割れより上側の圧縮域コンクリートのせん断抵抗

V_d：軸方向鉄筋のダウエル作用† (dowel action) によるせん断抵抗

† ダウエル作用（ほぞ作用またはダボ作用）とは，ひび割れ部における鉄筋のせん断抵抗作用のこと．

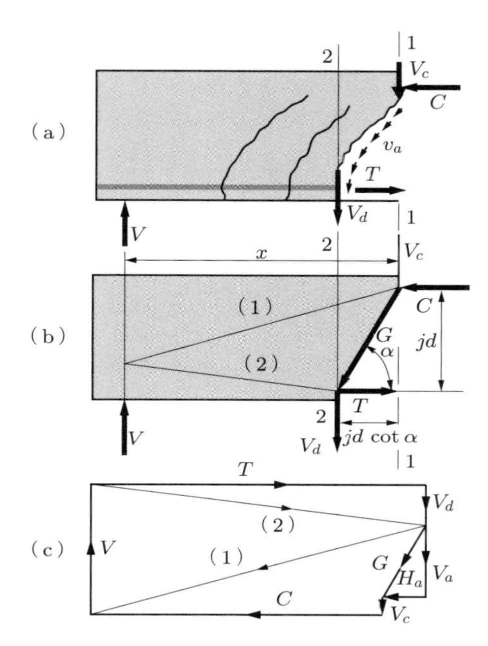

図 6.5 はり部材のせん断スパン内の力の釣合状態

V_a：斜めひび割れ面における骨材のかみあわせ作用 (aggregate interlocking) によるせん断抵抗の鉛直成分

一方，曲げモーメントについては，次の釣合式が成り立つ．

$$M = Vx = (T + V_d \cot\alpha)jd \tag{6.7}$$

一般に，せん断補強鉄筋としてスターラップが配置されていない場合，設計上は曲げ抵抗に対するダウエル作用の影響は無視される．したがって，

$$M = Tjd \tag{6.8}$$

となる．また，せん断力は部材軸に沿う曲げモーメントの変化率に等しいから，次のようになる．

$$V = \frac{\mathrm{d}M}{\mathrm{d}x} = \frac{\mathrm{d}(Tjd)}{\mathrm{d}x} = jd\frac{\mathrm{d}T}{\mathrm{d}x} + T\frac{\mathrm{d}(jd)}{\mathrm{d}x} \tag{6.9}$$

式 (6.9) は，はり部材の作用せん断力はまったく異なった二つの機構，すなわち $V_B = jd(\mathrm{d}T/\mathrm{d}x)$ と $V_A = T\{\mathrm{d}(jd)/\mathrm{d}x\}$ によって抵抗されることを示している．

つまり，はり部材に作用するせん断力は「ビーム作用」と「アーチ作用」という二つの異なったメカニズムで負担される．ただし，通常，鉄筋のすべりやコンクリート

のひび割れ，その他の原因によって，完全なビーム作用に必要な付着力は伝達されず，ビーム作用とアーチ作用が共存した形のメカニズムでせん断力に抵抗している．しかし，ビーム作用とアーチ作用のそれぞれで変形適合条件が異なるために，両作用による抵抗強度を単純に加算することはできない．

》ビーム作用　曲げ部材の弾性理論で通常仮定されているように，抵抗偶力モーメントのアーム長 jd が部材軸に沿って変化しない，すなわち $\mathrm{d}(jd)/\mathrm{d}x = 0$ で，$V_A = 0$ とすれば，次式が成り立つ．

$$V = V_B = jd\frac{\mathrm{d}T}{\mathrm{d}x} = qjd \tag{6.10}$$

ここに，q：引張鉄筋の単位長さあたりの付着力 $(= \mathrm{d}T/\mathrm{d}x)$

式 (6.10) は，鉄筋とコンクリートとの間で付着力 q が完全に伝達されている状態では，せん断力は「ビーム作用 (beam action)」で抵抗されることを示している．

せん断力が「ビーム作用」によって抵抗されるためには，付着力 q はひび割れによって形成される「カンチレバーブロック」によって抵抗されなければならない[6.1] (図 6.6).

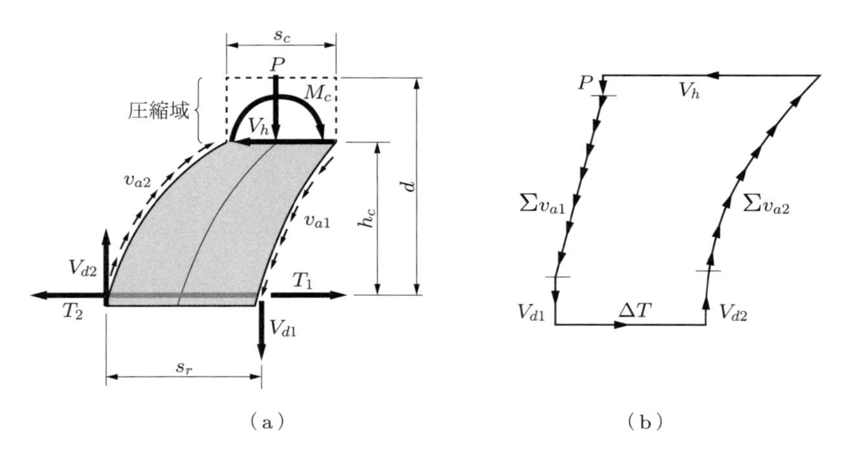

図 6.6　せん断スパン内におけるコンクリートカンチレバーブロック

隣接したひび割れ間での鉄筋の引張力の差で表される付着力 $\Delta T = qs_r = T_1 - T_2$ によって，カンチレバーブロックには曲げモーメントが生じる．この曲げモーメントは，カンチレバーの固定端でのコンクリートの曲げ抵抗 M_c と同時に，骨材のかみあわせ作用 v_{a1}，v_{a2} および鉄筋のダウエル作用 V_{d1}，V_{d2} によって抵抗される．

斜めひび割れが圧縮域に進展していくと，カンチレバー固定端の幅が減少し，自由端の回転変形が大きくなる．このため，ダウエル作用によるひび割れと同時に，鉄筋近傍に二次的な斜めひび割れの発生を招くことになる．このような状態になると，骨材のかみあわせ作用も急激に減少して不安定状態となり，さらに斜めひび割れが著しく進展して最終的にビーム作用が消失する．

このような破壊過程は，6.1.2 項で説明したせん断引張破壊または斜め引張破壊に対応する．

》アーチ作用　せん断スパンの全長にわたって鉄筋とコンクリート間で付着破壊が生じると，部材軸に沿って鉄筋の引張力 T は変化しない．すなわち，$\mathrm{d}T/\mathrm{d}x = 0$ であるから，ビーム作用によるせん断抵抗は $V_B = jd(\mathrm{d}T/\mathrm{d}x) = 0$ となる．

このような状態では，せん断力は次式のように部材軸と傾斜したコンクリート圧縮力の鉛直成分である $C\{\mathrm{d}(jd)/\mathrm{d}x\}$ によって抵抗される[6.1]．このようなせん断抵抗のメカニズムを「アーチ作用 (arch action)」とよぶ (図 6.7).

$$V = V_A = T\frac{\mathrm{d}(jd)}{\mathrm{d}x} = C\frac{\mathrm{d}(jd)}{\mathrm{d}x} \tag{6.11}$$

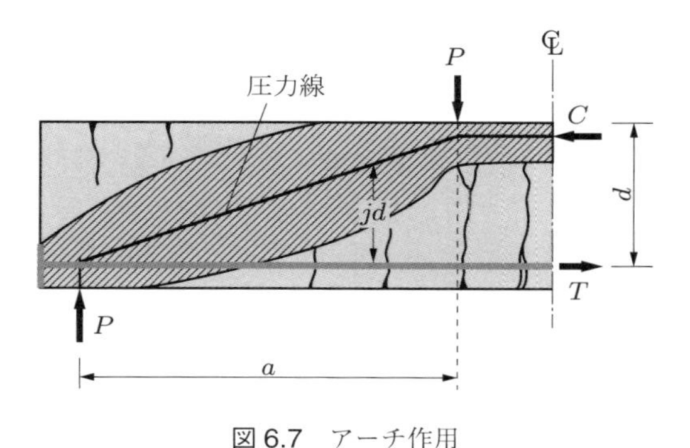

図 6.7　アーチ作用

アーチ作用を十分に発揮させるには，アーチのタイ材に相当する曲げ引張鉄筋の大きな引張力を支点部で支持できるだけの十分な定着耐力が必要となる．

アーチ作用によって受けもたれるせん断耐力は，斜め圧縮応力に対する抵抗強度で決まってくる．この斜め圧縮応力の大きさは，圧力線の傾斜角を表す尺度であるせん断スパン有効高さ比 (a/d) によって変化する．この比は，次式のように曲げモーメントとせん断力の相対的な大きさを表す尺度でもある．

$$\frac{a}{d} = \frac{Va}{Vd} = \frac{M}{Vd} \tag{6.12}$$

支点の鉄筋定着部における破壊を除くと，アーチ作用の破壊は次のように分類できる．

① ビーム作用の破壊後，斜めひび割れの進展によって圧縮域が減少して載荷点近傍のコンクリートが圧縮破壊する．これは，6.1.2 項で説明したせん断圧縮破壊あるいは曲げせん断破壊である．

② 圧力線の偏心が大きく，圧縮域でコンクリートが曲げ引張破壊する (図 6.7 で断面上縁から発生するひび割れ)．

③ 圧力線の傾斜勾配が大きく ($a/d < 2$)，ビーム作用の消失後，非常に顕著なアーチ作用によりかなり大きな余剰耐力が発揮される．このような場合，最終的にはコンクリートの斜め圧縮破壊あるいは荷重のかかる点と支点を結んだ線にそって割裂引張破壊が生じる．

6.2.2 せん断耐力

6.2.1 項で説明したように，せん断補強鉄筋を配置しない場合，通常はおおむね $1.5 < a/d < 6$ の範囲では部材の耐力は曲げ耐力には到達せず，せん断破壊が先行する．

せん断破壊のメカニズムから，一般的なケースとして対象となることが多い $2.5 < a/d < 6$ の範囲のせん断耐力については，コンクリートの引張強度の影響が大きい．また，軸方向鋼材量で曲げひび割れ幅が異なるので，骨材のかみあわせ作用による抵抗強度が異なるとともに，ダウエル作用による負担力も異なる．

そこで，各国の設計基準では，せん断補強鉄筋を用いない棒部材（はりに代表されるもの）のせん断耐力式に，このような諸要因の影響が考慮されている．

土木学会「コンクリート標準示方書」[6.3] では，せん断補強鉄筋を用いない棒部材の設計せん断耐力 V_{cd} として次式を与えている．

$$V_{cd} = \frac{\beta_d \beta_p \beta_n f_{vcd} b_w d}{\gamma_b} \tag{6.13}$$

ここに，$f_{vcd} = 0.20\sqrt[3]{f'_{cd}}$ [N/mm^2]　($f_{vcd} \leqq 0.72$ [N/mm^2])

$\beta_d = \sqrt[4]{1000/d}$ (d [mm]) ただし，$\beta_d > 1.5$ の場合は $\beta_d = 1.5$ とする．

$\beta_p = \sqrt[3]{100 p_v}$ ただし，$\beta_p > 1.5$ の場合は $\beta_p = 1.5$ とする．

$$\beta_n = \begin{cases} 1 + 2M_0/M_{ud} \quad (N'_d \geqq 0 \text{ の場合}) \text{ ただし，} \beta_n > 2 \text{ となる場合は} \\ \beta_n = 2 \text{ とする．} \\ 1 + 4M_0/M_{ud} \quad (N'_d < 0 \text{ の場合}) \text{ ただし，} \beta_n < 0 \text{ となる場合は} \\ \beta_n = 0 \text{ とする．} \end{cases}$$

N'_d：設計軸方向圧縮力

M_{ud}：軸方向力を考慮しない純曲げ耐力

M_0：設計曲げモーメント M_d に対する断面引張縁において，軸方向力によって発生する応力を打ち消すのに必要な曲げモーメント

b_w：ウェブの幅 (図 6.8)

d：有効高さ (図 6.8)

A_s：引張側鋼材の断面積

p_v：引張鋼材比 $(= A_s/(b_w d))$

f'_{cd}：コンクリートの設計圧縮強度 [N/mm^2] $(= f'_{ck}/\gamma_c)$

γ_c：コンクリートの材料係数 (表 2.3 参照)

γ_b：部材係数で，この場合は 1.3 としてよい．

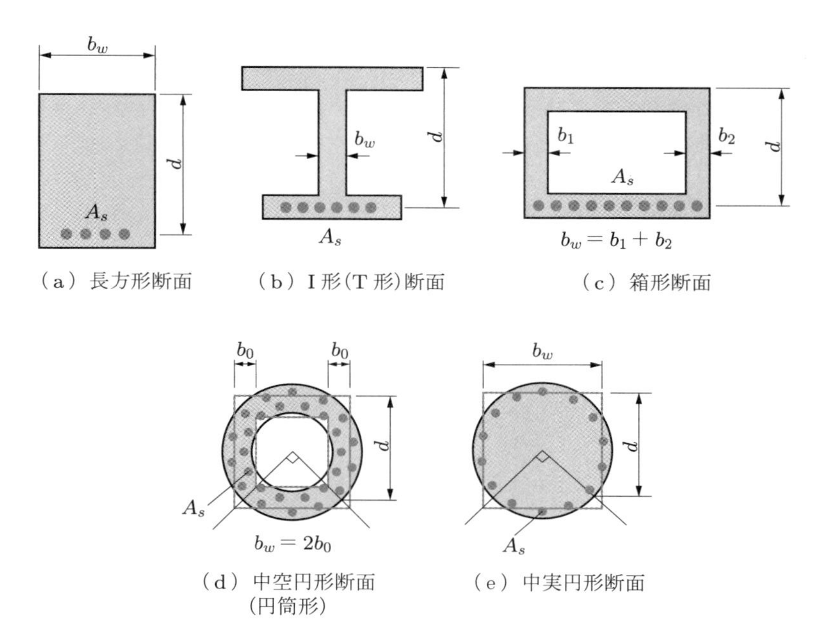

図 6.8　代表的断面形状に対する b_w，d のとり方 [土木学会：コンクリート標準示方書 (2017 年制定)―設計編―，2018]

式 (6.13) では，せん断補強鉄筋が配置されていない部材のせん断耐力は，断面の寸法が大きくなると低下するという寸法効果の影響が β_d 中に考慮されている点に大きな特徴がある．

一方，プレストレストコンクリート部材のような軸方向力を受ける部材の設計せん断耐力については，土木学会「コンクリート標準示方書」[6.4] では非線形有限要素解析

などによって算定することを原則としている．ただし，橋脚のように軸圧縮応力度が圧縮強度に対して比較的小さい部材では，式 (6.13) を用いる方法でせん断耐力を算定してもよいとしている．

6.3 せん断補強鉄筋を用いる棒部材

6.3.1 せん断補強鉄筋の役割

コンクリート部材では斜めひび割れの発生が原因となって生じるぜい性的なせん断破壊を防止することが，きわめて重要である．このために配置されるのがせん断補強鉄筋 (shear reinforcement) であり，腹鉄筋 (web reinforcement) あるいは斜め引張鉄筋 (diagonal tension reinforcement) ともよばれている．

せん断補強鉄筋としては，図 6.9 のようなスターラップ (stirrup) と折曲鉄筋 (bent-up reinforcement) が代表的である．さらに，柱部材では帯鉄筋 (tie reinforcement) が用いられる．プレストレストコンクリート部材では，PC 鋼材を部材軸と直交あるいは傾斜させて配置し，せん断補強用緊張材として用いることもある．

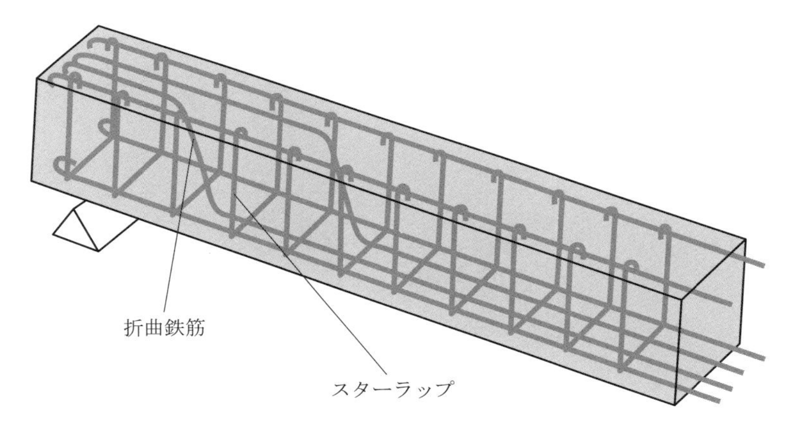

図 6.9　せん断補強鉄筋

せん断補強鉄筋として最も一般的なスターラップの主な役割をあげると，次のとおりである．

① せん断力の一部を負担すると同時に，せん断ひび割れの進展を抑制し，圧縮部コンクリートのせん断抵抗を向上させる．

② せん断ひび割れ幅の増大を抑制し，ひび割れ面の骨材のかみあわせ作用によるせん断抵抗を向上させる．

③ ダウエル作用により軸方向鋼材に沿うひび割れを抑制し，せん断抵抗を向上させる．

6.3.2 せん断補強鉄筋の受けもつせん断耐力

せん断補強鉄筋の分担作用に関しては，トラスアナロジー，アーチアナロジー，フレームアナロジーなどの多くの解析モデルが提案されている．これらのうち，設計においてはトラスアナロジーの考え方が最も広く採用されている．

トラスアナロジーでは，図 6.10 のようにコンクリートの圧縮部を上弦材（圧縮弦材），軸方向鋼材を下弦材（引張弦材），斜めひび割れ間のコンクリートを圧縮斜材，さらにスターラップをプラットトラスの鉛直材あるいは折曲鉄筋をワーレントラスの引張斜材と仮定する[6.5]．

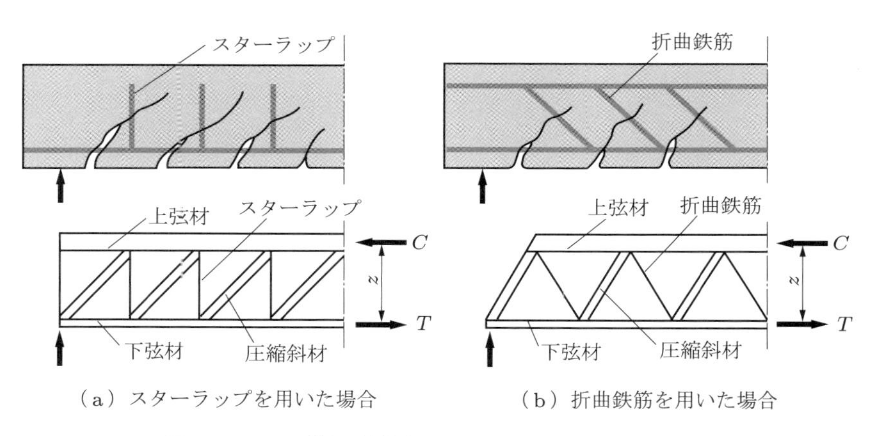

図 6.10 せん断補強鉄筋を用いるはり部材のトラスモデル

このようなトラスモデルを用いて，図 6.11 に示すように軸線に対して角度 θ で斜めひび割れが発生しているはり部材について，部材軸と角度 α，間隔 s でせん断補強鉄筋を配置した場合の負担せん断力を求めてみる．

せん断補強鉄筋の負担せん断力は，せん断補強鉄筋の降伏時に終局値に到達するものと考える．

図 6.11 において，一つのひび割れ面 A－A に着目すると，このひび割れ面を横切るせん断補強鉄筋の組数 n は次式で与えられる．

$$n = \frac{z(\cot\alpha + \cot\theta)}{s} \tag{6.14}$$

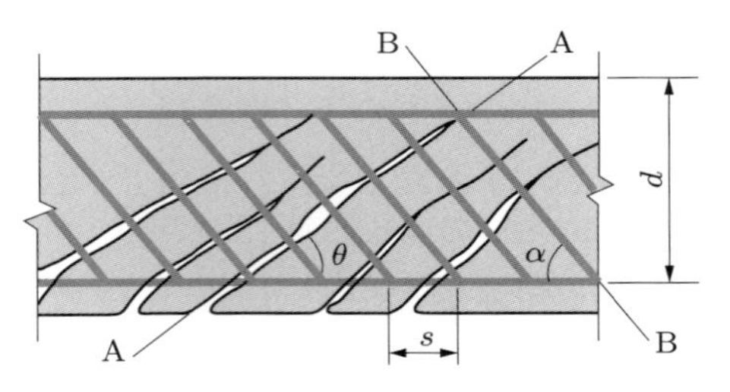

（a）RCはりの配筋とせん断ひび割れ

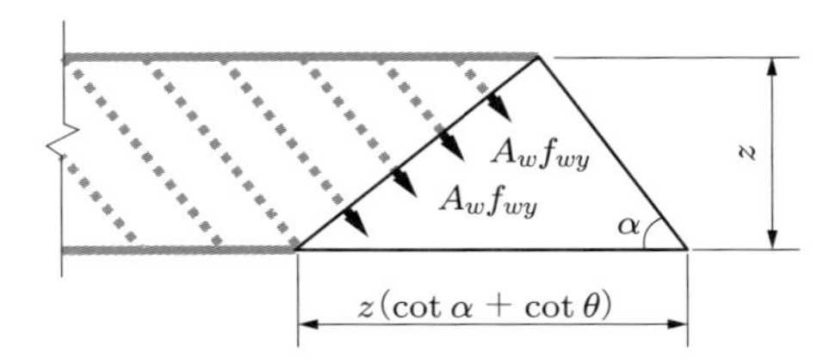

（b）面 A - A の力（引張斜材）

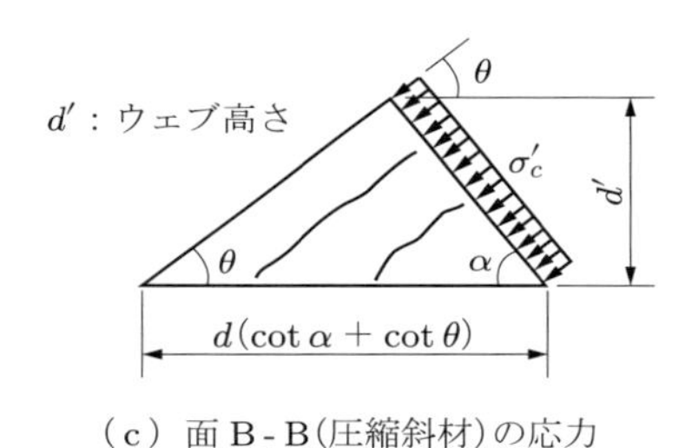

（c）面 B - B（圧縮斜材）の応力

図 6.11　はり部材のトラスアナロジー

せん断補強鉄筋の降伏時のせん断抵抗 V_s は，面 A－A を横切る全せん断補強鉄筋の引張力の鉛直分力 $A_w f_{wy} n \sin\alpha$ であるから，次式から求められる．

$$V_s = A_w f_{wy} \sin\alpha(\cot\alpha + \cot\theta)\frac{z}{s} \tag{6.15}$$

ここに，A_w：一組のせん断補強鉄筋の断面積

f_{wy}：せん断補強鉄筋の降伏強度

z：曲げモーメントによって生じるコンクリート圧縮応力の合力作用位置から引張鋼材図心までの距離

トラスモデルにおいては，圧縮斜材の傾斜角（斜めひび割れの発生角度）は通常 $\theta = 45°$ と仮定する．したがって，次式となる．

$$V_s = A_w f_{wy}(\cos\alpha + \sin\alpha)\frac{z}{s} \tag{6.16}$$

トラス理論によると，軸方向引張鉄筋に作用する引張力がはり理論による値よりも大きくなる．設計[6.4]では，簡単のために部材有効高さ d だけ曲げモーメント図を大きくなる方向にずらして（シフト），軸方向引張鉄筋量を算定する．

はり部材で軸方向引張鉄筋を曲げ上げたり，途中定着する場合に，このシフトルールを適用する (具体的な適用例は，例題 14.3 で説明する).

6.3.3 せん断補強鉄筋を用いる棒部材のせん断耐力

せん断補強鉄筋を用いる棒部材の終局せん断耐力 V_u は，せん断補強鉄筋の効果を無視した部材断面そのもののせん断耐力（コンクリートの負担せん断耐力）V_c と，トラスアナロジーから求めたせん断補強鉄筋の負担せん断耐力 V_s の和として次式の形で与えられる．

$$V_u = V_c + V_s \tag{6.17}$$

現在，各国の指針，規準のほとんどが，このような考え方をもとにしている．

土木学会「コンクリート標準示方書」[6.4]では，せん断補強鉄筋を用いる棒部材の設計せん断耐力 V_{yd} の算定式として，次式を定めている．

$$V_{yd} = V_{cd} + V_{sd} \tag{6.18}$$

ここに，V_{cd}：せん断補強鉄筋を用いない棒部材の設計せん断耐力であり，式 (6.13) を用いて求める．

V_{sd}：せん断補強鉄筋（せん断補強用緊張材は用いない）が受けもつ設計せん断耐力で，式 (6.16) を基本とした次式より算定する．

$$V_{sd} = \frac{A_w f_{wyd}(\sin\alpha + \cos\alpha)z/s}{\gamma_b} \tag{6.19}$$

s：せん断補強鉄筋の配置間隔

A_w：区間 s におけるせん断補強鉄筋の総断面積

f_{wyd}：せん断補強鉄筋の設計降伏強度 ($f_{wyd} \leqq 25 f'_{cd}$，かつ $f_{wyd} \leqq 800$ [N/mm^2])

α：せん断補強鉄筋と部材軸とのなす角度

z：圧縮応力の合力の作用位置から引張鋼材図心までの距離で，この場合は $z = d/1.15$ としてよい．

γ_b：部材係数で，この場合は 1.1 としてよい．

ここで，せん断補強鉄筋が受けもつ設計せん断耐力 V_{sd} について，土木学会「コンクリート標準示方書」[6.4] では圧縮縁のかぶりの影響についての注意が示されている．つまり，有効高さに対して圧縮縁のかぶりが大きくなると，圧縮応力の合力の作用位置に対してせん断補強鉄筋が引張側に配置されることになり，その結果，応力中心距離 z を用いて式 (6.19) で想定した値に対して斜めひび割れを横切るせん断補強鉄筋量が減少するため，仮想トラスの引張斜材としてせん断力の抵抗が十分に発揮できない場合がある点に注意する必要がある．このメカニズムを理解するためには，図 6.11 (b) を参照するとよい．

なお，設計せん断力 V_d は，部材高さが変化する場合は，その影響を考慮した次式の修正成分 V_{hd} を低減して算定する必要がある．

$$V_{hd} = \frac{M_d}{d}(\tan\alpha_c + \tan\alpha_t)$$

ここに，M_d：設計せん断力作用時の曲げモーメント

d：断面有効高さ

α_c，α_t：それぞれ部材圧縮縁，引張縁が部材軸となす角度で，曲げモーメントの絶対値が増すに従って有効高さが増加する場合は正，減少する場合は負とする．

6.3.4 せん断補強鉄筋の配置に関する設計規定

棒部材のせん断補強鉄筋に関して，次のような規定[6.4] が設けられている．

① 直接支持された棒部材の場合，支承前面から断面高さ h の 1/2 の区間では V_{yd} は検討しなくてもよい．ただし，この区間には支承前面から $h/2$ だけ離れた断面で必要とされる量以上のせん断補強鉄筋を配置しなければならない．

② スターラップと折曲鉄筋を併用する場合には，せん断補強鉄筋が受けもつべきせん断力の 1/2 以上をスターラップで受けもたせるものとする．

③ 最小鉛直スターラップ量 $A_{w\,\mathrm{min}}$ とその配置間隔 s は，次式を満たさなければならない．

$$\frac{A_{w\,\mathrm{min}}}{b_w s} = 0.0015 \quad \left(s \leqq \frac{3}{4}d,\ \text{かつ}\ s \leqq 400\,\mathrm{mm}\right)$$

④ 計算上せん断補強鉄筋が必要な場合のスターラップの最大間隔 s_{max} は，次式を満たさなければならない．

$$s_{\max} \leqq \frac{1}{2}d, \text{ かつ } s_{\max} \leqq 300\,\text{mm}$$

また，計算上せん断補強鉄筋を必要とする区間の外側の有効高さ d に等しい区間にも，これと同量のせん断補強鉄筋を配置する必要がある．

例題 6.1

図 6.12 に示す $A_s = 3\text{-D } 29$ の T 形断面はり部材において，コンクリートの設計基準強度が $f'_{ck} = 24\,\text{N/mm}^2$ のとき，以下の問いに答えよ．

(1) コンクリート部が負担する設計せん断耐力 V_{cd}（軸方向力 N'_d は 0）を求めよ．

(2) 設計せん断力が $V_d = 250\,\text{kN}$ のとき，D 16 (SD 295) の U 形鉛直スターラップの配置間隔 s を求めよ．ただし，構造物係数を $\gamma_i = 1.0$ とする．

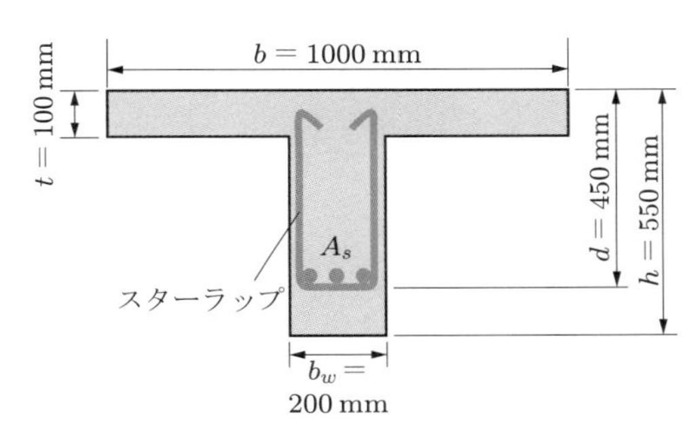

図 6.12　T 形断面はり

解

(1) 付表 1 より $A_s = 3\text{-D } 29 = 1927\,\text{mm}^2$ である．f'_{cd}，p_v は，それぞれ次のようになる．

$$f'_{cd} = \frac{f'_{ck}}{\gamma_c} = \frac{24}{1.3} = 18.5\,\text{N/mm}^2$$

$$p_v = \frac{A_s}{b_w d} = \frac{1927}{200 \times 450} = 0.0214$$

式 (6.13) より，次のようになる．

$$f_{vcd} = 0.20 \times \sqrt[3]{18.5} = 0.53\,\text{N/mm}^2$$

$$\beta_d = \sqrt[4]{\frac{1000}{450}} = 1.221, \quad \beta_p = \sqrt[3]{100 \times 0.0214} = 1.289$$

$$\beta_n = 1.0 \quad (N'_d = 0 \text{ より } M_0 = 0)$$

$$V_{cd} = \frac{\beta_d \beta_p \beta_n f_{vcd} b_w d}{\gamma_b} = \frac{1.221 \times 1.289 \times 1.0 \times 0.53 \times 200 \times 450}{1.3}$$

$$= 57.7 \times 10^3\,\mathrm{N} = 57.7\,\mathrm{kN}$$

(2) U形スターラップを用いるから，スターラップ1脚の断面積は，D 26鉄筋2本分になるので，付表1より $A_w = 2\text{-D }16 = 397\,\mathrm{mm}^2$ である．

この部材がせん断破壊を起こさないようにするための条件は，

$$\gamma_i \frac{V_d}{V_{yd}} \leqq 1.0$$

である．ここに，$\gamma_i = 1.0$ であるから，$V_{yd} = V_{cd} + V_{sd} \geqq V_d$ となる．

この条件に，式(6.19)を代入すると，

$$V_{sd} = \frac{A_w f_{wyd}(\sin\alpha + \cos\alpha)z/s}{\gamma_b} \geqq V_d - V_{cd}$$

となる．したがって，スターラップの配置間隔は次のようにしなければならない．ただし，$\alpha = 90^\circ$（鉛直スターラップ），$f_{wyd} = 295\,\mathrm{N/mm^2}$ (SD 295) である．

$$s \leqq \frac{A_w f_{wyd}(\sin\alpha + \cos\alpha)z}{(V_d - V_{cd})\gamma_b} = \frac{397 \times 295 \times (1+0) \times (450/1.15)}{(250 - 57.7) \times 10^3 \times 1.1}$$

$$= 217\,\mathrm{mm} \quad \left(s < \frac{1}{2}d = 225\,\mathrm{mm},\ \text{かつ}\ s < 300\,\mathrm{mm}\right)$$

なお，斜め圧縮破壊が先行しないことも照査する必要がある(方法は例題6.2で説明する)．

6.4 棒部材の斜め圧縮破壊耐力

せん断補強鉄筋が多量に配置されている部材やI形断面などでウェブ幅を極端に薄くした部材では，せん断補強鉄筋が降伏する前に，ウェブコンクリートが斜め圧縮応力によって圧縮破壊することがある．このような破壊を，6.1.2項で説明したように斜め圧縮破壊またはウェブ圧縮破壊という．

斜め圧縮破壊は，トラスアナロジーにおいて圧縮斜材の破壊を意味し，せん断耐力の上限値を与えるものであり，せん断補強鉄筋量に無関係であると仮定している．

図6.11 (c)において，圧縮斜材に圧縮応力 σ'_c が作用したときにコンクリートが圧縮破壊するとすれば，圧縮斜材のせん断耐力 V_{wc} として次式が得られる．

$$V_{wc} = \sigma'_c b_w d'(\cot\alpha + \cot\theta)\sin^2\theta \tag{6.20}$$

ここに，V_{wc}：圧縮斜材圧壊時の抵抗せん断力（圧縮合力の鉛直成分）

σ'_c：圧縮斜材圧壊時の作用圧縮応力

b_w：ウェブ幅

d'：ウェブ高さ（近似的には有効高さ d としてよい）

圧縮斜材の傾斜角を $\theta = 45°$，さらに $\alpha = 90°$（鉛直スターラップ）とすると，次のようになる．

$$V_{wc} = \frac{\sigma'_c b_w d'}{2} \fallingdotseq \frac{\sigma'_c b_w d}{2} \tag{6.21}$$

この V_{wc} を正確に計算することは難しいため，土木学会「コンクリート標準示方書」[6.4] では，大きな安全係数を考慮して，設計斜め圧縮破壊耐力 V_{wcd} として次式を与えている．

$$V_{wcd} = \frac{f_{wcd} b_w d}{\gamma_b} \tag{6.22}$$

ここに，$f_{wcd} = 1.25\sqrt{f'_{cd}}$ [N/mm^2]　($f_{wcd} \leqq 9.8$ N/mm^2)

f'_{cd}：コンクリートの設計圧縮強度 [N/mm^2]

γ_b：部材係数で，この場合は 1.3 としてよい．

例題 6.2　例題 6.1 について，設計斜め圧縮破壊耐力 V_{wcd} を求めよ．

解　式 (6.22) より，

$$f_{wcd} = 1.25\sqrt{f'_{cd}} = 1.25 \times \sqrt{18.5} = 5.38\ \mathrm{N/mm^2}$$

$$V_{wcd} = \frac{f_{wcd} b_w d}{\gamma_b} = \frac{5.38 \times 200 \times 450}{1.3} = 372.5 \times 10^3\ \mathrm{N} = 372.5\ \mathrm{kN}$$

となる．

例題 6.1 と同様に，この部材がせん断破壊を起こさないようにするための条件は，

$$\gamma_i \frac{V_d}{V_{wcd}} \leqq 1.0$$

である．ここに，$\gamma_i = 1.0$ であるから，

$$\gamma_i V_d = 1.0 \times 250\ \mathrm{kN} = 250\ \mathrm{kN} < V_{wcd} = 372.5\ \mathrm{kN}$$

である．したがって，与えられた部材断面は斜め圧縮破壊を起こさず，スターラップによって効果的なせん断補強を行うことが可能である．

V_{wcd} は設計せん断耐力の上限値であるから，$\gamma_i V_d > V_{wcd}$ となるような場合には，断面寸法を変更して $\gamma_i V_d \leqq V_{wcd}$ となるようにしなければならない．

6.5 棒部材のせん断圧縮破壊耐力

せん断スパン有効高さ比 (a/d) が小さい (2.0 程度以下) 場合，ディープビームとよばれ，式 (6.18) のせん断耐力よりも大きくなることがあるため，次式の設計せん断圧縮破壊耐力 V_{dd} により照査してもよい．

$$V_{dd} = \frac{\beta_d \beta_n \beta_p \beta_a f_{dd} b_w d}{\gamma_b} \tag{6.23}$$

ここに，$f_{dd} = 0.19\sqrt{f'_{cd}}$ [N/mm²]

$\beta_p = \dfrac{1+\sqrt{100p_v}}{2}$ ただし，$\beta_p > 1.5$ となる場合は 1.5 とする．

$\beta_a = \dfrac{5}{1+(a/d)^2}$

d：単純はりでは載荷点，片持はりでは支持部前面での有効高さ

a：支持部前面から載荷点までの距離

γ_b：部材係数で，この場合は 1.3 としてよい．

その他の諸記号：式 (6.13) で記したものと同じ．

また，a/d の小さい領域においてせん断補強鉄筋の効果を考慮するとき，せん断補強鉄筋比が 0.2% 以上の場合は，次式により設計せん断圧縮破壊耐力を求めることができる[6.4]．

$$V_{dd} = \frac{(\beta_d + \beta_w)\beta_p \beta_a \alpha f_{dd} b_w d}{\gamma_b} \tag{6.24}$$

ここに，$\beta_w = 4.2\sqrt[3]{100p_w}(a/d - 0.75)/\sqrt{f'_{cd}}$ ただし，$\beta_w < 0$ となる場合は 0 とする．

$p_w = A_w/(b_w s)$ ただし，$p_w < 0.002$ の場合は $p_w = 0$ とする．

その他の諸記号：式 (6.13)，(6.19) で記したものと同じ．

6.6 面部材の押抜きせん断耐力

スラブに局部的に荷重が作用する場合や柱からの荷重を直接支えるフーチングなどの場合，図 6.13 のように載荷部分を頂点にしてコンクリートが円錐状に押し抜けるようにせん断破壊することがある[6.5]．このような板状の面部材のせん断破壊を押抜きせん断破壊 (punching shear failure) という．

面部材は高次の不静定構造であり，しかも押抜きせん断の破壊面の形状は多くの要因に影響されるため，その耐力の理論解を求めることは非常に難しい．このため，各国の設計規準では，図 6.14 (a) のように載荷部分からある距離 e だけ離れた垂直な断面を仮想の破壊面とし，押抜きせん断耐力の設計式を定めている[6.5]．

土木学会「コンクリート標準示方書」[6.4] では，図 6.14 (b) に示すように，$e = d/2$ の垂直面を押抜き破壊面と仮定し，実験結果に基づいて設計押抜きせん断耐力 V_{pcd} と

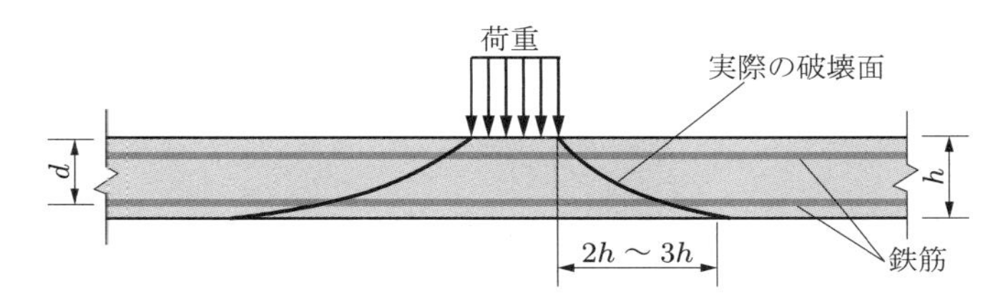

図 6.13　押抜きせん断による実際の破壊面

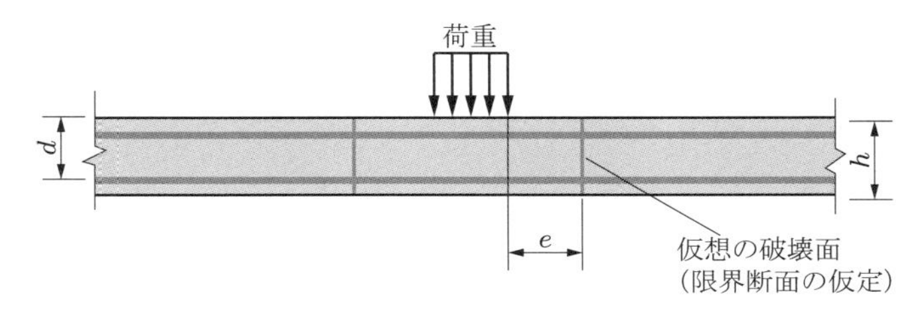

（a）仮想の押抜きせん断破壊面

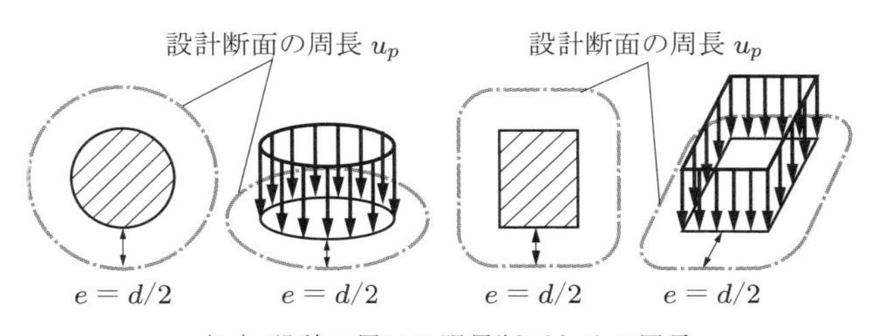

（b）設計に用いる限界断面とその周長

図 6.14　押抜きせん断耐力に対する設計上の仮定

して次式を与えている．

$$V_{pcd} = \frac{\beta_d \beta_p \beta_r f_{pcd} u_p d}{\gamma_b} \tag{6.25}$$

ここに，$f_{pcd} = 0.20\sqrt{f'_{cd}}$ [N/mm^2]　($f_{pcd} \leqq 1.2\,\mathrm{N/mm^2}$)

$\beta_d = \sqrt[4]{1000/d}$ (d：mm) ただし，$\beta_d > 1.5$ となる場合は 1.5 とする．

$\beta_p = \sqrt[3]{100p}$ ただし，$\beta_p > 1.5$ となる場合は 1.5 とする．

$\beta_r = 1 + 1/(1 + 0.25u/d)$

f'_{cd}：コンクリートの設計圧縮強度 [N/mm^2] ($= f'_{ck}/\gamma_c$)

γ_c：コンクリートの材料係数で，この場合は 1.3 としてよい．

u：載荷面の周長

u_p：載荷面から $d/2$ だけ離れた設計断面の周長

d，p：有効高さと鉄筋比で，2 方向の鉄筋に対する平均値とする．

γ_b：部材係数で，この場合は 1.3 としてよい．

ただし，式 (6.25) は載荷面が部材の自由縁や開口部から離れ，かつ荷重の偏心が小さい場合に適用できる．荷重が載荷面に対して偏心する場合には，曲げやねじりの影響を考慮する必要がある．

なお，一方向スラブで載荷面が自由縁に近い場合には，押抜きせん断耐力が低下する．この場合，実用的には，次式の曲げに対する有効幅 b_e (図 6.15) の棒部材と考えて前述の棒部材の設計せん断耐力式により算定できる．

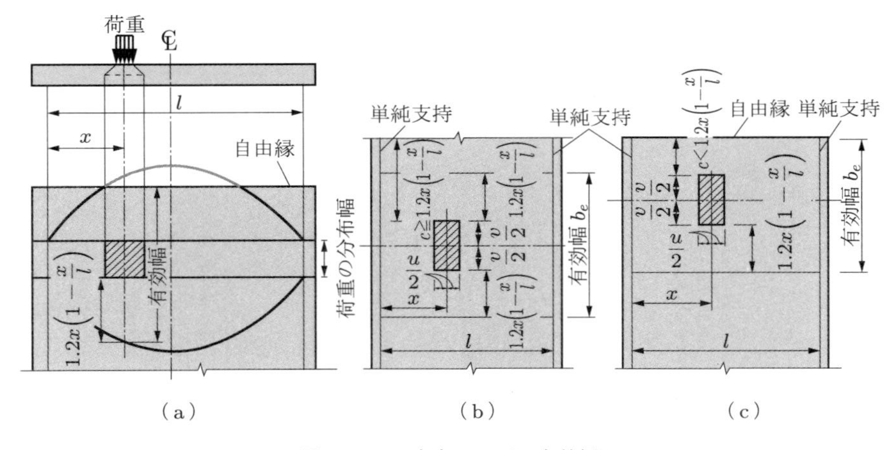

図 6.15　一方向スラブの有効幅

$$b_e = \begin{cases} v + 2.4x\left(1 - \dfrac{x}{l}\right) & \left(c \geqq 1.2x\left(1 - \dfrac{x}{l}\right),\ \text{図 6.15 (b)}\right) \\ c + v + 1.2x\left(1 - \dfrac{x}{l}\right) & \left(c < 1.2x\left(1 - \dfrac{x}{l}\right),\ \text{図 6.15 (c)}\right) \end{cases} \quad (6.26)$$

ここに，c：荷重の分布幅の端からスラブ自由縁までの距離

x：荷重作用点から最も近い支点までの距離

l：スラブのスパン

u，v：荷重の分布幅

演習問題

6.1 $b = 900$ mm，$b_w = 400$ mm，$t = 100$ mm，$d = 600$ mm，$A_s = $ 4-D 29 の単鉄筋T形断面について，式 (6.13)，(6.18) を用いて以下の値を計算せよ．

(1) $f'_{ck} = 24\ \mathrm{N/mm^2}$，$N'_d$（軸方向力）$= 0$ のとき，コンクリートが負担する設計せん断耐力 V_{cd}

(2) 設計せん断力 $V_d = 350$ kN が作用するとき，D 13 (SD 295) の鉛直の U 形スターラップの所要配置間隔 s (ただし，構造物係数 $\gamma_i = 1.0$)

6.2 図 6.16 に示す箱形断面について，コンクリートが負担する設計せん断耐力 V_{cd} を計算せよ．ただし，$f'_{ck} = 27\ \mathrm{N/mm^2}$，$N'_d$（軸方向力）$= 0$ とする．

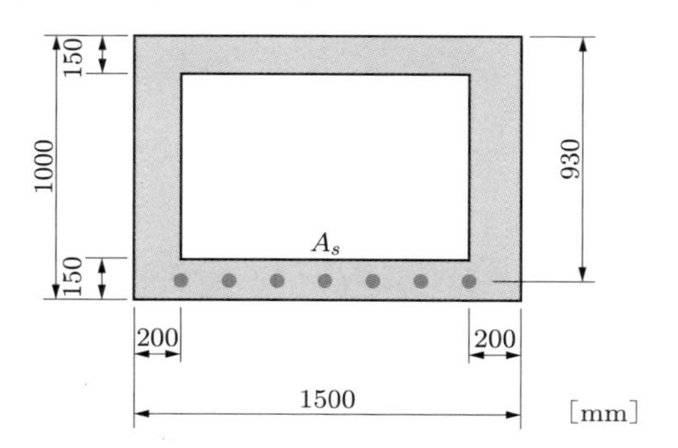

図 6.16　箱形断面はり部材

6.3 寸法 $a \times b = 5000\ \mathrm{mm} \times 6000\ \mathrm{mm}$，厚さ 200 mm の鉄筋コンクリートスラブの中央位置に $a_0 \times b_0 = 200\ \mathrm{mm} \times 300\ \mathrm{mm}$ の載荷面で荷重が作用するとき，式 (6.25) より設計押抜きせん断耐力を求めよ．ただし，$f'_{ck} = 30\ \mathrm{N/mm^2}$，$x$，$y$ の 2 方向の鉄筋比と有効高さは，それぞれ鉄筋比 $p_x = 0.015$，有効高さ $d_x = 160$ mm，鉄筋比 $p_y = 0.009$，有効高さ $d_y = 150$ mm とする．

第7章

ねじりに対する耐力

7.1 一　般

7.1.1 ねじりせん断応力度

一例として，図 7.1 に示すように，純ねじりモーメント (pure torsional moment) M_t が作用する長方形断面部材を考える．

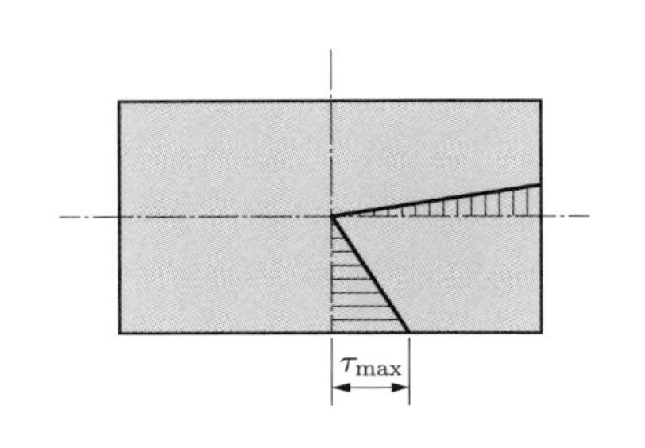

（a）純ねじりによるせん断応力度 τ の分布

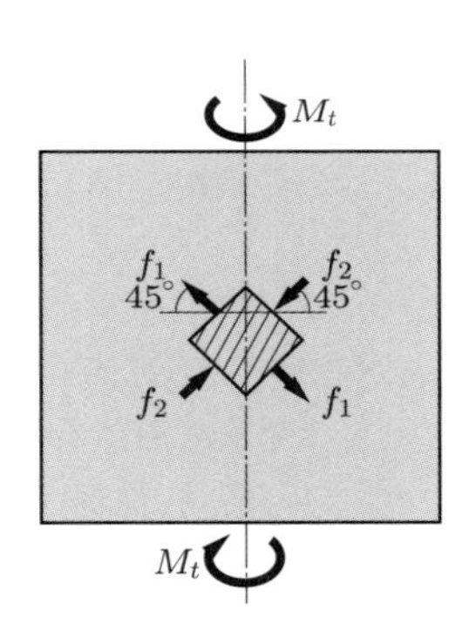

（b）純ねじりによる主応力度

図 7.1　はり部材のねじり

材料が弾性体であれば，図 7.1 (a) のように断面の最外縁で最大値 $\tau_{\max}$ となる直線分布のせん断応力度 τ が発生する．弾性体でない場合は曲線状の分布となる．

このせん断応力度 τ により，図 7.1 (b) に示すように部材軸と 45° 方向で，その大きさがともに τ に等しい主引張応力度 f_1 と主圧縮応力度 f_2 が発生する．

この主引張応力，すなわち斜め引張応力度は，せん断力の作用によって生じるものと同じ種類のものである．しかし，図 7.2 に示すように，ねじりの場合には断面の相対する 2 面で τ の符号が異なるため，斜め引張応力度の作用方向が互いに直交し，部材軸と 45° の角度のらせん状のひび割れが形成される点でせん断力が作用する場合とは非常に異なった特徴がある[7.1]．

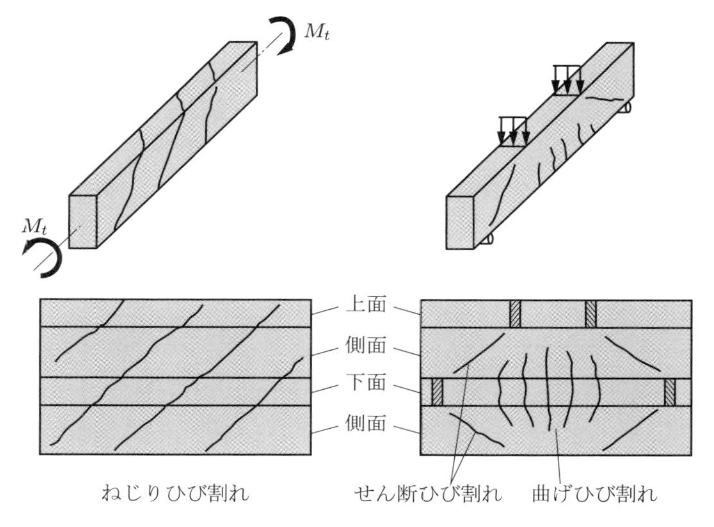

図 7.2 ねじりひび割れとせん断ひび割れ

7.1.2 ねじりを受ける鉄筋コンクリートはり部材の挙動

ねじり作用によってらせん状のひび割れが発生すると，コンクリートのねじり抵抗が急激に減少し，無補強の無筋コンクリート部材ではひび割れの発生と同時にぜい性的な破壊を生じる．

鉄筋コンクリート部材でも，ねじりひび割れ発生前の挙動は無筋コンクリート部材とほぼ同じであり，ねじりひび割れ発生耐力に及ぼす鉄筋の影響は非常に小さい．

このようなぜい性的な破壊を防止するために，ねじり補強鉄筋 (torsion reinforcement) を配置する．ねじりひび割れの発生後は図 7.3 のように補強鉄筋比 p_t（全補強

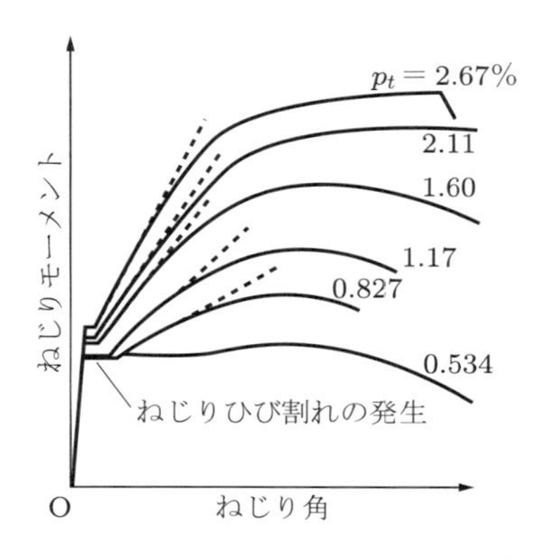

図 7.3 ねじりモーメント－ねじり角関係

鉄筋とコンクリートの体積比）でかなり異なった挙動を示す[7.2].

ねじりに対する補強鉄筋は，部材軸に対して45°のらせん状に配置することが有利である．しかし，配筋上の問題から一般には軸方向鉄筋とそれを取り囲むように軸直角方向に配置した横方向鉄筋（閉合スターラップ）との組合せによって補強がなされている (図7.4)．ただし，図 (c) の部材厚が厚い場合のように，外縁より0.2 × 部材厚より中にある鉄筋は，設計上，横方向鉄筋とはみなさない．

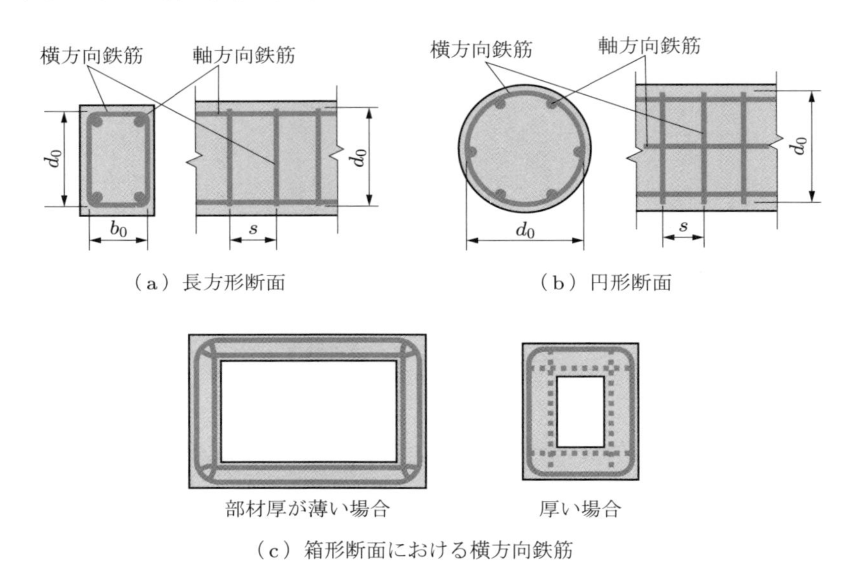

図7.4　ねじり補強鉄筋の配置法 [土木学会：コンクリート標準示方書 (2017年制定)—設計編—，2018]

7.1.3 ねじり破壊形式の分類

ねじりを受ける鉄筋コンクリートはり部材の破壊形式は，次の3種類に分類される．

① 斜めひび割れ間のコンクリートが圧壊する前に，軸方向鉄筋と横方向鉄筋がともに降伏して破壊が起こる低鉄筋はり．

② 終局時にいずれの鉄筋も降伏しない完全過鉄筋はり．

③ 軸方向鉄筋あるいは横方向鉄筋のいずれかが降伏するが，コンクリートが圧壊するまでもう一方の鉄筋は降伏しない部分的過鉄筋はり．

適切な設計がなされた部材では，最終的に①のようなねじり破壊 (torsional failure) が起こる．

このような破壊形式の分類と密接に関連する終局時の釣合鉄筋比 (軸方向鉄筋：p_{lb}，横方向鉄筋：p_{vb}) としては，斜め圧縮場理論 (diagonal compression field theory)

を適用して求められた次式[7.4] がある.

$$p_{lb} = \frac{0.85 f_c' 0.5\beta}{f_{ly}} \frac{0.003E_s}{f_{ly} + 0.003E_s(1 - 0.5\beta)} \tag{7.1}$$

$$p_{vb} = \frac{0.85 f_c' 0.5\beta}{f_{vy}} \frac{0.003E_s}{f_{vy} + 0.003E_s(1 + 0.5\beta)} \tag{7.2}$$

ここに, E_s：補強鉄筋のヤング係数

β：長方形応力ブロックの高さの中立軸距離に対する比

f_c'：コンクリートの圧縮強度

f_{ly}, f_{vy}：それぞれ軸方向鉄筋, 横方向鉄筋の降伏強度

図 7.5 に, 式 (7.1), (7.2) を用いて分類した上記 ①〜③ に対応する三つの破壊形式と実験結果を示す.

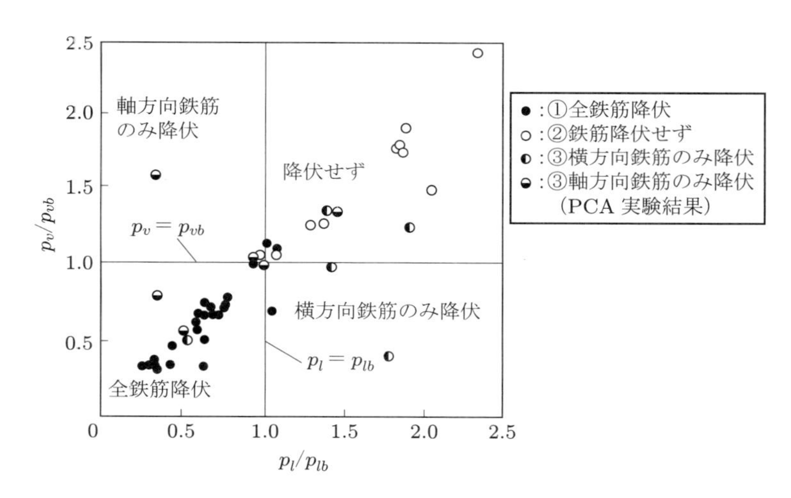

図 7.5　破壊形式に及ぼすねじり補強鉄筋比の影響

7.2 ねじりに対する設計の基本的事項

構造設計でねじり作用を取り扱う場合, 次の二つを区別する必要がある.

① 釣合ねじり：構造系における力の釣合条件を満足するために, ねじりモーメントはつねに必要であって, 所要のねじり耐力をもつように設計する必要がある(図 7.6 (a)).

② 変形適合ねじり：力の釣合条件を満足させるために, 必ずしもねじりモーメントが必要ではない場合であって, 隣接部材と結合されているため隣接部材が変形す

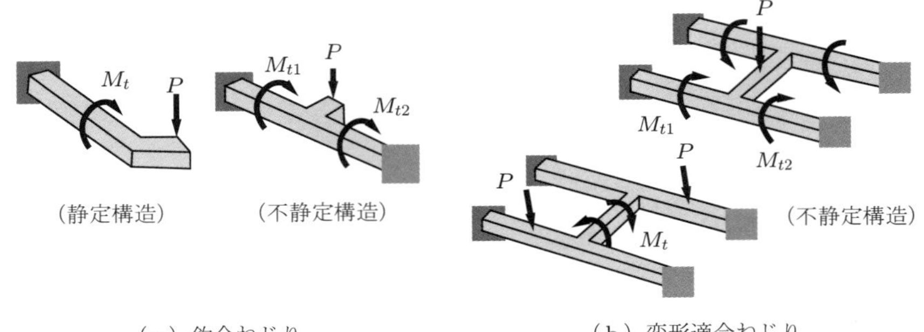

図 7.6　釣合ねじりと変形適合ねじりの例 [土木学会：コンクリート標準示方書 (2017 年制定)―設計編―, 2018]

る結果, 考えている部材にねじりモーメントが作用する場合である (図 7.6 (b)). 通常の使用状態に対しては, このねじりによる過大なひび割れの発生を防止するために二次的な作用として考慮することもある. しかし, ひび割れ発生によりねじり剛度が急激に低下して構造系内での内力が再分配により著しく変化するため, 断面破壊に対する安全性の照査にあたっては, このねじりを無視することができる.

ねじりを受けるコンクリート部材に関しては, 正確な耐力算定式が確立されていないため, 各国のねじりに対する設計規定はかなり異なっている. 土木学会では, ねじりに対する安全性の照査は釣合ねじりに対して行う.

7.3 純ねじりに対する耐力算定法

7.3.1 ねじり補強鉄筋のない棒部材

(1) 基　本

一般に, ねじりひび割れ発生前では, 鉄筋によって負担されるねじり抵抗はコンクリート断面のものと比較すると無視できる. したがって, ねじり補強鉄筋を用いない棒 (はり) 部材のねじり耐力は, 鉄筋の影響を無視し, コンクリートの全断面を有効とした次の弾性理論式を適用して推定できる.

$$\tau_t = \frac{M_t}{K_t} \tag{7.3}$$

式 (7.3) 中の K_t をねじり係数といい, いくつかの代表例を表 7.1 に示す.

表 7.1 さまざまな断面形のねじり係数 [土木学会：コンクリート標準示方書 (2017 年制定)―設計編―, 2018]

断面形状		K_t	備考
円形断面（D）		$\dfrac{\pi D^3}{16}$	—
中空円形断面（D_t, D）		$\dfrac{\pi(D^4 - D_t{}^4)}{16D}$	—
長方形断面（d, b）	○点	$\dfrac{b^2 d}{\eta_1}$	$\eta_1 = 3.1 + \dfrac{1.8}{d/b}$
	× 点	$\dfrac{b^2 d}{\eta_1 \eta_2}$	$\eta_2 = 0.7 + \dfrac{0.3}{d/b}$
T形断面（d_1, d_2, d_3, b_1, b_2, b_3）		$\sum \dfrac{b_i{}^2 d_i}{\eta_{1i}}$	b_i, d_i はそれぞれ分割した長方形断面の短辺の長さおよび長辺の長さとする．長方形への分割はねじり剛性が大きくなるような分割とする．
箱形断面（t_i, b_0, d_0）		$2A_m t_i$	A_m は壁厚中心で囲まれた面積 t_i はウェブ厚 箱形断面の K_t は中空断面として求めるのが原則である．ただし，部材の厚さとその厚さ方向の箱形断面の全幅との比が 0.15 を超える場合は中実断面とみなして K_t を求めるのがよい．

式 (7.3) のねじりせん断応力度 τ_t に起因する斜め引張応力度 $f_1 = \tau_t$ がコンクリートの引張強度 f_t に達してひび割れが発生する．このときのねじりモーメント M_{tc} の値が，ねじり補強鉄筋のないはり部材がねじりモーメントのみを受ける場合の純ねじりに対する破壊耐力と考えられ，次式で与えられる．

$$M_{tc} = K_t f_t \tag{7.4}$$

プレストレスを与えると，斜め引張応力度が減少して M_{tc} は増大する．断面に一様プレストレス σ_{pe} が導入された場合の M_{tc} は次式で求められる．

$$M_{tc} = K_t f_t \sqrt{1 + \frac{\sigma_{pe}}{f_t}} \tag{7.5}$$

(2) 設計式

ねじり補強鉄筋のない棒部材がねじりモーメントのみを受ける場合の設計ねじり耐力 M_{tud} として，土木学会[7.3] では次式を与えている．

$$M_{tud} = M_{tcd} = \frac{\beta_{nt} K_t f_{td}}{\gamma_b} \tag{7.6}$$

ここに，K_t：ねじり係数 (表 7.1)

β_{nt}：プレストレス力などの軸方向圧縮力に関する係数

$$\beta_{nt} = \sqrt{1 + \frac{\sigma'_{nd}}{1.5 f_{td}}} \tag{7.7}$$

f_{td}：コンクリートの設計引張強度 ($= f_{tk}/\gamma_c$)

f_{tk}：引張強度の特性値 (式 (3.1) 参照)

γ_c：材料係数 (表 2.3 参照)

σ'_{nd}：軸方向力による作用平均圧縮応力度 ($\leqq 7 f_{td}$)

γ_b：部材係数で，この場合は 1.3 としてよい．

ただし，設計ねじりモーメント M_{td} と式 (7.6) の M_{tud} ($= M_{tcd}$) との比に構造物係数 γ_i をかけた値がすべての断面で 0.2 未満の場合には照査を省略してよい．

7.3.2 ねじり補強鉄筋を用いるはり部材

(1) 基　本

ねじりひび割れ発生後の耐荷機構のモデル化手法としては，立体トラス理論 (space truss analogy) と斜め曲げ理論 (skew bending theory) とがある．

立体トラス理論は，らせん状ひび割れが発生した状態の部材における抵抗機構を，四隅に配置された軸方向鉄筋を弦材，横方向鉄筋（閉合スターラップ）を鉛直材，斜めひび割れ間のコンクリートを圧縮斜材と仮想した立体トラスに類似し，各材に作用する力を力の釣合条件により求める方法である．

斜め曲げ理論は，部材軸に対して傾斜した破壊面を仮定し，この破壊面を横切る鉄筋に作用する力と破壊面に作用するコンクリートの圧縮力との釣合からねじり耐力を求める方法である[7.5]．

これらのうち，ねじり補強鉄筋の降伏によるねじり耐力の算定を容易に行うことができる立体トラス理論の基本的手法[7.6] を述べる．

厚さ t の薄肉箱形断面の部材に，終局ねじりモーメント M_{tu} が作用する場合を考える．ねじりひび割れが発生した後は，図 7.7 に示すような立体トラスが形成されると

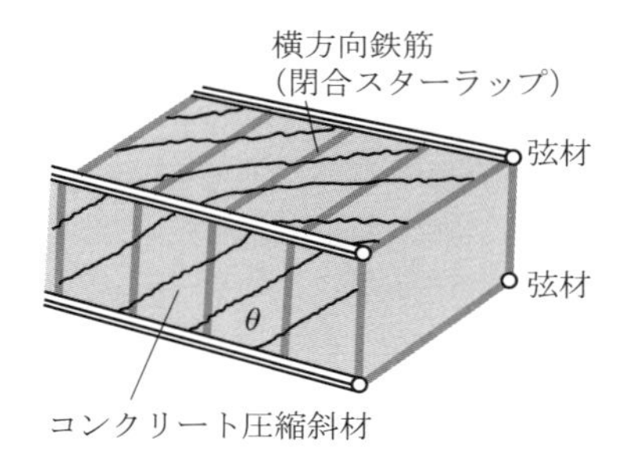

図 7.7　立体トラスモデル

仮定する．

M_{tu} が作用するとき，コンクリート断面に生じるせん断応力を τ_{tu} とすると，力の釣合条件により次式が得られる．

$$M_{tu} = \tau_{tu} d_0 b_0 t + \tau_{tu} b_0 d_0 t \tag{7.8}$$

ねじり有効断面積を $A_m = b_0 d_0$ とすると，次のようになる．

$$\tau_{tu} t = \frac{M_{tu}}{2A_m} \tag{7.9}$$

式 (7.9) の $\tau_{tu} t$ をせん断流 (shear flow) といい，これと釣り合う立体トラス各材の断面力を図 7.8 に示す断面の 1 側壁について求めるものとする．

コンクリートの圧縮斜材応力 σ_c' の合力 N_c は，次の釣合式から求められる．

$$N_c \sin\theta = \tau_{tu} t d_0 \tag{7.10}$$

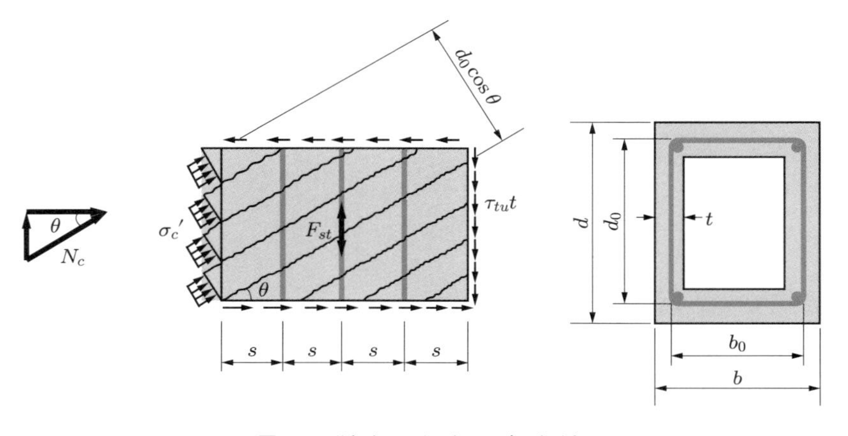

図 7.8　断面の 1 側壁での各断面力

式 (7.9)，(7.10) より，σ'_c は次のようになる．

$$\sigma'_c = \frac{N_c}{td_0\cos\theta} = \frac{\tau_{tu}}{\sin\theta\cos\theta} = \frac{M_{tu}}{2A_m t}\frac{1}{\sin\theta\cos\theta} \tag{7.11}$$

横方向鉄筋の配置間隔を s とすると，傾斜角 θ のひび割れ面を横切る横方向鉄筋の本数は $(d_0\cot\theta)/s$ となる．1 本の横方向鉄筋に作用する引張力を F_{st} とすると，鉛直方向の力の釣合条件から次式を得る．

$$F_{st}\frac{d_0\cot\theta}{s} = \tau_{tu}td_0 \tag{7.12}$$

$$F_{st} = \tau_{tu}ts\tan\theta = \frac{M_{tu}s}{2A_m}\tan\theta \tag{7.13}$$

一方，軸方向鉄筋の全引張力 F は N_c の水平分力と釣り合うので，

$$F = N_c\cos\theta = \tau_{tu}td_0\cot\theta = \frac{M_{tu}}{2A_m}d_0\cot\theta \tag{7.14}$$

が成り立つ．

断面の全側壁についての軸方向鉄筋の引張合力 R は，式 (7.14) より，次のように求められる．

$$R = \sum F = \frac{M_{tu}}{2A_m}\cot\theta\sum d_0 = \frac{M_{tu}u}{2A_m}\cot\theta \tag{7.15}$$

ここに，$u = 2(b_0 + d_0)$ は有効断面の周長を表す．

圧縮斜材コンクリートが圧壊する前に，軸方向鉄筋と横方向鉄筋のすべてのねじり補強鉄筋が降伏してねじり破壊が起こると仮定して，M_{tu} を求める．

いま，横方向鉄筋 1 本の断面積を A_w，軸方向鉄筋の全断面積を A_l，それぞれの降伏強度を f_{wy}，f_{ly} とする．また，A_l は断面の周に沿って均等に分布配置されているものとする．

横方向鉄筋，軸方向鉄筋がともに降伏する場合，式 (7.13)，(7.15) においてそれぞれ $F_{st} = A_w f_{wy}$，$R = A_l f_{ly}$ とすることによって，次のように M_{tu} が求められる．

$$M_{tu} = 2A_m\frac{A_w}{s}f_{wy}\cot\theta \tag{7.16}$$

$$M_{tu} = 2A_m\frac{A_l}{u}f_{ly}\tan\theta \tag{7.17}$$

式 (7.16)，(7.17) より，基本式として次式が得られる．

$$M_{tu} = 2A_m \sqrt{\frac{A_l f_{ly}}{u} \frac{A_w f_{wy}}{s}} \tag{7.18}$$

$$\tan\theta = \sqrt{\frac{A_w f_{wy}}{s} \frac{u}{A_l f_{ly}}} \tag{7.19}$$

軸方向鉄筋の断面周に沿っての配置が均等でない場合，ねじり破壊時の軸方向鉄筋の引張合力 R は，その値が最小となるように定める必要がある．たとえば，ねじりモーメントとともに曲げモーメントも受ける部材断面で，引張（下側）鉄筋断面積 $2A_{1l}$ が上側鉄筋断面積 $2A_{2l}$ より大きいような場合には，次のように取り扱う．

純ねじりモーメントを受けたとき，上側鉄筋が最初に降伏するので，軸方向鉄筋引張力の最小値は $R = 4A_{2l} f_{ly}$ となる．このときのねじりモーメントを M_{tu0} とすると，式 (7.18) は次のように表せる．

$$M_{tu0} = 2A_m \sqrt{\frac{4A_{2l} f_{ly}}{u} \frac{A_w f_{wy}}{s}} \tag{7.20}$$

ねじりによる斜めひび割れ発生後の断面抵抗部は外周部のみとなり，コア部はねじり破壊耐力に対して影響しない．したがって，中実断面でも破壊状態には中空断面と同様と考えてよく，中実断面を箱形のような仮想中空断面に置き換えることができる．その仮想壁厚は $t_{ef} = d_{ef}/6$ (d_{ef}：断面隅角の軸方向鉄筋を頂点とした多角形に内接する円の最大径) で近似できるという提案[7.6] がある．

(2) 設計式

ねじり補強鉄筋の降伏以前に圧縮斜材コンクリートの圧壊が先行するような破壊形式はぜい性的であり，これを防止することが大切である．これは，ねじり補強鉄筋量を釣合鉄筋量以下に制限することで制御できる．

土木学会では，ねじりに対する設計斜め圧縮破壊耐力 M_{tcud} として次式を与え，設計ねじりモーメントがその値を超えないようにすることで，間接的にこのようなぜい性的破壊を避けるように規定している．

$$M_{tcud} = \frac{K_t f_{wcd}}{\gamma_b} \tag{7.21}$$

ここに，$f_{wcd} = 1.25\sqrt{f'_{cd}}$ [N/mm^2]　($f_{wcd} \leqq 7.8$ N/mm^2)

f'_{cd}：コンクリートの設計圧縮強度 [N/mm^2] ($= f'_{ck}/\gamma_c$)

γ_c：材料係数 (表 2.3 参照)

K_t：表 7.1 に示すねじり係数

γ_b：部材係数で，この場合は 1.3 としてよい．

ただし，M_{td} と M_{tud} との比に γ_i をかけた値がすべての断面で 0.5 以下の場合にはこの照査を省略してよいが，この場合は次式の最小ねじり補強鉄筋を配置しなければならない．

軸方向鉄筋量：$\sum A_{tl} = \dfrac{M_{tud}u}{3A_m f_{ld}}$

横方向鉄筋量：$A_{tw} = \dfrac{M_{tud}s}{3A_m f_{wd}}$

ここに，A_m：ねじり有効断面積

f_{ld}：軸方向鉄筋の設計降伏強度

f_{wd}：横方向鉄筋の設計降伏強度

u：有効断面積の周長 $(= 2(b_0 + d_0))$

s：横方向鉄筋の配置間隔

また，ねじり補強鉄筋を用いる部材の設計ねじり耐力 M_{tyd} は，立体トラス理論に基づいて以下のように定めている．

》長方形，円形，円環断面

$$M_{tyd} = \frac{2A_m\sqrt{q_w q_l}}{\gamma_b} \tag{7.22}$$

$$q_w = \frac{A_{tw} f_{wd}}{s} \tag{7.23}$$

$$q_l = \frac{\sum A_{tl} f_{ld}}{u} \tag{7.24}$$

ここに，A_m：ねじり有効断面積 (長方形：$b_0 d_0$，円および円環：$\pi {d_0}^2/4$)

b_0，d_0：横方向鉄筋の中心線を基準として求めた幅，高さ

b_0：横方向鉄筋の短辺の長さ

d_0：長方形断面の場合は横方向鉄筋の長辺の長さ，円，円環断面の場合は横方向鉄筋で取り囲まれているコンクリート断面の直径

A_{tw}：ねじり補強鉄筋として有効に作用する横方向鉄筋 1 本の断面積

$\sum A_{tl}$：ねじり補強鉄筋として有効に作用する軸方向鉄筋の断面積

f_{wd}，f_{ld}：横方向鉄筋と軸方向鉄筋の設計降伏強度

s：横方向鉄筋の軸方向配置間隔

u：横方向鉄筋の中心線の長さ (長方形：$2(b_0 + d_0)$，円，円環：πd_0)

γ_b：部材係数で，この場合は 1.3 としてよい．

ただし，$q_w \geqq 1.25q_l$ の場合は $q_w = 1.25q_l$ とし，$q_l \geqq 1.25q_w$ の場合は $q_l = 1.25q_w$ とする．

》T，L，I 形断面　断面を i 個の長方形断面に分割し，それぞれについて式 (7.22) で求めた M_{tydi} の和とする．ただし，M_{tydi} は ξA_{mi} の値を超えてはならない．

ここに，A_{mi}：分割した長方形のねじり有効断面積

ξ：最大のねじり有効断面積の分割長方形における M_{tydi}/A_{mi} の値

図 7.9 に示す各分割長方形については，次のようにする．

① A_{mi} は横方向鉄筋で取り囲まれる面積としてよい．

② 軸方向鉄筋は，分割した長方形断面で二重に算入してはならない．

③ フランジ部が連続している T 形断面では，フランジ内の横方向鉄筋は軸方向鉄筋を取り囲んでいなくても有効とみなしてよい．ただし，フランジ部の上下の鉄筋量が異なる場合は少ないほうの鉄筋量までを限度とする．

④ ねじりに対するフランジの片側有効幅 λ_t は，次式より求めてよい．

$$\lambda_t = 3t_i \tag{7.25}$$

ただし，片持ち部：$\lambda_t \leqq l_c$，中間部：$\lambda_t \leqq l_b/2$

ここに，t_i：フランジの平均厚さ

l_c，l_b：それぞれ片持版の張出し長さおよび桁の純間隔

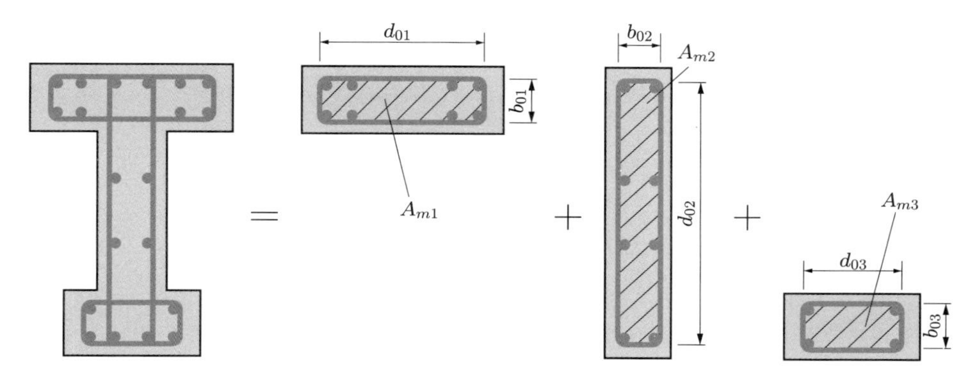

図 7.9　T，L，I 形断面の設計計算法 [土木学会：コンクリート標準示方書 (2017 年制定)―設計編―，2018]

》箱形断面　壁厚とその厚さ方向の箱形断面全幅との比の最小値が 1/4 以上の場合は，中実断面とみなす．1/4 未満の場合は，箱形断面として次式で設計ねじり耐力を求める．

$$M_{tyd} = 2A_m V_{odi\,\min} \tag{7.26}$$

ここに，A_m：箱形断面の壁厚中心線で囲まれる面積（ねじり有効断面積）

$V_{odi\,\min}$：箱形断面の各壁の単位長さあたりの面内せん断耐力の最小値

この場合は，せん断流 (式 (7.23)，(7.24) の q_w，q_l) の理論が適用できる．なお，次式（面内力を受ける面部材の鉄筋の設計降伏耐力）によって求める場合，$V_{odi\,\min}$ は各壁の V_{odi} (T_{xyd} と T_{yyd} の小さいほう) の最小値（単位長さあたりで表す）とする．

$$T_{xyd} = \frac{p_x f_{xyd} bt}{\gamma_b}, \quad T_{yyd} = \frac{p_y f_{yyd} bt}{\gamma_b} \tag{7.27}$$

ここに，p_x，p_y：それぞれ x 軸方向，y 軸方向の鉄筋比 $(= A_s/(bt))$

A_s：鉄筋断面積

f_{xyd}，f_{yyd}：それぞれ x 軸方向，y 軸方向の鉄筋の設計降伏強度

b，t：それぞれ各壁の幅（各壁厚の中心線を結んだ線分の長さ）および厚さ

γ_b：部材係数で，この場合は 1.3 としてよい．

例題 7.1　図 7.10 に示す長方形断面の設計ねじり耐力を求めよ．ただし，$b = 400$ mm，$b_0 = 320$ mm，$d = 600$ mm，$d_0 = 520$ mm とし，軸方向鉄筋は 12-D 16，横方向鉄筋（閉合スターラップ）は D 16 を 300 mm 間隔に配置するものとする．さらに，それぞれの強度は $f'_{ck} = 27\,\mathrm{N/mm^2}$，$f_{ld} = 295\,\mathrm{N/mm^2}$ (SD 295)，$f_{wd} = 295\,\mathrm{N/mm^2}$ (SD 295) とする．

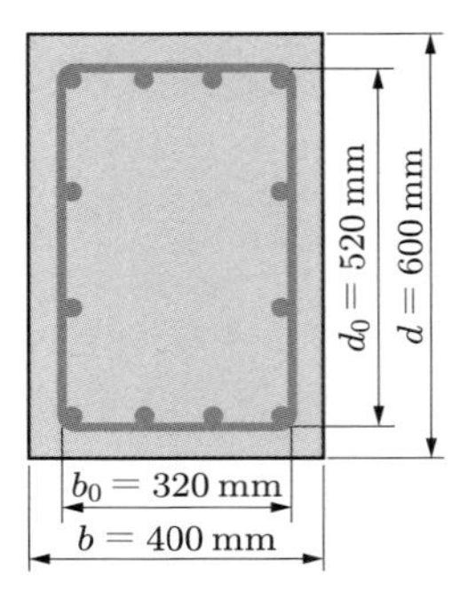

図 7.10　長方形断面

解

ねじり有効断面積：$A_w = b_0 \times d_0 = 320 \times 520 = 166400\,\mathrm{mm}^2$
有効断面の周長：$u = 2(b_0 + d_0) = 2(320 + 520) = 1680\,\mathrm{mm}$
式 (7.23)，(7.24) より，q_w，q_l を求める．

$$q_w = \frac{A_{tw} f_{wd}}{s} = \frac{198.6 \times 295}{300} = 195.3\,\mathrm{N/mm}$$

$$q_l = \frac{\sum A_{tl} f_{ld}}{u} = \frac{2383.2 \times 295}{1680} = 418.5\,\mathrm{N/mm}$$

この場合，$q_l = 418.5\,\mathrm{N/mm}$ は $1.25q_w = 244.1\,\mathrm{N/mm}$ より大きくなるので，$q_l = 1.25q_w = 244.1\,\mathrm{N/mm}$ とする．

式 (7.22) より，設計ねじり耐力 M_{tyd} は次のように求められる．

$$M_{tyd} = \frac{2A_m\sqrt{q_w q_l}}{\gamma_b} = \frac{2 \times 166400 \times \sqrt{195.3 \times 244.1}}{1.3}$$
$$= 55.9 \times 10^6\,\mathrm{N \cdot mm} = 55.9\,\mathrm{kN \cdot m}$$

次に，式 (7.21) より，設計斜め圧縮破壊耐力 M_{tcud} を求める．

$$f_{wcd} = 1.25\sqrt{f'_{cd}} = 1.25\sqrt{\frac{f'_{ck}}{\gamma_c}} = 1.25\sqrt{\frac{27}{1.3}} = 5.70\,\mathrm{N/mm^2}$$

$$M_{tcud} = \frac{K_t f_{wcd}}{\gamma_b} = \frac{2.23 \times 10^7 \times 5.70}{1.3} = 97.8 \times 10^6\,\mathrm{N \cdot mm}$$
$$= 97.8\,\mathrm{kN \cdot m}$$

なお，K_t の値は，表 7.1 より $\eta_1 = 3.1 + 1.8/(d/b) = 3.1 + 1.8/1.5 = 4.3$ とし，$K_t = b^2 d/\eta_1 = 400^2 \times 600/4.3 = 2.23 \times 10^7\,\mathrm{mm}^3$ と算定される．

この例題では $M_{tyd} < M_{tcud}$ であるから，設計ねじり耐力は $M_{tyd} = 55.9 \times 10^6\,\mathrm{N \cdot mm} = 55.9\,\mathrm{kN \cdot m}$ である．

7.4 組合せ断面力に対する耐力算定法

ねじりと曲げを同時に受ける部材の終局耐力については，立体トラス理論[7.6] により両者の相関関係を求めることができる．

さらに，ねじり，曲げ，せん断を受ける部材に関しても立体トラス理論[7.7] を用いて，耐力の相関関係を導くことができる．

それらの詳細は上記の文献[7.5–7.9] などを参照してほしい．

なお，土木学会「コンクリート標準示方書」[7.3] では，補強鉄筋は構造細目を満たしていればすべての鉄筋を有効とみなし，ねじり，曲げ，せん断耐力を求め，設計に用いるねじり－曲げ，ねじり－せん断の相関関係を定めている．

演習問題

7.1 幅 $b = 450\,\mathrm{mm}$，全高さ $d = 600\,\mathrm{mm}$ の無筋コンクリート ($f'_{ck} = 24\,\mathrm{N/mm^2}$) の長方形断面部材において，ねじりモーメントに対する安全性の検討を省略してよい場合の設計ねじりモーメントの値を求めよ．ただし，$\sigma'_{nd} = 0$ および構造物係数 $\gamma_i = 1.0$ とする．

7.2 $b = 450\,\mathrm{mm}$，$d = 600\,\mathrm{mm}$，$b_0 = 370\,\mathrm{mm}$，$d_0 = 520\,\mathrm{mm}$ の長方形断面部材において，軸方向鉄筋は 10-D 13 (SD 345)，横方向鉄筋は D 13 (SD 345) の閉合スターラップを 200 mm 間隔で配置するとき，設計ねじり耐力を求めよ．ただし，$f'_{ck} = 24\,\mathrm{N/mm^2}$ とする．

7.3 図 7.11 (a) に示す T 形断面部材 ($b = 600\,\mathrm{mm}$，$b_w = 250\,\mathrm{mm}$，$h = 700\,\mathrm{mm}$，$t = 200\,\mathrm{mm}$，$b_{01} = 140\,\mathrm{mm}$，$d_{01} = 520\,\mathrm{mm}$，$b_{02} = 180\,\mathrm{mm}$，$d_{02} = 620\,\mathrm{mm}$) の設計ねじり耐力を図 (b) のように分割して求めよ．ただし，$f'_{ck} = 27\,\mathrm{N/mm^2}$，鉄筋はすべて D 13 (SD 295) とし，横方向鉄筋は閉合スターラップを $s = 250\,\mathrm{mm}$ 間隔で配置するものとする．

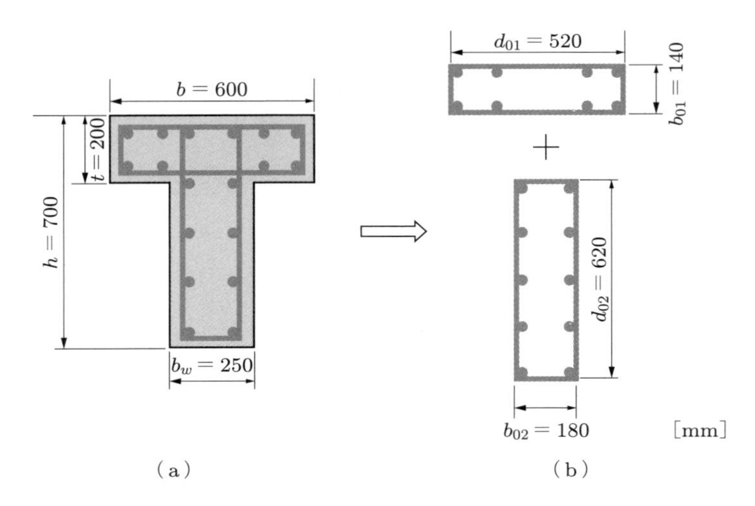

図 7.11　T 形断面はり

第 8 章

使用状態の曲げ応力度

8.1 一 般

コンクリート構造物は，設計耐用期間において，所要の耐久性，安全性，使用性，復旧性，環境性などの要求性能を満足しなければならない．このため，鋼材腐食に対するひび割れの限界状態に関わる耐久性 (第 9 章)，断面破壊の限界状態に関わる安全性 (第 4～7 章)，疲労破壊の限界状態に関わる安全性 (第 11 章)，使用上の快適性などに対するたわみ（変位，変形）の限界状態に関わる使用性 (第 10 章) などを照査しなければならない．

これらのうち，第 9～11 章の照査にあたっては，構造物の使用状態における鉄筋やコンクリートの応力度，断面二次モーメントなどを求める必要がある．

以下に，鉄筋コンクリートの棒部材断面の曲げ応力度の算定法を述べる．

8.2 曲げのみを受ける場合の応力度算定

8.2.1 基本仮定

曲げモーメントが作用する鉄筋コンクリートはり断面の応力度は，コンクリートと鉄筋の強度特性を十分に活用するため，使用状態においても曲げひび割れが発生しており，引張力はすべて鉄筋で抵抗するものとして計算する．

鉄筋コンクリートはりの曲げ応力度算定にあたっては，次の仮定を用いる．

① 維ひずみ（曲げによる部材軸方向ひずみ）は，断面の中立軸からの距離に比例する（平面保持の仮定）．

② コンクリートの引張応力は無視する．

③ コンクリートおよび鋼材は，ともに弾性体とする．

これらのうち，③ の仮定は破壊時終局状態の検討を行う場合には明らかに不合理であるが，使用状態においては近似的に成り立つ．限界状態設計法を基本とした現行の土木学会「コンクリート標準示方書」[8.1] では，コンクリートのヤング係数 E_c はその設計基準強度 f'_{ck} に応じて表 3.1 の値とし，鉄筋のヤング係数 E_s は 200 kN/mm^2

として得られる両者のヤング係数比 $n = E_s/E_c$ を用いて応力度の計算を行うように定めている．なお，許容応力度設計法[8.2] では従来のコンクリートの強度に関係なく，ヤング係数比は $n = E_s/E_c = 15$ とされてきた．

8.2.2 応力度算定

(1) 一般式

図 8.1 に示すような対称軸をもつ任意断面において，圧縮縁コンクリート応力度を σ'_c，中立軸位置を x とすれば，各位置でのコンクリートの圧縮応力度 σ' と鉄筋の引張応力度 σ_{si}，圧縮応力度 σ'_{si} は次のようになる．

$$\sigma' = \sigma'_c \frac{y}{x} \tag{8.1}$$

$$\sigma_{si} = n\sigma'_c \frac{y_i}{x} \tag{8.2}$$

$$\sigma'_{si} = n\sigma'_c \frac{y'_i}{x} \tag{8.3}$$

したがって，コンクリートの全圧縮力 C，圧縮鉄筋の全圧縮力 C'，引張鉄筋の全引張力 T は，それぞれ次のようになる．

$$C = \int \sigma' \, \mathrm{d}A_c = \frac{\sigma'_c}{x} \int y \, \mathrm{d}A_c = \frac{\sigma'_c}{x} G_c \tag{8.4}$$

$$C' = \sum \sigma'_{si} a'_i = \frac{n\sigma'_c}{x} \sum a'_i y'_i = \frac{n\sigma'_c}{x} G'_s \tag{8.5}$$

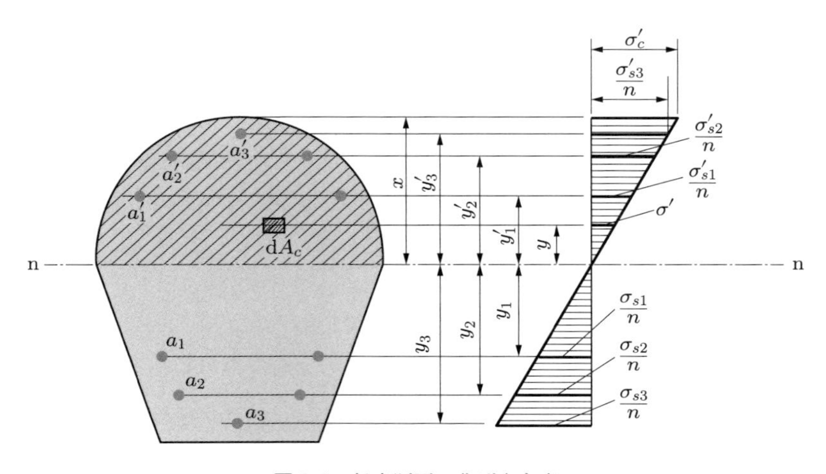

図 8.1　任意断面の曲げ応力度

$$T = \sum \sigma_{si} a_i = \frac{n\sigma'_c}{x} \sum a_i y_i = \frac{n\sigma'_c}{x} G_s \tag{8.6}$$

ここに，G_c，G'_s，G_s はそれぞれ中立軸に関する圧縮側コンクリート，圧縮鉄筋，引張鉄筋の断面一次モーメントを表す．

曲げモーメントのみが作用している場合を考えているので，軸方向の力の釣合条件，$C + C' - T = 0$ から次式を得る．

$$G_c + nG'_s - nG_s = 0 \tag{8.7}$$

式 (8.7) は中立軸位置 x を未知数とした方程式となる．

x が求められると，中立軸に関する断面二次モーメントは，次式で計算できる．

$$I_i = \int y^2 \, \mathrm{d}A_c + n\left(\sum a'_i {y'_i}^2 + \sum a_i {y_i}^2\right) = I_c + n(I'_s + I_s) \tag{8.8}$$

この断面二次モーメント I_i をひび割れ断面に対する換算断面二次モーメント (moment of inertia of transformed cracked concrete cross section) といい，鉄筋コンクリート部材の応力度計算のほかに，変形計算にも用いる非常に重要な値である．

以上の x，I_i により，コンクリートと鉄筋の応力度は，それぞれ次のように算定できる．

$$\sigma'_c = \frac{M}{I_i} x \tag{8.9}$$

$$\sigma_{si} = n\frac{M}{I_i} y_i = n\sigma'_c \frac{y_i}{x} \tag{8.10}$$

$$\sigma'_{si} = n\frac{M}{I_i} y'_i = n\sigma'_c \frac{y'_i}{x} \tag{8.11}$$

(2) 単鉄筋長方形断面

第 4 章でも述べたように，断面の引張側のみに鉄筋を配置したものを単鉄筋という．鉄筋コンクリートではコンクリートの引張応力は無視するから，図 8.2 に示すように引張側の断面形には関係なく，斜線部の圧縮側の断面形が長方形のものはすべて長方形断面として計算する．

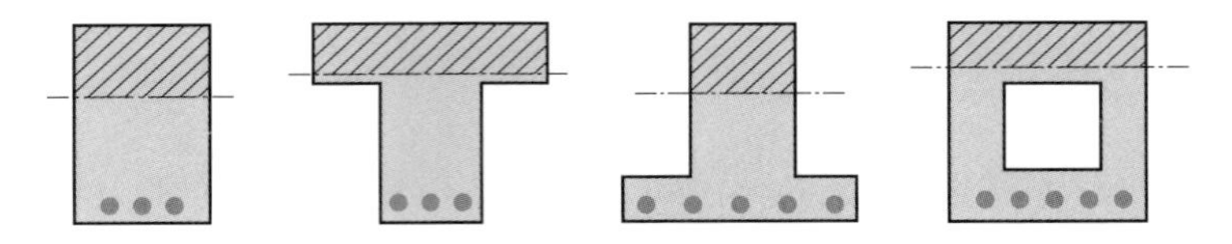

図 8.2　長方形断面として取り扱う例

》中立軸位置　曲げモーメント M が作用したときの応力分布を図 8.3 に示す．

中立軸の位置 x を求めるためには，式 (8.7) 中の各断面一次モーメントを求め，これを x について解けばよい．

まず，G_c を求めるために，図 8.3 に示すように，圧縮側で中立軸から y だけ離れた位置に微小厚さ $\mathrm{d}y$，幅 b の帯状要素 ($\mathrm{d}A_c = b\,\mathrm{d}y$) を考える．

$$G_c = \int_0^x yb\,\mathrm{d}y = b\int_0^x y\,\mathrm{d}y = \frac{bx^2}{2} \tag{8.12}$$

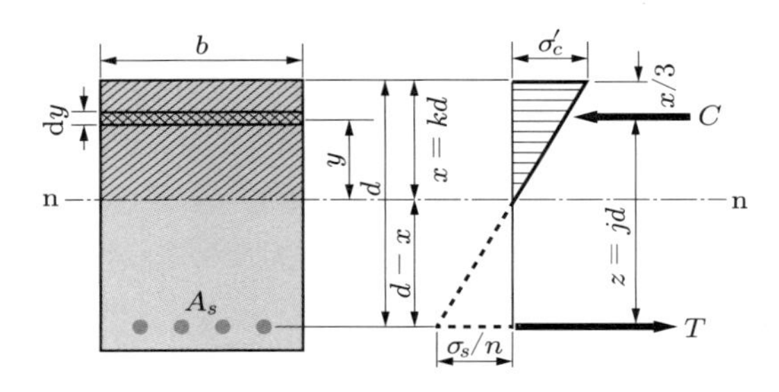

図 8.3　単鉄筋長方形断面

単鉄筋断面であるから，$A'_s = 0$ すなわち $G'_s = 0$ である．また，G_s は次式で与えられる．

$$G_s = A_s(d - x) \tag{8.13}$$

式 (8.12)，(8.13) の G_c，G_s を式 (8.7) に代入すると，

$$\frac{bx^2}{2} - nA_s(d - x) = 0 \tag{8.14}$$

となる．式 (8.14) を解いて x を求めると，次のようになる．

$$x = \frac{nA_s}{b}\left(-1 + \sqrt{1 + \frac{2bd}{nA_s}}\right) \tag{8.15}$$

または，$x = kd$ とおいて，次のように表す．

$$k = -np + \sqrt{(np)^2 + 2np} \tag{8.16}$$

ここに，p：引張鉄筋比 $(= A_s/(bd))$
　　　k：中立軸比 (neutral axis ratio) $(= x/d)$
　　　d：有効高さ

》応力度　コンクリートと鉄筋の応力度を計算するためには，式 (8.8) の換算断面二次モーメント I_i を求める必要がある．そこで，まず I_c については式 (8.12) の G_c の場合と同様に，次のように求められる．

$$I_c = \int_0^x y^2 b\,\mathrm{d}y = b\int_0^x y^2\,\mathrm{d}y = \frac{bx^3}{3} \tag{8.17}$$

鉄筋の I_s は，次のようになる．

$$I_s = A_s(d-x)^2 \tag{8.18}$$

したがって，式 (8.8) より，次式となる．

$$I_i = \frac{bx^3}{3} + nA_s(d-x)^2 \tag{8.19}$$

式 (8.15) ですでに x が求まっており，式 (8.19) から I_i の値も計算できるので，コンクリートと鉄筋の応力度は式 (8.9)，(8.10) より，次のようになる．

$$\sigma'_c = \frac{M}{I_i}x \tag{8.20}$$

$$\sigma_s = n\frac{M}{I_i}(d-x) = n\sigma'_c\frac{d-x}{x} \tag{8.21}$$

以上のように，I_i を用いて応力度を計算する方法のほかに，次のような考え方で算定する方法もある．

単鉄筋長方形断面では，コンクリートの全圧縮力 C，鉄筋の全引張力 T は次式のようになる．

$$C = \int_0^x \sigma'\,\mathrm{d}A_c = \frac{\sigma'_c}{x}\int_0^x yb\,\mathrm{d}y = \frac{1}{2}\sigma'_c bx \tag{8.22}$$

$$T = \sigma_s A_s \tag{8.23}$$

これらの C および T による内力の抵抗モーメントと外力による曲げモーメント M は等しくなければならないから，次式が成り立つ．

$$M = Cz = Tz = \frac{1}{2}\sigma'_c bxz = \sigma_s A_s z \tag{8.24}$$

式 (8.24) で $z = jd = d - x/3 = d(1 - k/3)$ は，圧縮合力 C の作用点と引張合力 T の作用点間の距離を表すもので，抵抗偶力のアーム長 (arm length) という．なお，C の作用点は，コンクリートの圧縮応力度が三角形分布で断面幅が一定であるから，圧縮縁から $x/3$ の位置にある．これを，一般的に求めると次のようである．

いま，C の作用点が圧縮縁から a の位置にあるとすると，

$$a = \frac{\int_0^x (x - y)\sigma' b\,\mathrm{d}y}{C} = \frac{\int_0^x (x - y)(y/x)\sigma'_c b\,\mathrm{d}y}{\sigma'_c bx/2} = \frac{1}{3}x \tag{8.25}$$

である．以上より，次のようになる．

$$\sigma'_c = \frac{2M}{bx(d - x/3)} = \frac{2M}{kjbd^2} = \frac{2M}{k(1 - k/3)bd^2} \tag{8.26}$$

$$\sigma_s = \frac{M}{A_s(d - x/3)} = \frac{M}{A_s jd} \tag{8.27}$$

例題 8.1　$b = 400$ mm，$d = 630$ mm，$A_s = $ 5-D 25 の単鉄筋長方形断面に $M = 200$ kN · m が作用するとき，曲げ応力度 σ'_c，σ_s を求めよ．ただし，$f'_{ck} = 24$ N/mm^2 とする．

解　巻末の付表 1 より，$A_s = $ 5-D 25 $= 2533$ mm^2 である．したがって，$p = 2533/(400 \times 630) = 0.01005$ となる．

表 3.1 より，$f'_{ck} = 24$ N/mm^2 に対して $E_c = 25$ kN/mm^2 である．したがって，$n = E_s/E_c = 200/25 = 8.0$，$np = 8.0 \times 0.01005 = 0.0804$ となる．式 (8.16)，(8.19)，(8.20) より，k，x，I_i，σ'_c はそれぞれ次のようになる．

$$k = -0.0804 + \sqrt{0.0804^2 + 2 \times 0.0804} = 0.329$$

$$x = kd = 0.329 \times 630 = 207\ \mathrm{mm}$$

$$I_i = \frac{400 \times 207^3}{3} + 8.0 \times 2533 \times (630 - 207)^2 = 4808 \times 10^6\ \mathrm{mm}^4$$

$$\sigma'_c = \frac{200 \times 10^6}{4808 \times 10^6} \times 207 = 8.6\ \mathrm{N/mm^2}$$

また，式 (8.21) より，次のようになる．

$$\sigma_s = 8.0 \times 8.6 \frac{630 - 207}{207} = 140.6\ \mathrm{N/mm^2}$$

なお，$j = 1 - k/3 = 1 - 0.329/3 = 0.890$ とし，式 (8.26) より σ'_c を求めると，

$$\sigma'_c = \frac{2 \times 200 \times 10^6}{0.329 \times 0.890 \times 400 \times 630^2} = 8.6\ \mathrm{N/mm^2}$$

となる．したがって，換算断面二次モーメント I_i を用いる方法によっても，抵抗偶力を用いる方法によってもまったく同じ結果が得られる．

(3) 複鉄筋長方形断面

有効高さが制限されている場合や，同一断面に正負の曲げモーメントが交互に作用するような場合には，圧縮側にも鉄筋を配置して複鉄筋とする．

複鉄筋断面では，圧縮鉄筋の応力度 σ'_s がコンクリート縁圧縮応力度 σ'_c の n 倍 (許容応力度設計法のように n 値を最も大きくした場合でも $n = 15$) 程度にすぎず，計算上はあまり有効にはたらかない．しかし，圧縮鉄筋はコンクリートのクリープや収縮に対しては有効に作用してコンクリートの負担を軽減し，またクリープによる部材の長期たわみの増大を阻止する[8.3, 8.4]．

》中立軸位置　図 8.4 において，G_c，G_s はそれぞれ式 (8.12)，(8.13) と同様である．複鉄筋断面であるから，圧縮鉄筋の断面一次モーメント G'_s も考慮する必要がある．すなわち，

$$G'_s = A'_s(x - d') \tag{8.28}$$

となる．式 (8.12)，(8.13)，(8.28) を式 (8.7) に代入すると，

$$\frac{bx^2}{2} + nA'_s(x - d') - nA_s(d - x) = 0 \tag{8.29}$$

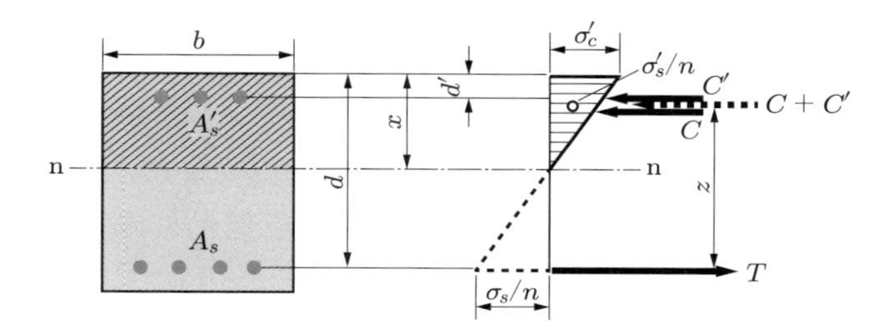

図 8.4　複鉄筋長方形断面

となる．この2次方程式を解くと，中立軸の位置 x として次式を得る．

$$x = -\frac{n(A_s + A_s')}{b} + \sqrt{\left\{\frac{n(A_s + A_s')}{b}\right\}^2 + \frac{2n}{b}(A_s d + A_s' d')} \tag{8.30}$$

あるいは，中立軸比 $k = x/d$ で表すと，次のようになる．

$$k = -n(p + p') + \sqrt{\{n(p + p')\}^2 + 2n\left(p + p'\frac{d'}{d}\right)} \tag{8.31}$$

ここに，p：引張鉄筋比 $(= A_s/(bd))$
　　　p'：圧縮鉄筋比 $(= A_s'/(bd))$

》応力度　I_c，I_s はそれぞれ式 (8.17)，(8.18) と同様である．また，圧縮鉄筋については $I_s' = A_s'(x - d')^2$ であるから，換算断面二次モーメント I_i は，

$$I_i = \frac{bx^3}{3} + nA_s'(x - d')^2 + nA_s(d - x)^2 \tag{8.32}$$

となる．

x と I_i が決まると，σ_c' は式 (8.20)，σ_s は式 (8.21) から計算できる．また，σ_s' の値は次式から算定できる．

$$\sigma_s' = n\frac{M}{I_i}(x - d') = n\sigma_c'\frac{x - d'}{x} \tag{8.33}$$

例題 8.2　例題 8.1 において，圧縮側にも $A_s' = $ 3-D 22 $(d' = 70\ \mathrm{mm})$ の鉄筋を配置して複鉄筋断面とした場合について，曲げ応力度 σ_c'，σ_s，σ_s' を計算せよ．

解　付表1より圧縮鉄筋量 $A_s' = $ 3-D 22 $= 1161\ \mathrm{mm}^2$ である．したがって，$p' = 1161/(400 \times 630) = 0.00461$ となる．

式 (8.31) より，中立軸比 k を求めると，

$$\begin{aligned} k &= -8.0\times(0.01005+0.00461) \\ &\quad + \sqrt{\{8.0\times(0.01005+0.00461)\}^2+2\times8.0\times\left(0.01005+0.00461\frac{70}{630}\right)} \\ &= 0.310 \end{aligned}$$

となり，x は次のようになる．

$$x = kd = 0.310 \times 630 = 195\,\mathrm{mm}$$

式 (8.32) より，

$$I_i = \frac{400 \times 195^3}{3} + 8.0 \times 1161 \times (195 - 70)^2$$
$$+ 8.0 \times 2533 \times (630 - 195)^2$$
$$= 4968 \times 10^6\,\mathrm{mm}^4$$

となり，式 (8.20)，(8.21) より，

$$\sigma'_c = \frac{200 \times 10^6}{4968 \times 10^6} \times 195 = 7.9\,\mathrm{N/mm^2}$$

$$\sigma_s = 8.0 \times 7.9 \frac{630 - 195}{195} = 141.0\,\mathrm{N/mm^2}$$

となる．また，式 (8.33) より，次のようになる．

$$\sigma'_s = 8.0 \times 7.9 \frac{195 - 70}{195} = 40.5\,\mathrm{N/mm^2}$$

なお，例題 8.1 と例題 8.2 の計算結果を比較すると，圧縮鉄筋の配置によってコンクリートの圧縮応力度は多少減少 (この例では 10% 程度) するが，引張鉄筋の応力度はほとんど変化しないことがわかる．

(4) T 形断面

圧縮応力を受ける部分が図 8.5 の斜線部のようになる場合には，以下のように T 形断面として計算する．

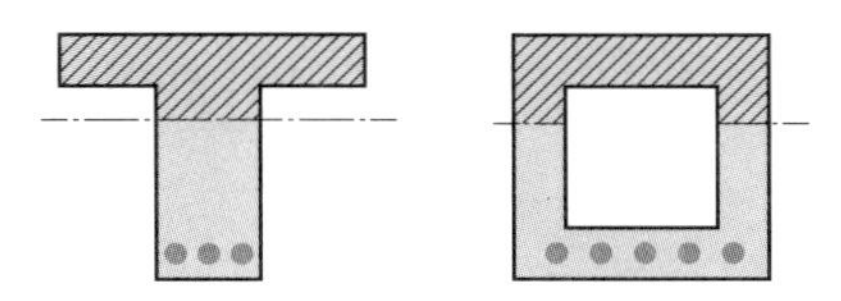

図 8.5　T 形断面として取り扱う例

》中立軸位置　図 8.6 において，G_c，G_s，G'_s はそれぞれ次のようになる．

$$G_c = \int_{x-t}^{x} y\,\mathrm{d}A_c = \int_{x-t}^{x} yb\,\mathrm{d}y = \frac{1}{2}b\{x^2 - (x-t)^2\} \tag{8.34}$$

$$G_s = A_s(d - x) \tag{8.35}$$

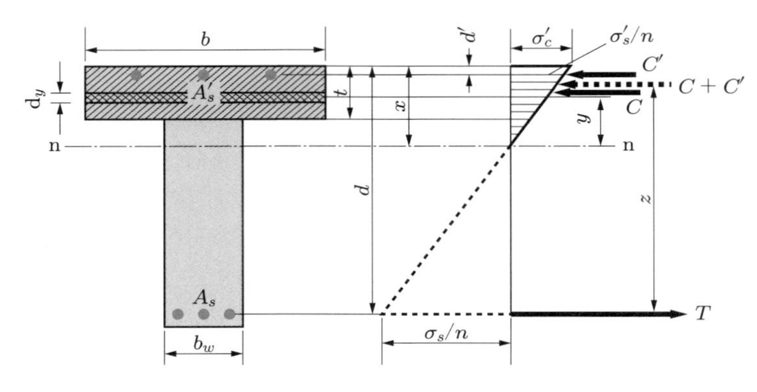

図 8.6　T 形断面

$$G'_s = A'_s(x - d') \tag{8.36}$$

通常，T 形断面ではウェブコンクリートの圧縮応力が抵抗曲げモーメントに及ぼす影響はフランジ部のそれに比べて非常に小さいので，腹部圧縮域のコンクリート断面は無視される．式 (8.34)〜(8.36) を式 (8.7) に代入し，中立軸の位置 x を求めると，

$$x = \frac{bt^2/2 + n(A_s d + A'_s d')}{bt + n(A_s + A'_s)} \tag{8.37}$$

となる．なお，もし $x < t$ ならば，幅 b の長方形断面とみなして最初から計算しなおす．

》応力度　この場合，$I_c = \int_{x-t}^{x} y^2\,\mathrm{d}A_c = \int_{x-t}^{x} y^2 b\,\mathrm{d}y$ であるから，換算断面二次モーメント I_i は次式で与えられる．

$$I_i = \frac{bx^3}{3} - \frac{b(x-t)^3}{3} + nA'_s(x-d')^2 + nA_s(d-x)^2 \tag{8.38}$$

σ'_c，σ'_s，σ_s は，それぞれ式 (8.20)，(8.33)，(8.21) を用いて算定できる．

8.3 曲げと軸方向力を受ける場合の応力度算定

ラーメン，アーチ，柱などの断面は，曲げモーメント M と軸方向力 N' とを受ける．この場合，力学的には偏心軸力 N' が断面の図心軸から $e = M/N'$ だけ離れた点に作用するものと考えられ，応力度は次の二つに分けて計算する．

① 偏心軸力がコア (core) 内部に作用する場合：偏心軸力が圧縮力では断面に引張応力が生じず，全断面を有効とする．

② 偏心軸力がコア外部に作用する場合：この場合は軸方向力が圧縮力であっても断面には引張応力が生じるので，コンクリートの引張応力を無視する．

以下に，長方形断面を例にとって応力度の計算法を述べる．

8.3.1 偏心軸力がコア内部に作用する場合

図 8.7 に示す長方形断面において，全断面を有効として換算断面の諸係数を求める．

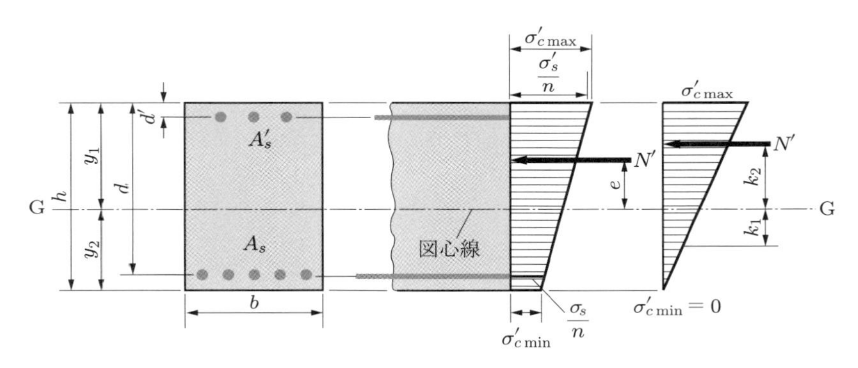

図 8.7　偏心軸力がコア内部に作用する場合

換算断面積 A_i は，次のようになる．

$$A_i = A_c + n(A_s + A_s') = bh + n(A_s + A_s') \tag{8.39}$$

換算断面図心軸 G－G の位置 y_1 は，次のようになる．

$$y_1 = \frac{bh^2/2 + n(A_s d + A_s' d')}{bh + n(A_s + A_s')}, \quad y_2 = h - y_1 \tag{8.40}$$

換算断面図心軸に関する断面二次モーメント I_i は，次のようになる．

$$I_i = \frac{b}{3}({y_1}^3 + {y_2}^3) + n\{A_s(d - y_1)^2 + A_s'(y_1 - d')^2\} \tag{8.41}$$

また，コアの位置は次式から定めることができる．

$$k_1 = \frac{I_i}{A_i y_1}, \quad k_2 = \frac{I_i}{A_i y_2} \tag{8.42}$$

以上により，コンクリートの応力度は，図心軸からの偏心距離を e とすると，

$$\sigma'_{c\,\max} = \frac{N'}{A_i} + \frac{N'e}{I_i}y_1, \quad \sigma'_{c\,\min} = \frac{N'}{A_i} - \frac{N'e}{I_i}y_2 \tag{8.43}$$

さらに，鉄筋の応力度は次式から求められる．

$$\sigma_s = n\left\{\sigma'_{c\,\max} - \frac{d}{h}(\sigma'_{c\,\max} - \sigma'_{c\,\min})\right\} \tag{8.44}$$

$$\sigma'_s = n\left\{\sigma'_{c\,\max} - \frac{d'}{h}(\sigma'_{c\,\max} - \sigma'_{c\,\min})\right\} \tag{8.45}$$

8.3.2 偏心軸力がコア外部に作用する場合

図 8.8 において，各応力度間の関係は，次のようになる．

$$\sigma_s = n\sigma'_c\frac{d-x}{x}, \quad \sigma'_s = n\sigma'_c\frac{x-d'}{x} \tag{8.46}$$

$$e = \frac{M}{N'}, \quad e' = e - y_1 \tag{8.47}$$

外力と内力との釣合条件から，次のようになる．

$$\begin{aligned} N' &= C + C' - T = \frac{bx}{2}\sigma'_c + A'_s\sigma'_s - A_s\sigma_s \\ &= \left(\frac{bx}{2} + nA'_s\frac{x-d'}{x} - nA_s\frac{d-x}{x}\right)\sigma'_c \end{aligned} \tag{8.48}$$

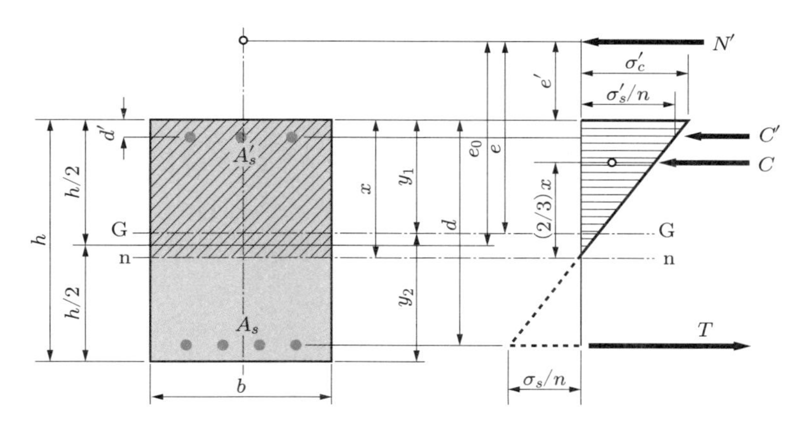

図 8.8　偏心軸力がコア外部に作用する場合

中立軸 (n − n) に関するモーメントの釣合条件から，次式が成り立つ．

$$N'(x+e') = \frac{bx\sigma'_c}{2}\frac{2}{3}x + A'_s\sigma'_s(x-d') + A_s\sigma_s(d-x) \tag{8.49}$$

式 (8.49) に式 (8.46)，(8.48) を代入して x について整理すると，次のようになる．

$$x^3 + 3e'x^2 + \frac{6n}{b}\{A_s(d+e') + A'_s(d'+e')\}x - \frac{6n}{b}\{A_s d(d+e') + A'_s d'(d'+e')\} = 0 \tag{8.50}$$

この 3 次方程式を解いて x を求めれば，式 (8.48) より σ'_c が次のように求められる．

$$\sigma'_c = \frac{N'}{bx/2 + nA'_s(x-d')/x - nA_s(d-x)/x} \tag{8.51}$$

x と σ'_c が決まると，σ_s，σ'_s の値は式 (8.46) から算定できる．

例題 8.3　図 8.9 に示すような A_s = 5-D 25，A'_s = 3-D 13 の長方形断面に M = 300 kN · m，N' = 300 kN が作用するとき，σ'_c，σ_s，σ'_s を求めよ．ただし，コンクリートの設計基準強度は $f'_{ck} = 30\ \mathrm{N/mm^2}$ とする．

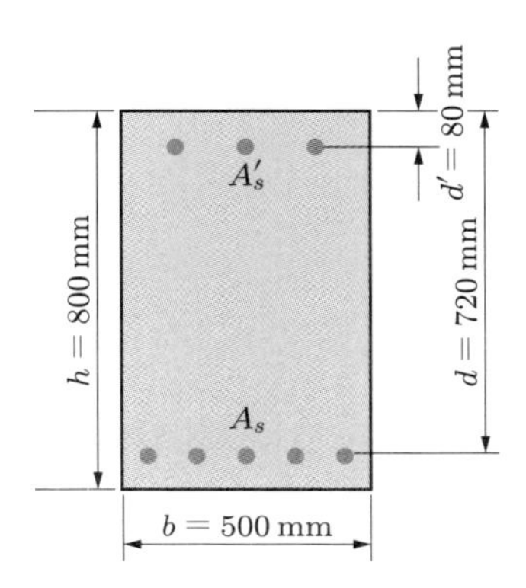

図 8.9　複鉄筋長方形断面

解　付表 1 より $A_s = 2533\ \mathrm{mm^2}$，$A'_s = 380\ \mathrm{mm^2}$ である．また，$e = M/N' = 300/300 = 1\ \mathrm{m} = 1000\ \mathrm{mm}$，$n = 200/28 = 7.14$ (表 3.1 より $E_c = 28\ \mathrm{kN/mm^2}$) である．したがって，式 (8.40)，(8.47) より，次のようになる．

$$y_1 = \frac{500 \times 800^2/2 + 7.14 \times (2533 \times 720 + 380 \times 80)}{500 \times 800 + 7.14 \times (2533 + 380)} = 412\ \mathrm{mm}$$

$$e' = e - y_1 = 1000 - 412 = 588\ \mathrm{mm}$$

これらを式 (8.50) に代入すると，次のようになる．

$$x^3 + (3 \times 588)x^2 + \frac{6 \times 7.14}{500}\{2533 \times (720 + 588) + 380 \times (80 + 588)\}x$$

$$- \frac{6 \times 7.14}{500}\{2533 \times 720 \times (720 + 588) + 380 \times 80 \times (80 + 588)\} = 0$$

$$\therefore x^3 + 1764x^2 + 305621x - 206128000 = 0$$

この 3 次方程式を解くと，$x = 253\ \mathrm{mm}$ である．

式 (8.51)，(8.46) より，

$$\sigma'_c = \frac{300 \times 10^3}{500 \times 253/2 + 7.14 \times 380 \times (253 - 80)/253 - 7.14 \times 2533 \times (720 - 253)/253}$$

$$= 9.5\ \mathrm{N/mm^2}$$

$$\sigma_s = 7.14 \times 9.5 \frac{720 - 253}{253} = 125.2\ \mathrm{N/mm^2}$$

$$\sigma'_s = 7.14 \times 9.5 \frac{253 - 80}{253} = 46.4\ \mathrm{N/mm^2}$$

例題 8.2 においては，上記の算定法に基づいて，偏心圧縮力が断面の図心軸 (G－G) から $e = M/N'$ だけ離れた点に作用するものと考えて計算した．

通常，断面の図心軸は近似的に鉄筋を無視して，コンクリート断面積のみについて求めることが多い．この場合には，図 8.8 で $e_0 \fallingdotseq M/N'$，$e' \fallingdotseq e_0 - 0.5h$ とすればよい．このようにして計算しても，$\sigma'_c = 9.6\ \mathrm{N/mm^2}$，$\sigma_s = 127.3\ \mathrm{N/mm^2}$，$\sigma'_s = 46.8\ \mathrm{N/mm^2}$ となり，例題 8.2 の解との差はごくわずかである．

演習問題

8.1 $b = 400\ \mathrm{mm}$，$d = 500\ \mathrm{mm}$，$A_s = $ 4-D 29 の単鉄筋長方形断面に曲げモーメント $M = 200\ \mathrm{kN \cdot m}$ が作用するとき，応力度 σ'_c，σ_s を計算せよ．ただし，コンクリートの設計基準強度は $f'_{ck} = 24\ \mathrm{N/mm^2}$ とする．

8.2 $b = 300\ \mathrm{mm}$，$d = 500\ \mathrm{mm}$，$d' = 50\ \mathrm{mm}$，$A_s = $ 4-D 25，$A'_s = $ 3-D 19 の複鉄筋長方形断面に $M = 150\ \mathrm{kN \cdot m}$ が作用するとき，応力度 σ'_c，σ_s，σ'_s を計算せよ．ただし，$f'_{ck} = 27\ \mathrm{N/mm^2}$ とする．

8.3 $b = 1500\ \mathrm{mm}$，$b_w = 400\ \mathrm{mm}$，$t = 150\ \mathrm{mm}$，$d = 550\ \mathrm{mm}$，$A_s = $ 10-D 32 の単鉄筋 T 形断面に $M = 600\ \mathrm{kN \cdot m}$ が作用するとき，σ'_c，σ_s を求めよ．ただし，$f'_{ck} = 30\ \mathrm{N/mm^2}$ とする．

8.4 図 8.8 の長方形断面において，$b = 400$ mm，$h = 600$ mm，$d = 540$ mm，$d' = 60$ mm で，$A_s = 4$-D 22，$A'_s = 3$-D 13 とする．この部材断面に，曲げモーメント $M = 150$ kN · m，軸圧縮力 $N' = 200$ kN が作用するとき，σ'_c，σ_s，σ'_s を計算せよ．ただし，$f'_{ck} = 27$ N/mm^2 とする．

第9章

ひび割れと鋼材腐食

9.1 一　般

鉄筋コンクリートや通常の使用状態でひび割れを許容するPRC構造では，ひび割れが，構造物の外観，耐久性（鋼材腐食），使用性（水密性など）を損なう原因となるので，曲げモーメントやせん断力などによるひび割れの検討が必要である．

ひび割れによる外観に対する照査[9.1]は，ひび割れ幅を用いることを原則としており，構造物に生じるひび割れ幅が，構造物に求められる外観より定まるひび割れ幅の限界値以下であることを確認することにより行う．

鋼材腐食に対する照査[9.1]は，次の内容を確認することで行う．

① コンクリート表面のひび割れ幅が鋼材の腐食に対する限界値以下であること．
② 設計耐用期間中の中性化と水の浸透にともなう鋼材腐食深さが，限界値以下であること．
③ 鋼材位置の塩化物イオン濃度が設計耐用期間中に鋼材腐食発生限界濃度に達しないこと．

設計においては，②，③の照査は，コンクリート表面から鋼材に向かう腐食因子（塩化物イオン（塩害），二酸化炭素および水（中性化と水の浸透））の1次元方向の物質移動を仮定して行う．このような照査ができるのは，ひび割れ位置での鋼材の局所的な腐食が生じないことが前提である．このため，腐食因子の侵入が多くならないように，ひび割れ幅が小さくなければならず，①を確認し，そのもとで②，③の照査を行うのが基本となっている．ただし，中性化と水の浸透にともなう鋼材腐食深さの算定が困難な場合には，中性化深さのみを用いて鋼材腐食の発生限界を照査してもよい．また，コンクリート中への水の浸透や，塩化物イオンの侵入のおそれのない環境で供用される構造物は，それぞれ②，③の検討は行わなくてよいが，それらの場合であっても過大なひび割れは好ましくないので，ひび割れ幅を限界値以下に抑えることが望ましい．

本書では述べないが，使用性のうち，水密性は透水量を指標として照査するが，ひび割れ幅の限界値を設定して①に準じて行う方法もある．

9.2 ひび割れ幅の限界値

対象構造物によって，周辺の環境条件，作用，要求性能などが異なるため，ひび割れ幅の限界値に関しては，国内外の規格や基準などでさまざまな値が設定されているが，その値は概略 0.1〜0.4 mm の範囲にある．高い水密性（防水性）が要求される場合には，さらに厳しい値 (0.1 mm 程度以下) に制限されている[9.1]．

土木学会「コンクリート標準示方書」では，一般的な RC 構造，PRC 構造の桁の場合，外観に対するひび割れ幅の限界値を 0.3 mm 程度としてよいとしている．一方，鋼材腐食に対するひび割れ幅の限界値は，RC 構造の場合，$0.005c$ (c はかぶり [mm]) としており，コンクリートのかぶり c の関数で与えられている．これは，鋼材腐食は単にコンクリート表面のひび割れ幅のみに関係するのではなく，腐食に大きな影響を及ぼす鋼材表面のひび割れ幅がかぶりによって変化するという考え方によるものである．ひび割れの発生を許容する PRC 構造では，PC 鋼材の腐食に対するひび割れ幅の限界値は，$0.004c$ としてよいとしている．いずれの場合も，ひび割れ幅の上限は 0.5 mm である．

9.3 曲げひび割れの検討

9.3.1 曲げひび割れ幅の制御方法

曲げひび割れ幅 (flexural crack width) は，多数の要因に影響されるため，それを的確に制御することは非常に難しい．

現在，国内外の設計基準で採用されている曲げひび割れ幅の制御方法は，次のように分類される．

① 鋼材応力度の増加量を制限する方法．
② 鋼材の配筋方法で規制する方法．
③ 曲げひび割れ幅算定式と曲げひび割れ幅の限界値を提示する方法．

① の代表例は許容応力度設計法であり，鉄筋の許容引張応力度が適切に設定されると，曲げひび割れ幅が間接的に制御されることになる．

② の方法は，ACI 318[9.2] や DIN 1045[9.3] などに規定されており，鉄筋本数やかぶりなどの配筋規制により間接的に曲げひび割れ幅を制御する方法である．

③ の直接的な制御方法には，曲げひび割れ幅に対する関連要因のとりあげ方により，次の三つの方法がある．

ⓐ コンクリートの仮想引張応力度に関連づけるもの．
ⓑ ひび割れ断面での鋼材応力の増加量のみに関連づけるもの．

ⓒ ひび割れ幅への主影響要因のいくつかを取り込んだもの．

ⓐ は CP 110[9.4] で PRC 構造に規定されている手法である．これは，全断面を有効として求めた断面引張縁のコンクリート仮想引張応力度をひび割れ幅と関連づけ，この応力度を制限することによって曲げひび割れ幅を制御する方法[9.5] を基礎としたものである．

ⓑ は CEB-FIP 1970[9.6] で PRC 構造に対して規定された方法で，鋼材位置のコンクリート応力が 0 の時点（ディコンプレッション状態）からの鋼材引張応力度の増加量により曲げひび割れ幅を制御する方法であり，次の ⓒ の要因を極端に簡素化したものと考えられる．

ⓒ は，曲げひび割れ幅に対する影響の大きないくつかの要因を考慮した算定式によりひび割れ幅を計算し，それを限界値以下に制限する方法である．土木学会「コンクリート標準示方書」[9.1]，日本建築学会「PRC 構造設計・施工指針」[9.7]，CP 110[9.4]，*fib* Model Code[9.8] などに算定式が与えられている．

9.3.2 曲げひび割れ幅の算定式

はり部材の作用曲げモーメントが増加し，断面引張縁におけるコンクリートの応力が次式の曲げひび割れ発生モーメント M_{cr} に達すると，曲げひび割れが発生する．

$$M_{cr} = (f_{bck} + \sigma)Z \tag{9.1}$$

ここに，f_{bck}：コンクリートの曲げひび割れ強度

σ：軸方向力やプレストレスによる断面引張縁の応力度（圧縮：正）

Z：断面引張縁に関する断面係数（コンクリートの全断面有効）

曲げモーメントの値が M_{cr} を超えて増加すると，鉄筋の引張応力度の増大とともに次々と新しいひび割れが発生し，その間隔が次第に減少していく．しかし，ひび割れ間隔がある程度以下になれば，その後の曲げモーメントの増大に対しては，すでに発生しているひび割れの幅のみが増加する，いわゆる定常状態に達する．通常，ひび割れ幅の制御設計では，この状態を対象としている．

はり部材のひび割れ後の応力状態 (図 9.1) は，詳述しないが，実際はひび割れの数が増すにつれて曲げの影響が弱まり，鉄筋とコンクリート部分の重心が一致する細長い部材中の鉄筋を両端から引っ張った両引試験の状態に近くなる．

曲げひび割れ幅 w は，次式のように，定常状態でのひび割れ間隔 l とその間の鉄筋とコンクリートの伸びひずみの差との積として与えられる．

$$w = l(\varepsilon_{sm} - \varepsilon_{cm}) \tag{9.2}$$

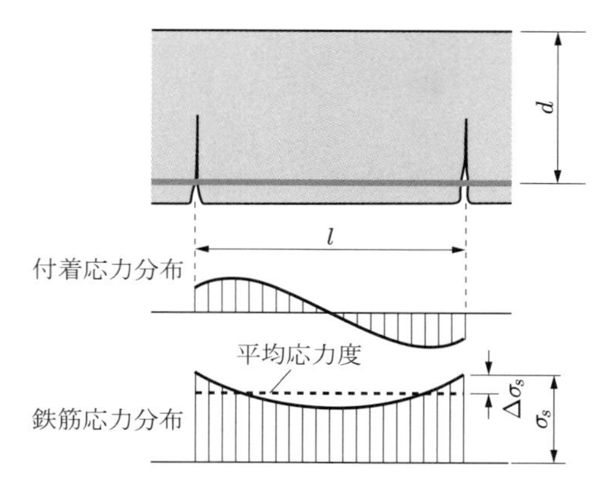

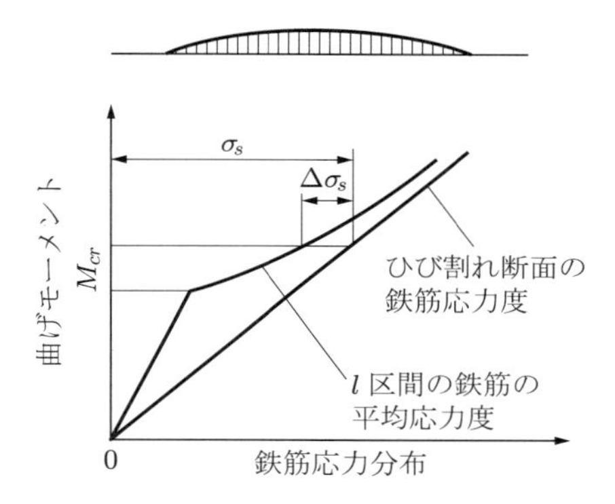

図 9.1 曲げひび割れと各応力の概念図

ここに，ε_{sm}，ε_{cm}：それぞれ間隔 l における，鉄筋の平均ひずみおよび鉄筋高さ位置でのコンクリートの平均ひずみ

コンクリート表面のひび割れ幅を考えるかぎり，通常 ε_{cm} の値は ε_{sm} に比べて小さいので，近似的には式 (9.2) の ε_{cm} は無視できる．

また，コンクリートのクリープや収縮が生じると，鉄筋とコンクリートとの間のひずみ差が増え，ひび割れ幅が増大する．いま，コンクリートのクリープひずみと収縮ひずみの和を ε'_{cs} とすれば，曲げひび割れ幅は次式で表される．

$$w = l(\varepsilon_{sm} + \varepsilon'_{cs}) \tag{9.3}$$

間隔 l 区間での鉄筋の平均ひずみ ε_{sm} は，図 9.1 に示す平均応力度 $(\sigma_s - \Delta\sigma_s)$ を用いて，次式で表される．

$$\varepsilon_{sm} = \varepsilon_s - \Delta\varepsilon_s = \frac{\sigma_s - \Delta\sigma_s}{E_s} \tag{9.4}$$

したがって，w は次のようになる．

$$w = l\left(\frac{\sigma_s}{E_s} - \frac{\Delta\sigma_s}{E_s} + \varepsilon'_{cs}\right) \tag{9.5}$$

ここに，σ_s：ひび割れ断面における鉄筋の応力度

$\Delta\sigma_s$：隣接した二つのひび割れにはさまれたコンクリート部の引張応力分担作用 (tension stiffening) による鉄筋応力度の平均減少量

$\Delta\sigma_s$ の値は，図のように，曲げモーメント，すなわち，鉄筋応力度の増加とともに鉄筋とコンクリートの付着応力の緩和現象により次第に減少する．

土木学会「コンクリート標準示方書」[9.1] では，昭和 61 年版[9.9] の制定時に以上のような考え方を基本とし，式 (9.5) において設計上の安全側を考慮して $\Delta\sigma_s = 0$ とするとともに，国内外の研究成果に基づいて異形鉄筋に対するひび割れ間隔 l の最大値を次式とした，次のようなひび割れ幅の算定式を導入している．

$$l = 4c + 0.7(c_s - \phi) \tag{9.6}$$

2002 年版[9.10] では，それまでの研究成果を加味し，コンクリートの品質や鉄筋の配置段数の影響なども考慮して適用性を高めた，次式のような曲げひび割れ幅 w の設計式を定めている．

$$w = 1.1k_1k_2k_3\{4c + 0.7(c_s - \phi)\}\left\{\frac{\sigma_{se}}{E_s}\left(\text{または}\ \frac{\sigma_{pe}}{E_p}\right) + \varepsilon'_{csd}\right\} \tag{9.7}$$

ここに，k_1：鋼材表面形状のひび割れ幅への影響を表す係数で，この場合，異形鉄筋では 1.0，普通丸鋼と PC 鋼材では 1.3 としてよい．

k_2：コンクリート品質のひび割れ幅への影響を表す係数で，次式により求める．

$$k_2 = \frac{15}{f'_c + 20} + 0.7 \tag{9.8}$$

f'_c：コンクリートの圧縮強度 [N/mm²] で，この場合は次式の設計圧縮強度 f'_{cd} を用いてよい．

$$f'_{cd} = \frac{f'_{ck}}{\gamma_c}$$

γ_c：材料係数で，使用状態における照査時では 1.0 としてよい．

k_3：引張鋼材の段数の影響を表す係数で，次式により求める．

$$k_3 = \frac{5(n+2)}{7n+8} \tag{9.9}$$

n：引張鋼材の段数

c：かぶり

c_s：鋼材の中心間隔

ϕ：鋼材径

ε'_{csd}：コンクリートのクリープと収縮によるひび割れ幅の増加を考慮する数値で，収縮特性が通常範囲であることが確認されたコンクリートを用いる場合，表 9.1 による．

σ_{se}：ひび割れ断面における鉄筋応力度の増加量

σ_{pe}：ひび割れ断面における PC 鋼材応力度の増加量

表 9.1 収縮およびクリープなどの影響によるひび割れ幅の増加を考慮する数値 [土木学会：コンクリート標準示方書 (2017 年制定)―設計編―，2018]

環境条件	常時乾燥環境（雨水の影響を受けない桁下面など）	乾湿繰返し環境（桁上面，海岸や川の水面に近く湿度が高い環境など）	常時湿潤環境（土中部材など）
自重でひび割れが発生 (材齢 30 日を想定) する部材	450×10^{-6}	250×10^{-6}	100×10^{-6}
永続作用（永久荷重）時にひび割れが発生 (材齢 100 日を想定) する部材	350×10^{-6}	200×10^{-6}	100×10^{-6}
変動作用（変動荷重）時にひび割れが発生 (材齢 200 日を想定) する部材	300×10^{-6}	150×10^{-6}	100×10^{-6}

σ_{se} または σ_{pe} を算定する際の断面力 S_e は，永久荷重によるひび割れの開口に比べて変動荷重によるものは鋼材の腐食に対する影響が小さいという荷重の持続性や頻度，すなわち永久荷重と変動荷重によるひび割れ幅の鋼材腐食への影響度の差を考慮して適切に定めなければならない．現行の示方書では，永久荷重と変動荷重の持続的成分を考慮するものとしている．

なお，式 (9.7) の鋼材応力度の増加量 σ_{se} (または σ_{pe}) とは，プレストレスが導入されている PRC 構造のように，S_e による鋼材と同じ位置のコンクリートの応力度が圧縮から引張の状態に変化する場合，S_e による鋼材応力度のうち，コンクリートの応力度が初期の圧縮から 0 に変わるまでの鋼材応力度を差し引いた値を意味する．したがって，鉄筋コンクリート部材では，σ_{se} は S_e による鉄筋の応力度 σ_s そのものを意味し，式 (8.21) で算定した値である．

多段配筋の場合，鋼材応力度は原則としてコンクリートの表面に最も近い位置にある引張鋼材の応力度を用いる．簡単にするため，引張鋼材の重心位置の値を用いる場合には，式 (9.7) 中の係数 k_3 は鋼材段数に関わらず 1.0 とする．

9.3.3 曲げひび割れ幅の照査

曲げモーメントおよび軸方向力によるコンクリートの引張応力度が曲げひび割れ強度 f_{bck} 以下の場合，曲げひび割れの検討は行わなくてよい．

鋼材の腐食に対する曲げひび割れ幅の照査[9.1] は，式 (9.7) により算定したコンクリート表面のひび割れ幅 w が，ひび割れ幅の限界値 w_a $(= 0.005c$ (c はかぶり)．ただし，上限は 0.5 mm) 以下となるのを確かめることによって行う．

性能照査の簡便さを考え，永久荷重による鋼材応力度の増加量が表 9.2 の制限値を超えない場合には，ひび割れ幅の検討を省略してよい．ただし，変動荷重の影響が永久荷重のものに比べてとくに大きいと考えられる場合は検討が必要である．

表 9.2　ひび割れ幅の検討を省略できる部材における永続作用による鉄筋応力度の制限値 σ_{sl1} [N/mm^2] [土木学会：コンクリート標準示方書 (2017 年制定)—設計編—，2018]

環境条件	常時乾燥環境（雨水の影響を受けない桁下面など）	乾湿繰返し環境（桁上面，海岸や川の水面に近く湿度が高い環境など）	常時湿潤環境（土中部材など）
σ_{sl1}	140	120	140

例題 9.1　図 9.2 に示す単鉄筋長方形断面 (鉄筋は 4-D 29 で一段配置：$m = 1$) のはり部材において，曲げモーメント $M = 45\,\mathrm{kN \cdot m}$ が作用するとき，曲げひび割れ幅 w を求めよ．また，その値を鋼材の腐食に対するひび割れ幅の限界値 w_a と比較して，ひび割れ安全度を検討せよ．ただし，コンクリートの設計基準強度 $f'_{ck} = 30\,\mathrm{N/mm^2}$，$\varepsilon'_{csd} = 150 \times 10^{-6}$ とする．

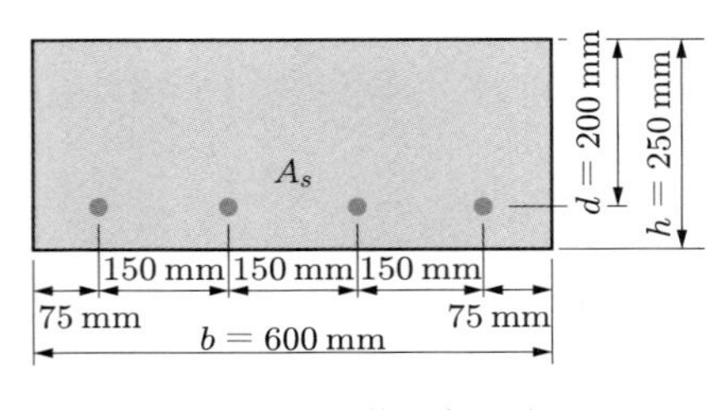

図 9.2　単鉄筋長方形断面

解 まず，ひび割れ幅の算定の前に，鉄筋の応力度を計算する．付表 1 より $A_s = $ 4-D $29 = 2570\,\mathrm{mm}^2$ なので，p は次のようになる．

$$p = \frac{A_s}{bd} = \frac{2570}{600 \times 200} = 0.02142$$

$f'_{ck} = 30\,\mathrm{N/mm^2}$ より，$E_c = 28\,\mathrm{kN/mm^2}$ となる (表 3.1 参照)．

$$n = \frac{E_s}{E_c} = \frac{200}{28} = 7.14$$

$$np = 7.14 \times 0.02142 = 0.153$$

式 (8.16) より，中立軸比 k を求めると，

$$k = -np + \sqrt{(np)^2 + 2np} = -0.153 + \sqrt{0.153^2 + 2 \times 0.153} = 0.421$$

$$j = 1 - \frac{k}{3} = 0.860$$

となり，鉄筋応力 σ_s $(= \sigma_{se})$ は，式 (8.27) から次のように求められる．

$$\sigma_s = \frac{M}{A_s jd} = \frac{45 \times 10^6}{2570 \times 0.860 \times 200} = 101.8\,\mathrm{N/mm^2}$$

かぶり c の値は，

$$c = h - d - \frac{\phi}{2} = 250 - 200 - \frac{29}{2} = 35.5\,\mathrm{mm}$$

k_1，k_2，k_3 は，

$$k_1 = 1.0$$

$$k_2 = \frac{15}{f'_c + 20} + 0.7 = \frac{15}{f'_{ck}/\gamma_c + 20} + 0.7 = \frac{15}{30/1.0 + 20} + 0.7$$

$$= 1.0 \quad (\text{使用状態における照査}：\gamma_c = 1.0)$$

$$k_3 = \frac{5(m+2)}{7m+8} = \frac{5(1+2)}{7 \times 1 + 8} = 1.0$$

となるので，ひび割れ幅 w は式 (9.7) より，

$$w = 1.1 k_1 k_2 k_3 \{4c + 0.7(c_s - \phi)\} \left(\frac{\sigma_{se}}{E_s} + \varepsilon'_{csd} \right)$$

$$= 1.1 \times 1.0 \times 1.0 \times 1.0 \times \{4 \times 35.5 + 0.7 \times (150 - 29)\}$$

$$\times \left(\frac{101.8}{200 \times 10^3} + 150 \times 10^{-6} \right)$$

$$= 0.16\,\mathrm{mm} \quad (< 0.5\,\mathrm{mm})$$

となる．ひび割れ安全度の検討結果は，次のようになる．

$$w_a = 0.005c = 0.005 \times 35.5 = 0.18\,\mathrm{mm} > w = 0.16\,\mathrm{mm}$$

以上より，表9.1の乾湿繰返し環境にある，変動作用時にひび割れが発生する部材では，ひび割れ幅が限界値以下である．

9.4 塩化物イオンの侵入にともなう鋼材腐食に対する照査

塩化物イオンの侵入が想定される場合は，塩化物イオン濃度に対する照査も行う必要がある．塩化物イオンの侵入により鋼材腐食の危険性がある環境では，次式を満足しなければならない．

$$\gamma_i \frac{C_d}{C_{lim}} \leqq 1.0 \tag{9.10}$$

ここに，γ_i：構造物係数で，この場合は1.0〜1.1としてよい．

C_{lim}：鋼材腐食発生限界濃度 [kg/m^3]．類似の構造物の実測結果や試験結果を参考に定めてよい．それらによらない場合，次式を用いて定めてよい．

- 普通ポルトランドセメントを用いた場合

$$C_{lim} = -3.0\frac{W}{C} + 3.4 \tag{9.11}$$

- 高炉セメントB種相当，フライアッシュセメントB種相当を用いた場合

$$C_{lim} = -2.6\frac{W}{C} + 3.1 \tag{9.12}$$

- 低熱ポルトランドセメント，早強ポルトランドセメントを用いた場合

$$C_{lim} = -2.2\frac{W}{C} + 2.6 \tag{9.13}$$

- シリカフュームを用いた場合

$$C_{lim} = 1.20 \tag{9.14}$$

ただし，W/C の範囲は，0.30〜0.55とする．なお，凍結融解作用を受ける場合には，これらの値よりも小さな値とするのがよい．

C_d：鋼材位置の塩化物イオン濃度の設計値で，次式から求める．

$$C_d = \gamma_{cl} C_o \left\{ 1 - \mathrm{erf}\left(\frac{0.1 \cdot c_d}{2\sqrt{D_d \cdot t}} \right) \right\} + C_i \tag{9.15}$$

C_o：コンクリート表面における塩化物イオン濃度 [kg/m^3] (表 9.3)
c_d：耐久性の照査に用いるかぶりの設計値 [mm] ($= c - \Delta c_e$)
c：かぶり [mm]
Δc_e：施工誤差 [mm]
t：設計耐用年数［年］($t \leqq 100$)
γ_{cl}：C_d のばらつきを考慮した安全係数で，この場合は 1.3 としてよい．
D_d：塩化物イオンに対する設計拡散係数 [cm^2/年] で，次式による．

$$D_d = \gamma_c D_k + \lambda \frac{w}{l} D_o \tag{9.16}$$

γ_c：コンクリートの材料係数で，上面の部位では 1.3，それ以外の部位では 1.0 としてよい．
D_k：塩化物イオンに対する拡散係数の特性値 [cm^2/年]
λ：ひび割れの存在が拡散係数に及ぼす影響を表す係数で，この場合は 1.5 としてよい．
D_o：コンクリート中の塩化物イオンの移動に及ぼすひび割れの影響を表す定数 [cm^2/年] (曲げひび割れを許容する場合にのみ考慮する．この場合は 400 cm^2/年 としてよい)
w：ひび割れ幅 [mm] (式 (9.7) による)
l：ひび割れ間隔 [mm] (w/l は次式から求めてよい)

$$\frac{w}{l} = \frac{\sigma_{se}}{E_s} \left(\text{または} \frac{\sigma_{pe}}{E_p} \right) + \varepsilon'_{csd} \tag{9.17}$$

σ_{se}，σ_{pe}，ε'_{csd}：式 (9.7) の定義と同じ．

表 9.3　コンクリート表面における塩化物イオン濃度 C_o [kg/m^3] [土木学会：コンクリート標準示方書 (2017 年制定)―設計編―，2018]

		飛沫帯	海岸からの距離 [km]				
			汀線付近	0.1	0.25	0.5	1.0
飛来塩分が多い地域	北海道，東北，北陸，沖縄	13.0	9.0	4.5	3.0	2.0	1.5
飛来塩分が少ない地域	関東，東海，近畿，中国，四国，九州		4.5	2.5	2.0	1.5	1.0

C_i：初期塩化物イオン濃度 [kg/m^3] で，この場合は 0.30 kg/m^3 としてよい．

なお，erf(s) は誤差関数であり，$\mathrm{erf}(s) = (2/\sqrt{\pi})\int_0^s e^{-\eta^2}\,d\eta$ のように定義される．

式 (9.10) を満足することが困難な場合には，防錆処理を施した補強材の使用や鋼材腐食を抑制するためのコンクリート表面被覆などを行うのがよい．

9.5 中性化にともなう鋼材腐食に対する照査

コンクリートの中性化とコンクリートへの水の浸透により鋼材が腐食し，構造物の所要の性能が損なわれることのないようにしなければならない．

中性化と水の浸透にともなう鋼材腐食に対する照査は，鋼材腐食深さの設計値 s_d の鋼材腐食深さの限界値 s_{lim} に対する比に構造物係数 γ_i をかけた値が，1.0 以下であるのを確かめることにより行う．γ_i は，一般的な構造物では 1.0 としてよいが，重要構造物では 1.1 とするのがよい．

$$\gamma_i \frac{s_d}{s_{lim}} \leqq 1.0 \tag{9.18}$$

照査の詳細は，土木学会「コンクリート標準示方書」[9.1] を参照してほしい．

9.6 せん断ひび割れの検討

せん断力を受ける棒部材で，設計せん断力 V_d が式 (6.13) より求められるコンクリートのせん断耐力 V_{cd} (この場合は $\gamma_b, \gamma_c = 1.0$ として求めてよい) の 70% 以下の場合，せん断ひび割れ発生の可能性はまずないので，せん断ひび割れの検討は行わなくてもよい．

せん断ひび割れ幅のメカニズムは複雑で，曲げひび割れ幅算定式を拡張したものやトラスモデルによるスターラップ応力と関連させたものなどがあるが，現状ではその研究は非常に少ない．今後の研究が待たれるが，実用上は，永久荷重によるせん断補強鉄筋の応力度が，表 9.2 の制限値より小さければ $V_d > 0.7V_{cd}$ の場合でも詳細な検討を行わなくてもよい[9.1]．以下で，その方法について説明する．

9.6.1 スターラップのみを用いる場合

永久荷重によるスターラップの応力度 σ_{wpd} は，次式から算定する．

$$\sigma_{wpd} = \frac{(V_{pd} + V_{rd} - k_r V_{cd})s}{A_w z(\sin\alpha_s + \cos\alpha_s)} \frac{V_{pd} + V_{cd}}{V_{pd} + V_{rd} + V_{cd}} \tag{9.19}$$

ここに，V_{pd}，V_{rd}：それぞれ永久荷重と変動荷重による設計せん断力

V_{cd}：式 (6.13) により算定したコンクリートの分担せん断耐力で，この場合は $\gamma_b = 1.0$，$\gamma_c = 1.0$ として求めてよい．

A_w，s：一組のスターラップの断面積とその配置間隔

d，z：有効高さと抵抗偶力のアーム長 ($z = d/1.15$)

α_s：スターラップと部材軸とのなす角度 (通常，$\alpha_s = 90°$)

k_r：変動荷重の頻度の影響を考慮するための係数で，変動荷重の繰返しが問題とならない部材では 1.0，それ以外の部材では 0.5 としてよい．

9.6.2 鉛直スターラップと折曲鉄筋を併用する場合

それぞれの応力度 σ_{wpd}，σ_{bpd} は，次のようにして求める．

$$\sigma_{wpd} = \frac{V_{pd} + V_{rd} - k_r V_{cd}}{A_w z/s + A_b z(\cos\alpha_b + \sin\alpha_b)^3/s_b} \frac{V_{pd} + V_{cd}}{V_{pd} + V_{rd} + V_{cd}} \tag{9.20}$$

$$\sigma_{bpd} = \frac{V_{pd} + V_{rd} - k_r V_{cd}}{A_w z/\{s(\cos\alpha_b + \sin\alpha_b)^2\} + A_b z(\cos\alpha_b + \sin\alpha_b)/s_b} \times \frac{V_{pd} + V_{cd}}{V_{pd} + V_{rd} + V_{cd}} \tag{9.21}$$

ここに，A_w，A_b：それぞれ一組の鉛直スターラップと折曲鉄筋の断面積

s，s_b：それぞれ鉛直スターラップと折曲鉄筋の配置間隔

α_b：折曲鉄筋が部材軸となす角度

k_r：変動荷重の頻度に関係する係数でスターラップのみを用いる場合と同様である．

9.7 ねじりひび割れの検討

設計ねじりモーメント M_{td} が，式 (7.6) に示すねじり補強鉄筋のない場合の設計ねじり耐力 M_{tud} の 70% 以下の場合，ねじりひび割れはまず発生しないので，その検討は行わなくてもよい．この場合は $\gamma_b, \gamma_c = 1.0$ とする．

ねじりひび割れの検討が必要な場合でも，せん断ひび割れの場合と同様に，次式の永久荷重による横方向ねじり補強鉄筋応力度 σ_{wpd} が表 9.2 の制限値よりも小さければ，詳細な検討は行わなくてもよい．

$$\sigma_{wpd} = \frac{M_{tpd} - 0.7M_{t1}}{M_{t2} - 0.7M_{t1}} f_{wd} \tag{9.22}$$

ここに，M_{tpd}：永久荷重による設計ねじりモーメント

$$M_{t1} = M_{tcd}\left(1 - \frac{0.8V_{pd}}{V_{yd}}\right) \tag{9.23}$$

$$M_{t2} = 0.2M_{tcd}\frac{V_{pd}}{V_{yd}} + M_{tyd}\left(1 - \frac{V_{pd}}{V_{yd}}\right) \tag{9.24}$$

M_{tcd}：ねじり補強鉄筋がない場合の設計純ねじり耐力 (式 (7.6) において $\gamma_b, \gamma_c = 1.0$)

M_{tyd}：ねじり補強鉄筋の降伏により定まる設計ねじり耐力 (7.3.2 項 (2) において $\gamma_b = 1.0$)

V_{pd}：永久荷重による設計せん断力

V_{yd}：設計せん断耐力 (式 (6.18) において $\gamma_b, \gamma_c = 1.0$)

f_{wd}：横方向ねじり補強鉄筋の設計降伏強度

式 (9.22) では，ひび割れ発生時と終局時におけるねじりモーメントとせん断力による耐力の相関関係を参考にし，横方向ねじり補強鉄筋の応力度に及ぼすせん断力の影響が考慮されている．

演習問題

9.1 図 9.3 に示すような厚さ 250 mm の鉄筋コンクリートスラブに対して，幅 1 m あたりの曲げモーメントとして $M = 50\,\mathrm{kN \cdot m}$ が作用するとき，曲げひび割れ幅 w を計算し，曲げひび割れ幅に対して検討せよ．ただし，コンクリートは $f'_{ck} = 30\,\mathrm{N/mm^2}$，鉄筋は D 16 が 100 mm 間隔で一段配置されているものとする．また，ひび割れ幅の計算にあたっては，$\varepsilon'_{csd} = 300 \times 10^{-6}$ とする．

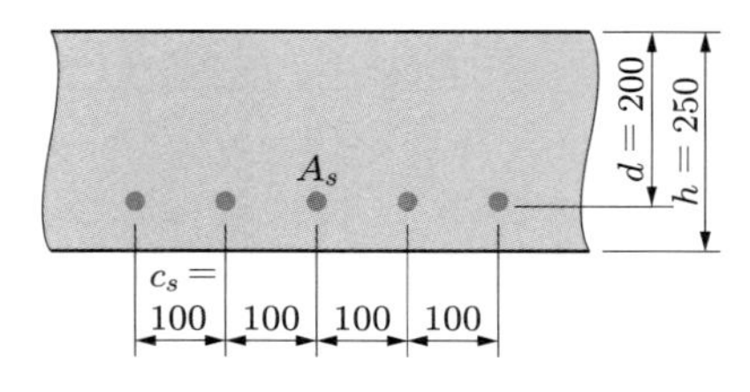

図 9.3　鉄筋コンクリートスラブ

9.2 図 9.4 の単鉄筋部材断面において，断面 ① と断面 ② の引張鉄筋はそれぞれ 3-D 22 ($A_s = 1161\,\mathrm{mm}^2$)，6-D 16 ($A_s = 1192\,\mathrm{mm}^2$) であり，両者の鉄筋の断面積はほぼ等しい．この断面に曲げモーメント $M = 25\,\mathrm{kN \cdot m}$ が作用するときの曲げひび割れ幅を計算し，その結果に基づいて鉄筋量をほぼ同一とした場合に曲げひび割れ幅に及ぼす鉄筋直径，配置間隔の影響について検討せよ．ただし，コンクリートは $f'_{ck} = 24\,\mathrm{N/mm}^2$ で，$\varepsilon'_{csd} = 150 \times 10^{-6}$ とする．

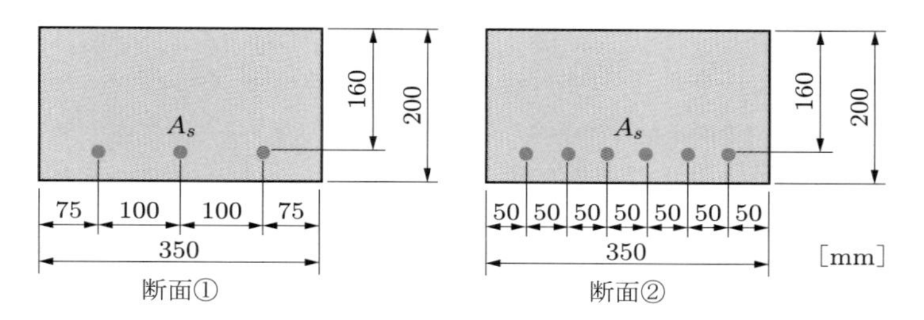

図 9.4　単鉄筋部材

第10章

たわみ

10.1 一　般

最近，高強度のコンクリートや鉄筋の使用によりスレンダーな部材が増大してきたこと，また構造的に大スパンや部材高さの制限が要求されることなどの理由により，たわみ (deflection) が重視されることが多くなっている.

過大なたわみは，使用上不快感を与え，機能を損なう．また，二次応力の発生により損傷の原因ともなる．このため，たわみが構造物の種類と使用目的，荷重の種類などを考慮して定めた許容値を超えないようにしなければならない.

構造性能の照査においては，耐久性や安全性に関する限界状態の検討とともに，使用性に関する限界状態の一つとしてたわみの照査も重要である.

10.2 たわみの挙動

通常の鉄筋コンクリートはりの荷重－たわみ関係は，図10.1に示すように，基本的には次の三つの領域に分けられる.

① 曲げひび割れ発生以前の状態：この状態では，荷重－たわみ関係はほぼ直線で完全弾性的な挙動を示す．部材の曲げ剛性 EI は，コンクリートのヤング係数 E_c

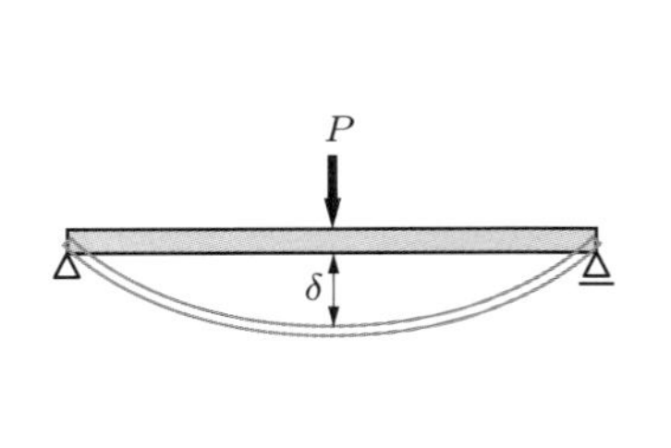

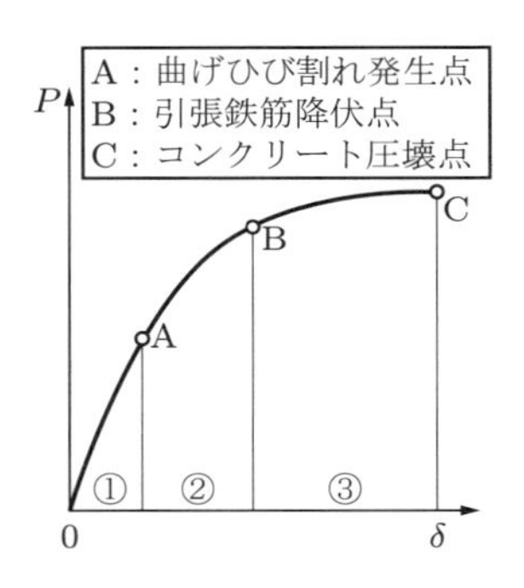

図10.1　荷重－たわみ関係

とコンクリートの全断面を有効とした断面二次モーメント I_g の積として求められる.

② 曲げひび割れ発生以後から引張鉄筋の降伏までの状態：曲げモーメント最大位置の断面引張縁コンクリート応力が曲げひび割れ強度に到達して曲げひび割れが発生すると，この状態に移る．鉄筋コンクリート構造は，使用状態の設計荷重作用下ではこの領域にある.

曲げひび割れの発生区間ではコンクリートの引張抵抗の消失により曲げ剛性が著しく減少し，荷重－たわみ関係の勾配が ① に比べて緩やかとなる.

曲げひび割れ発生断面では実質的にコンクリートの引張抵抗は0となるが，ひび割れ間のコンクリートは鉄筋の付着作用によってある程度の引張応力を分担している．したがって，この領域での部材断面の曲げ剛性は E_cI_g（全断面有効）と E_cI_{cr}（コンクリートの引張無視）の中間にあり，鉄筋の降伏荷重に近づくにつれて E_cI_{cr} に近づく.

③ 引張鉄筋の降伏以後の状態：この領域に達すると，荷重－たわみ関係の勾配が著しく平坦になる．これは，曲げひび割れがスパンの広範囲な区間にわたって発生するとともに，その幅がかなり拡大し，曲げ剛性が著しく低下するためである．この領域では，引張鉄筋は一定の降伏応力状態でひずみが増大し続けるため，荷重の増加はわずかで，たわみのみが著しく増大する.

スパン断面高さ比，鉄筋比，荷重の種類，横拘束の程度（らせん鉄筋や帯鉄筋の配置量）などで異なるが，通常はコンクリート圧壊の終局時のたわみ δ_u は鉄筋降伏時のたわみ δ_y の数倍の大きさに達する．この δ_u/δ_y の比をじん性率 (ductility factor) といい，耐震設計では非常に重要な要因である.

10.3 たわみの計算法

曲げモーメントを受けるはり部材のたわみには，荷重の作用時に瞬時に生じる短期たわみと，永久荷重作用下でコンクリートのクリープや収縮によって生じる付加たわみを考慮した長期たわみの両者を考える必要がある.

10.3.1 短期たわみ

使用状態において曲げひび割れの発生を許容しない PC 部材の場合には，10.2 節の ① の状態にあり，短期たわみ (instantaneous deflection) は全断面を有効とした曲げ剛性 (E_cI_g) を用いて容易に計算できる.

これに対して，RC や PRC 構造は使用状態において 10.2 節の ② の状態にあり，曲げ剛性は多数の要因に影響され，厳密に定量化することは非常に難しい．そこで，設計計算においては，RC や PRC 構造の短期たわみの算定に必要な曲げ剛性を求める際に，有効断面二次モーメント (effective moment of inertia)[10.1] がよく用いられている．

断面剛性を曲げモーメント M の大きさによって変化させる場合には，

$$I_e = \left(\frac{M_{cr}}{M}\right)^4 I_g + \left\{1 - \left(\frac{M_{cr}}{M}\right)^4\right\} I_{cr} \leqq I_g \tag{10.1}$$

となり，断面剛性をはり部材全長にわたって一定とした換算有効断面二次モーメントを用いる場合には，次のようになる．

$$I_e = \left(\frac{M_{cr}}{M_{\max}}\right)^3 I_g + \left\{1 - \left(\frac{M_{cr}}{M_{\max}}\right)^3\right\} I_{cr} \leqq I_g \tag{10.2}$$

ここに，M_{cr}：曲げひび割れ発生モーメント (式 (9.1) 参照)

$M_{\max}$：荷重によるスパン上の最大曲げモーメント

I_g：コンクリートの全断面を有効としたときの断面二次モーメント（近似的には鋼材断面は無視してもよい）

I_{cr}：断面の引張域のコンクリートを無視したひび割れ断面の断面二次モーメント

ACI 基準[10.2] や土木学会「コンクリート標準示方書」[10.3] の解説では，このような有効断面二次モーメント法を採用している．

土木学会では，設計には M_{cr}，M，$M_{\max}$ の設計用値 M_{crd}，M_d，$M_{d\max}$ を用いている．M_{crd} は，次式から求める．

$$M_{crd} = \frac{(f_{bck} + \sigma) I_g / y_2}{\gamma_b} \tag{10.3}$$

ここに，f_{bck}：コンクリートの曲げひび割れ強度 (式 (3.2) 参照)

σ：軸方向力やプレストレスによる断面引張縁の応力度（圧縮：正）

y_2：コンクリート全断面の図心軸から引張縁までの距離

γ_b：部材係数で，この場合は 1.0 としてよい．

なお，y_2，I_g の計算に鋼材断面も考慮する場合，たとえば長方形断面では，それぞれ式 (8.40)，(8.41) (この I_i は I_g と同じ) を用いればよい．一方，I_{cr} には式 (8.19)，(8.32) (この I_i は I_{cr} と同じ) を用いればよい．

連続はりの場合，ACI 基準では正負の最大モーメントに対する I_e の単純平均値を採用しているが，次の I_{em} のほうがよいという提案もある[10.1].

$$\text{両端が連続しているはり部材：} I_{em} = 0.70I_m + 0.15(I_{e1} + I_{e2}) \tag{10.4}$$

$$\text{片端が連続しているはり部材：} I_{em} = 0.85I_m + 0.15I_{ec} \tag{10.5}$$

ここに，I_m：スパン中央の I_e

I_{e1}，I_{e2}：スパン両端部の I_e

I_{ec}：連続端部の I_e

また，*fib* の Model Code[10.4] でも同様の考え方が取り入れられており，簡易的に有効曲げ剛性 $(EI)_{\mathit{eff}}$ を次式で与えている.

$$(EI)_{\mathit{eff}} = \frac{(EI)_I(EI)_{II}}{\zeta(EI)_I + (1-\zeta)(EI)_{II}} \tag{10.6}$$

ここに，$(EI)_I$：曲げひび割れの発生していない断面の曲げ剛性

$(EI)_{II}$：曲げひび割れが発生して定常状態となった断面の曲げ剛性

ζ：補間係数．曲げモーメント M のみが作用する場合，次式から求める.

$$\zeta = 1 - \beta\left(\frac{M_{cr}}{M}\right)^2 \tag{10.7}$$

M_{cr}：曲げひび割れ発生モーメント

β：荷重の持続あるいは繰返しの影響を考慮する係数で，短期たわみの場合は 1.0 としてよい.

プレストレストコンクリートで使用状態において曲げひび割れを許容する PRC 構造のたわみを計算する場合，そのプレストレスの効果は，M_{cr} や I_{cr} の算定に考慮できる.

例題 10.1

図 10.2 に示すように，A_s = 4-D 25 の単鉄筋長方形断面の単純はり (スパン 8 m) に，設計等分布荷重 w = 25 kN/m（自重を含む）が作用するとき，スパン中央の短期たわみを求めよ．ただし，コンクリートは，設計基準強度 $f'_{ck} = 30\ \mathrm{N/mm^2}$ および粗骨材最大寸法 $d_{\max} = 25\ \mathrm{mm}$ とする.

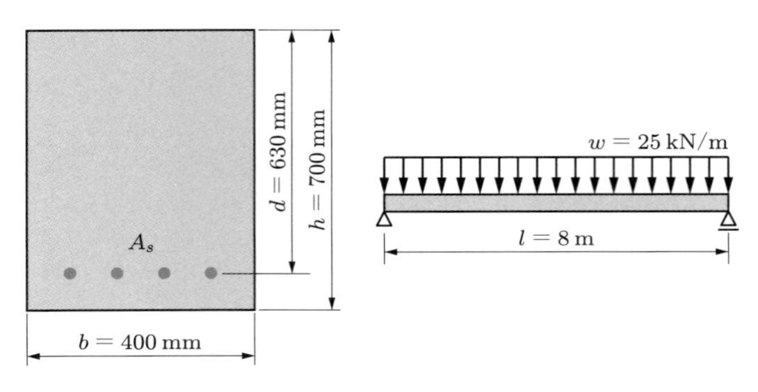

図 10.2　単鉄筋長方形断面はり

解

表 3.1 より，$f'_{ck} = 30\,\mathrm{N/mm^2}$ に対して，$E_c = 28\,\mathrm{kN/mm^2}$ である．

$$n = \frac{E_s}{E_c} = \frac{200}{28} = 7.14$$

付表 1 より $A_s = $ 4-D 25 $= 2027\,\mathrm{mm^2}$ である．

まず，曲げひび割れ発生以前の全断面について，その断面諸定数を求める．式 (8.40) より，

$$y_1 = \frac{bh^2/2 + nA_s d}{bh + nA_s} = \frac{400 \times 700^2/2 + 7.14 \times 2027 \times 630}{400 \times 700 + 7.14 \times 2027} = 364\,\mathrm{mm}$$

$$y_2 = h - y_1 = 700 - 364 = 336\,\mathrm{mm}$$

となる．I_g の計算にあたって，ここでは鉄筋断面も考慮することとし，式 (8.41) より，次のようになる．

$$\begin{aligned} I_g &= \frac{b}{3}({y_1}^3 + {y_2}^3) + nA_s(d - y_1)^2 \\ &= \frac{400}{3} \times (364^3 + 336^3) + 7.14 \times 2027 \times (630 - 364)^2 \\ &= 12512 \times 10^6\,\mathrm{mm^4} \end{aligned}$$

次に，曲げひび割れ発生断面について，断面諸定数を求めると，

$$p = \frac{A_s}{bd} = \frac{2027}{400 \times 630} = 0.00804, \quad np = 7.14 \times 0.00804 = 0.0574$$

となり，式 (8.16) より，

$$\begin{aligned} k &= -np + \sqrt{(np)^2 + 2np} = -0.0574 + \sqrt{0.0574^2 + 2 \times 0.0574} \\ &= 0.286 \end{aligned}$$

$$x = kd = 0.286 \times 630 = 180\,\text{mm}$$

となる．また，式 (8.19) より，

$$I_{cr} = \frac{bx^3}{3} + nA_s(d-x)^2 = \frac{400 \times 180^3}{3} + 7.14 \times 2027 \times (630-180)^2$$
$$= 3708 \times 10^6\,\text{mm}^4$$

となる．

さらに，設計曲げひび割れ発生モーメント M_{crd}，設計最大曲げモーメント $M_{d\,\max}$ を計算する．

コンクリートの曲げひび割れ強度 f_{bck} を，式 (3.2) より求めると，

$$f_{tk} = 0.23{f'_{ck}}^{2/3} = 0.23 \times 30^{2/3} = 2.22\,\text{N/mm}^2 \quad (\text{式 (3.1) 参照})$$

$$G_F = 10{d_{\max}}^{1/3}{f'_{ck}}^{1/3} = 10 \times 25^{1/3} \times 30^{1/3} = 90.86\,\text{N/m}$$

$$l_{ch} = \frac{G_F E_c}{{f_{tk}}^2} = \frac{90.86 \times 10^{-3} \times 28 \times 10^3}{2.22^2} = 516\,\text{mm} \fallingdotseq 0.52\,\text{m}$$

$$k_{0b} = 1 + \frac{1}{0.85 + 4.5(h/l_{ch})} = 1 + \frac{1}{0.85 + 4.5 \times (0.7/0.52)} = 1.14$$

$$k_{1b} = \frac{0.55}{h^{1/4}} = \frac{0.55}{0.7^{1/4}} = 0.60 \quad (\geqq 0.4)$$

$$\therefore f_{bck} = k_{0b}k_{1b}f_{tk} = 1.14 \times 0.60 \times 2.22 = 1.52\,\text{N/mm}^2$$

となる．M_{crd} (この場合は式 (10.3) で $\sigma = 0$) と $M_{d\,\max}$ は，次のようになる．

$$M_{crd} = \frac{f_{bck}I_g/y_2}{\gamma_b} = \frac{1.52 \times 12512 \times 10^6/336}{1.0} = 56.6 \times 10^6\,\text{N}\cdot\text{mm}$$
$$= 56.6\,\text{kN}\cdot\text{m}$$

$$M_{d\,\max} = \frac{wl^2}{8} = \frac{25 \times 8^2}{8} = 200\,\text{kN}\cdot\text{m}$$

$$\frac{M_{crd}}{M_{d\,\max}} = \frac{56.6}{200} = 0.28$$

式 (10.2) より，換算有効断面二次モーメント I_e を計算する．

$$I_e = \left(\frac{M_{crd}}{M_{d\,\max}}\right)^3 I_g + \left\{1 - \left(\frac{M_{crd}}{M_{d\,\max}}\right)^3\right\} I_{cr}$$
$$= 0.28^3 \times 12512 \times 10^6 + (1 - 0.28^3) \times 3708 \times 10^6$$
$$= 3901 \times 10^6\,\text{mm}^4$$

以上の諸数値を用いると，スパン中央の短期たわみは次のようになる．

$$\delta = \frac{5}{384}\frac{wl^4}{E_c I_e} = \frac{5}{384}\frac{25 \times 8000^4}{28 \times 10^3 \times 3901 \times 10^6} = 12\,\mathrm{mm}$$

10.3.2 長期たわみ

永久荷重作用下では，コンクリートのクリープや収縮，鉄筋とコンクリートとの付着応力の緩和（付着クリープ）による引張剛性の低下，さらに鉄筋の抜出しなどによって，時間の経過とともにたわみの増大が生じる．

これらの要因の中でコンクリートのクリープと収縮の影響がとくに大きく，これを減少させるには圧縮鉄筋の配置が非常に有効である．

長期たわみ (longtime deflection) は，荷重状態（永久荷重の大きさ，載荷時材齢，載荷期間など），部材特性（鉄筋量，プレストレスの大きさなど），材料，とくにコンクリートの性質など，多くの要因に影響される．このため，現状では，実構造物において長期たわみを精度よく算定することは難しい．以下では，国内外の基準に示された長期たわみの計算方法を紹介する．

ACI基準の方法　長期たわみは，永久荷重による（永久荷重の作用しはじめに生じる）短期たわみに次式で与えられる係数 λ をかけて求める[10.2]．

$$\lambda = \frac{\xi}{1 + 50p'} \tag{10.8}$$

ここに，p'：圧縮鉄筋比（単純はりと連続はりではスパン中央，片持はりでは固定端部におけるもの）

ξ：永久荷重の載荷する時間に依存する係数である．具体的には，5年以上の場合2.0，1年の場合1.4，6箇月の場合1.2，3箇月の場合1.0としてよい．

***fib*の方法**　断面に曲げひび割れが生じていない部材の場合には，長期たわみ a_t は，永久荷重による（永久荷重の作用しはじめに生じる）短期たわみ a_g と，この a_g にクリープ係数 ϕ をかけた付加たわみの和とし，簡易的に次式により計算してよいとしている[10.4]．

$$a_t = (1 + \phi)a_g \tag{10.9}$$

曲げひび割れが発生している部材の場合には，次式に示すように，永久荷重による短期たわみ a_g にクリープによるたわみ a_ϕ と収縮によるたわみ a_{sh} を加えて求める．

$$a_t = a_g + a_\phi + a_{sh} \tag{10.10}$$

クリープによるたわみは，次式の有効ヤング係数を式 (10.6) に代入して算出する．このとき，式 (10.7) の β は 0.5 とする．

$$E_{c,ef} = \frac{E_{cm}}{1+\phi} \tag{10.11}$$

ここに，E_{cm}：平均接線弾性係数

一方，コンクリートの収縮によるたわみは，鋼材による収縮の拘束を考慮し，断面の平面保持の仮定のもとで力の釣合条件を解くことにより断面の曲率を求め，これを 2 階積分することにより変位を算定する．

》土木学会の方法　土木学会「コンクリート標準示方書」でも，2007 年版までは式 (10.9) と同じ簡便法による長期たわみの算定方法が示されていた．しかし，実際の部材のたわみをより精度よく算定するためには，コンクリートの収縮に対する鋼材拘束の影響を考慮しなければならない．また，土木学会では 2017 年版[10.3] で，同じ断面内でも温度や湿度の環境条件が異なる部分があると，コンクリートの収縮やクリープの程度に差が生じることも考慮しなければならないとしている．一般には，次式に示すように，長期たわみ δ_t は，短期の外力による変位 δ_L に長期変位算定に用いるクリープ係数 ϕ_t をかけたものと収縮による変位 δ_{SH} の和で表されるが，それぞれの項には複雑な計算が必要となる．

$$\delta_t = \delta_L \phi_t + \delta_{SH} \tag{10.12}$$

ここで，長期変位算定に用いるクリープ係数 ϕ_t は，構造物の乾燥状態に応じた長期的なクリープの進行を考慮するための係数 α (1.0 以上とするのがよい) を，3.1.2 項 (3) に示した設計に用いるクリープ係数 ϕ にかけて求める．また，収縮による変位 δ_{SH} は，断面内での乾燥状態や鋼材拘束条件によるコンクリートの収縮ひずみの差異を考慮して求めた曲率の 2 階積分により算定する．

この手法を用いることにより，実際の部材の長期たわみの推定精度は著しく改善された．

10.4　たわみの制御

構造物を好ましい状態で使用するには，短期たわみと長期たわみが許容値を超えないようにしなければならない．許容たわみは，構造物の形式や使用目的などで異なり，

活荷重の短期たわみに関しては，道路橋では $l/600$ (l：スパン) 程度[10.5]，鉄道橋では表 10.1 のような規定がある[10.6]．長期たわみの許容値は，通常，$l/400 \sim l/200$ 程度である．

表 10.1　鉄道橋の許容たわみ δ_a の例

<table>
<tr><th colspan="2">種類</th><th>スパン l [m]</th><th>許容たわみ δ_a</th></tr>
<tr><td colspan="2" rowspan="2">在来線</td><td>$0 < l < 50$</td><td>$l/800$</td></tr>
<tr><td>$50 \leqq l$</td><td>$l/700$</td></tr>
<tr><td rowspan="5">新幹線</td><td>1 連の場合</td><td>—</td><td>$l/1600$</td></tr>
<tr><td rowspan="4">2 連以上連続する場合</td><td>$0 < l \leqq 40$</td><td>$l/1800$</td></tr>
<tr><td>$40 < l \leqq 50$</td><td>$l/2000$</td></tr>
<tr><td>$50 < l \leqq 100$</td><td>$l/2500$</td></tr>
<tr><td>$100 < l$</td><td>$l/2000$</td></tr>
</table>

以上の方法は，直接的なたわみの制御法である．一方，はり部材の長さが断面高さに比べて十分に短い場合には，たわみの検討を省略してもよいとする間接的なたわみ制御法もある．たとえば，ACI 基準[10.2] では，単純はりの場合は断面の高さが $l/16$ 以上の場合にはたわみの検討を省略できるとしている．

演習問題

10.1 図 10.3 のように，$A_s = 4\text{-D }22$ の単鉄筋長方形断面はりのスパン ($l = 6$ m) 中央に設計集中荷重 $P = 80$ kN が作用するとき，スパン中央の短期たわみを計算せよ．ただし，$f'_{ck} = 30\ \mathrm{N/mm^2}$，粗骨材最大寸法 $d_{\max} = 20$ mm とし，部材の自重は無視してよい．

10.2 図 10.4 のように，スパン $l = 12$ m の $A_s = 6\text{-D }38$ の単鉄筋 T 形断面はりに永久荷重（自重を含む）として設計等分布荷重 $w = 20$ kN/m が作用するとき，スパン中央の短期たわみを計算せよ．また，コンクリートのクリープ係数を $\phi = 2.0$ とするとき，式 (10.9) を適用してこの荷重による長期たわみの概略値を推定せよ．ただし，$f'_{ck} = 24\ \mathrm{N/mm^2}$，粗骨材最大寸法 $d_{\max} = 25$ mm とする．

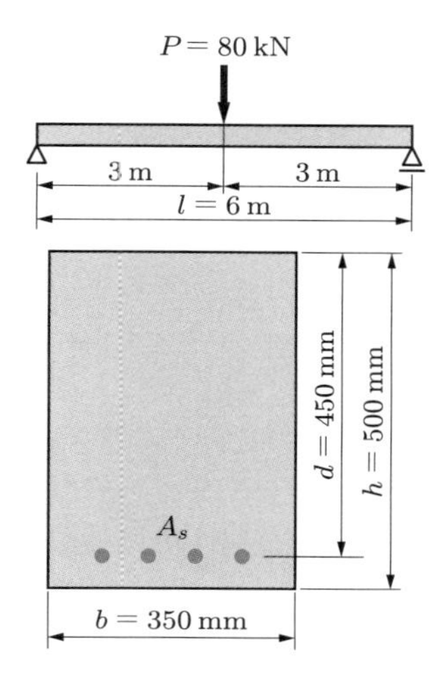

図 10.3 単鉄筋長方形断面はり

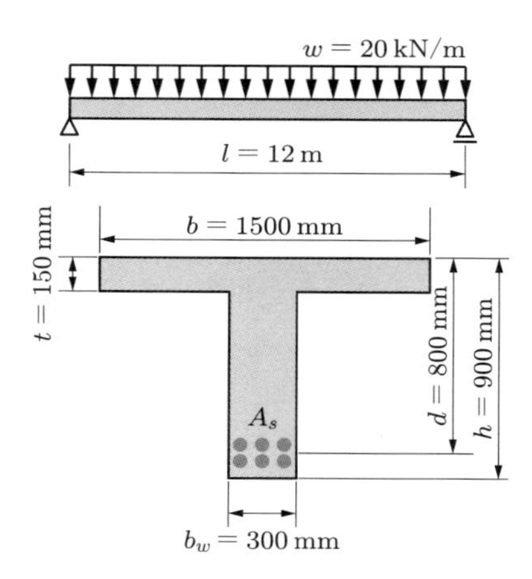

図 10.4 単鉄筋 T 形断面はり

第11章 疲 労

11.1 一 般

繰返し荷重を受けるコンクリート構造物に対し，設計耐用期間中に疲労破壊 (fatigue failure) や致命的な疲労損傷が生じないように，疲労を考慮した設計を行うことが必要となる．コンクリート構造は，鋼構造に比べると，作用応力のうち変動荷重応力の占める割合が永久荷重応力より相対的に小さく，変動応力振幅も小さくなるため，疲労についてはそれほど考慮されていなかった．しかし，近年厳しい繰返し荷重を受ける構造物が増加しており，また今後高強度コンクリートや高張力鉄筋，および新素材補強材などの採用が増加すると考えられ，疲労破壊に対する合理的な安全性照査が重要となる．現在，コンクリート構造の性能照査[11.1] において，構造物の安全性に関する要求性能の一つとして，疲労破壊の限界状態が明確に位置づけられている．

11.2 鉄筋コンクリートはり部材の疲労挙動

11.2.1 曲げ疲労

繰返し荷重による曲げを受ける鉄筋コンクリートはり部材の疲労強度に関しては，従来多くの研究報告がある．主要な結果は次のようである．

① 釣合鉄筋比以下の鉄筋コンクリートはりでは，上限荷重が静的破壊荷重の 80% 程度を超え，比較的少ない繰返し回数でコンクリートが圧縮疲労破壊する低サイクル疲労の場合以外は，変動荷重によって生じる引張鉄筋の応力が疲労に対してクリティカルとなるため，そのほとんどが鉄筋の疲労破断によって破壊が生じる．したがって，鉄筋の応力とその引張疲労強度から部材の疲労強度，寿命が推定できる．

② ① の場合，はりの 200 万回疲労強度は静的強度の 60～80% である[11.2]．

③ 静的強度に対する比で表した場合，断面形状，断面寸法，鉄筋比の違いは，はりの疲労強度にほとんど影響を与えない[11.3]．

④ 引張鉄筋が2段配置された場合，すべてのはりで下段鉄筋が先に疲労破断した．したがって，耐疲労性の面からは細径多段配置よりも太径少段配置のほうが有利となる場合がある[11.3]．

⑤ 断面内の圧縮応力勾配が疲労強度に影響し，一軸圧縮下の疲労試験値を用いて疲労強度を推定すると安全側の結果を与える[11.4, 11.5]．

11.2.2 せん断疲労

(1) せん断補強鉄筋を用いないはり

① せん断スパン有効高さ比 (a/d) を 2.0〜6.36 の範囲で変化させた実験によると，静的載荷の場合にはすべて斜め引張破壊となるが，繰返し載荷の破壊形式は静的載荷の場合と必ずしも一致せず，上限荷重の大きさにより異なる[11.6]．

② 100 万回疲労強度は静的強度の約 60% であり，a/d の影響は小さい．

③ 荷重振幅の影響を考慮した次のせん断疲労強度式が提案されている[11.7]．

$$\log\left(\frac{V_{\max}}{V_{cu}}\right) = -0.036(1-\gamma^2)\log N \tag{11.1}$$

ここに，$V_{\max}$：最大せん断力（上限値）
V_{cu}：静的せん断耐力
γ：最小せん断力（下限値）と最大せん断力（上限値）との比
N：疲労寿命

(2) せん断補強鉄筋を用いるはり

① 静的荷重下ではせん断破壊を起こさない部材であっても，繰返し荷重下ではせん断破壊を起こす場合がある．すなわち，1 回の載荷ではせん断補強鉄筋に応力が生じなくても，繰返し作用によって斜めひび割れが発生してせん断補強鉄筋と交わる部分において局部応力が生じ，静的耐力より相当小さいせん断力でせん断補強鉄筋が疲労破断する．

② 繰返し荷重下では，斜めひび割れ発生耐力，すなわちコンクリートが受けもつせん断耐力が静的強度に比べてかなり低下する．このため，せん断補強鉄筋の受けもつせん断力が増大する[11.8]．

③ ② を考慮して，せん断補強鉄筋がある部材のせん断疲労強度は，コンクリートの負担せん断力を無視してトラス理論で算定したせん断補強鉄筋の応力振幅と，曲げ加工したせん断補強鉄筋の $S-N$ 線式（応力－疲労寿命関係式）から推定できる[11.9]．

④ 土木学会「コンクリート標準示方書」[11.1] では，② を考慮したせん断疲労設計用のせん断補強鉄筋の応力度算定式を与えている (方法は次の 11.3 節で説明する).

以上は気中での疲労実験に基づくものであるが，この場合には通常の使用荷重状態でコンクリートが曲げ圧縮で疲労破壊することはまずない．しかし，水中ではコンクリートの疲労強度が著しく劣るので，海洋などの湿潤状態にある構造物ではコンクリートの疲労破壊に対しても慎重に検討する必要がある[11.10].

11.3 疲労破壊に対する安全性の検討

11.3.1 安全性の照査方法

(1) 基　本

疲労破壊に対する安全性は，次のいずれかの方法で照査する.

① 応力で評価する方法

② 断面力で評価する方法

土木学会「コンクリート標準示方書」[11.1] では ① を原則としている.

応力で評価する方法

$$\gamma_i \frac{\sigma_{rd}}{f_{rd}/\gamma_b} \leqq 1.0 \tag{11.2}$$

ここに，σ_{rd}：設計変動応力度

f_{rd}：材料の設計疲労強度

γ_b：部材係数で，この場合は 1.0〜1.1 としてよい.

γ_i：構造物係数

断面力で評価する方法

$$\gamma_i \frac{S_{rd}}{R_{rd}} \leqq 1.0 \tag{11.3}$$

ここに，S_{rd}：設計変動断面力 (= (設計変動荷重 F_{rd} による変動断面力) × γ_a)

γ_a：構造解析係数

R_{rd}：設計疲労耐力 (= (f_{rd} を用いて求めた断面の疲労耐力)/γ_b)

(2) 材料の設計疲労強度

》コンクリート　コンクリートの圧縮，曲げ圧縮，引張および曲げ引張の設計疲労強度 f_{crd} は，次式から求めることができる．

$$f_{crd} = k_{1f} f_d \left(1 - \frac{\sigma_{cp}}{f_d}\right)\left(1 - \frac{\log N}{K}\right) \quad (N \leqq 2 \times 10^6) \tag{11.4}$$

ここに，f_d：コンクリートのそれぞれの設計強度で，材料係数を $\gamma_c = 1.3$ として求めてよい．ただし，f_d は $f'_{ck} = 50\,\mathrm{N/mm^2}$ に対する各設計強度を上限とする．

σ_{cp}：永久荷重によるコンクリートの応力度 (正負が交番する荷重では 0)

N：疲労寿命（疲労破壊に至るまでの繰返し回数）

K：次式となる．

$$K = \begin{cases} 10 & \text{（普通コンクリートで継続してあるいはしばしば水で飽和される場合および軽量骨材コンクリートの場合）} \\ 17 & \text{（その他の場合）} \end{cases}$$

k_{1f}：次式となる．

$$k_{1f} = \begin{cases} 0.85 & \text{（圧縮および曲げ圧縮の場合）} \\ 1.0 & \text{（引張および曲げ引張の場合）} \end{cases}$$

》鉄　筋　異形鉄筋の設計疲労強度 f_{srd} は，次式から求めることができる．

$$f_{srd} = 190 \frac{(10^{\alpha}/N^k)(1 - \sigma_{sp}/f_{ud})}{\gamma_s} \;[\mathrm{N/mm^2}] \quad (N \leqq 2 \times 10^6) \tag{11.5}$$

ここに，f_{ud}：鉄筋の設計引張強度で，材料係数を 1.05 として求めてよい．

γ_s：鉄筋の材料係数で，この場合は 1.05 としてよい．

σ_{sp}：永久荷重による鉄筋の応力度

N：疲労寿命

α，k：試験によるのが原則であるが，$N \leqq 2 \times 10^6$ の場合は次式から定めてよい．

$$\alpha = k_{0f}(0.81 - 0.003\phi), \quad k = 0.12 \tag{11.6}$$

ϕ：鉄筋直径 [mm]

k_{0f}：鉄筋のふし形状に関する係数で，この場合は 1.0 としてよい．

なお，ガス圧接部の設計疲労強度は母材の 70%，溶接により組立てを行う鉄筋および折曲げ部がある鉄筋の設計疲労強度は母材の 50% とするのがよい．

》PC 鋼材　PRC 構造では，ひび割れの発生を許容しない PC 構造に比べて PC 鋼材の応力変動が大きく，異形鉄筋とともにその疲労安全性の検討も必要である．PC 鋼材の設計疲労強度については土木学会「コンクリート標準示方書」[11.1] の解説中の式が参考となる．

(3) 等価繰返し回数

一般に，変動荷重はその大きさがランダムであり，それによる応力度も変動する．したがって，式 (11.2) を適用するためには，実際のランダムな変動応力を基準とするある一つの一定応力に換算する必要がある．

このために，次に示すマイナー則 (Miner's law) を適用する．

$$\sum \frac{n_i}{N_i} = 1.0 \tag{11.7}$$

これは直線被害則ともいわれ，ある応力振幅の実繰返し回数 n_i とその応力振幅での疲労寿命 N_i との比が被害度を表すとし，それらの総和が 1.0 に達すると疲労破壊するという，疲労の蓄積に関する被害則である．

マイナー則の適用による等価繰返し回数の算定法は，次の手順による．

① 設計に用いる各材料の $S-N$ 線式を次のようにする．

- コンクリート：式 (11.4) (曲げ圧縮の場合は $f_d = f'_{cd} = f'_{ck}/\gamma_c$ とする)
- 鉄筋：式 (11.5)

② 基準とする $\sigma_p = \sigma_{p0}$，$\sigma_r = \sigma_{r0}$ を設定する．この $(\sigma_{p0}, \sigma_{r0})$ の値は任意に選定してよいが，一般には設計荷重作用時の応力値が用いられる．

$(\sigma_{pi}, \sigma_{ri})$ 1 回の作用が $(\sigma_{p0}, \sigma_{r0})$ 何回の作用に相当するかを N_{ei} とおけば，マイナー則によって，N_{ei} は $1/N(\sigma_{pi}, \sigma_{ri}) = N_{ei}/N(\sigma_{p0}, \sigma_{r0})$ と表される．したがって，$(\sigma_{p0}, \sigma_{r0})$ を基準とする等価繰返し回数 N_{eq} は，次のようになる．

$$N_{eq} = \sum_{i=1}^{M} N_{ei} = \sum_{i=1}^{M} \left(n_i \frac{N(\sigma_{p0}, \sigma_{r0})}{N(\sigma_{pi}, \sigma_{ri})} \right) \tag{11.8}$$

ここに，M：異なる大きさの変動応力の個数

③ 個々の応力波形 $(\sigma_{pi}, \sigma_{ri})$ に対し，式 (11.4)，(11.5) の σ_{cp} または σ_{sp} に σ_{pi} を，f_{crd} または f_{srd} に σ_{ri} を代入して求めた $N(\sigma_{pi}, \sigma_{ri})$ を N_i と表すと，次のよう

になる．

- コンクリート：$\sigma_{cri} = A_i(1 - \log N_i/K)$ であるから，次のようになる．

$$N_i = 10^{K(1-\sigma_{cri}/A_i)} \tag{11.9}$$

ここに，$A_i = k_{1f} f_d(1 - \sigma_{cpi}/f_d)$

- 鉄筋：${N_i}^k \sigma_{sri} = A'_i$ であるから，次のようになる．

$$N_i = \left(\frac{A'_i}{\sigma_{sri}}\right)^{1/k} \tag{11.10}$$

ここに，$A'_i = 190 \times 10^{\alpha}(1 - \sigma_{spi}/f_{ud})/\gamma_s$

④ 式 (11.9)，(11.10) を式 (11.8) に代入して整理すると，ランダム荷重，すなわちランダムな変動応力に対する等価繰返し回数 N_{eq} は，次のようになる．

- コンクリート：

$$N_{eq} = N_{eq,c} = \sum_{i=1}^{M} \{n_i \times 10^{K(\sigma_{cri}/A_i - \sigma_{cr0}/A_0)}\} \tag{11.11}$$

- 鉄筋：

$$N_{eq} = N_{eq,s} = \sum_{i=1}^{M} \left\{ n_i \left(\frac{A'_0 \sigma_{sri}}{A'_i \sigma_{sr0}}\right)^{1/k} \right\} \tag{11.12}$$

なお，持続応力が一定の場合，式 (11.11)，(11.12) で $A_0 = A_i$，$A'_0 = A'_i$ とおけばよい．

11.3.2 曲げに対する検討

鉄筋の引張疲労破断に対する検討を行う場合，変動荷重による鉄筋の引張応力度には 8.2 節の方法によって算定した σ_s を用いる．

一方，コンクリートの曲げ圧縮疲労破壊を対象とする場合，コンクリートの静的曲げ圧縮応力度 σ'_c の値は 8.2 節の方法で算定できる．しかし，繰返し荷重を受けるコンクリートは，残留ひずみが生じること，応力－ひずみ曲線の形状，すなわちヤング係数が繰返し回数とともに変化すること，さらに中立軸位置も変化することなどから，正確な応力算定は難しい．また，曲げモーメントを受ける断面では，応力勾配が存在する．疲労損傷は応力度の大きい断面外縁に近い部分ほど著しいが，中立軸の変化とともに応力の再分配が生じるため，疲労寿命の算定は難しい．

このため，曲げ圧縮状態のコンクリートの疲労破壊は，一様圧縮の場合に比べてはるかに起こりにくい状況にある．断面内に応力勾配が存在する場合，コンクリートの圧縮合力の大きさと作用位置が変化しなければ，その合力位置を図心とする一様分布を仮定したときの応力値を繰返し応力の大きさとして，疲労寿命が算定できる[11.5]．

以上のことから，土木学会「コンクリート標準示方書」[11.1]では，コンクリートの曲げ圧縮応力度は，8.2節の方法で算定した三角形分布の応力の合力位置と同位置に合力位置がくるように換算した長方形分布の見掛け応力度を用いてもよいとしている．

したがって，三角形分布のコンクリートの最大圧縮応力度を σ'_c とすると，疲労破壊の検討用の見掛け応力度 σ'_{cd} は，次のように表せる．

$$\text{長方形断面：}\sigma'_{cd} = \frac{3}{4}\sigma'_c \tag{11.13}$$

$$\text{T 形断面：}\sigma'_{cd} = \frac{3(2 - t/x)^2}{4(3 - 2t/x)}\sigma'_c \tag{11.14}$$

ここに，t：フランジ厚さ，x：中立軸位置

例題 11.1

図11.1に示す単鉄筋長方形断面に，$M_1 \sim M_3$ の3種類の大きさの変動荷重による曲げモーメントがそれぞれ以下に示す繰返し回数 $n_1 \sim n_3$ で作用するとき，変動曲げモーメント $M_3 = 150\,\mathrm{kN \cdot m}$ に換算した場合の等価繰返し回数 N_{eq} を求めよ．ただし，鉄筋は4-D 25 (SD 345)，コンクリートは $f'_{ck} = 30\,\mathrm{N/mm^2}$ として通常の気中環境条件におかれているものとし，永久荷重による曲げモーメントは $M_p = 100\,\mathrm{kN \cdot m}$ とする．

$$M_1 = 100\,\mathrm{kN \cdot m}, \quad M_2 = 125\,\mathrm{kN \cdot m}, \quad M_3 = 150\,\mathrm{kN \cdot m}$$

$$n_1 = 1.5 \times 10^6\,\text{回}, \quad n_2 = 1.2 \times 10^6\,\text{回}, \quad n_3 = 1.0 \times 10^6\,\text{回}$$

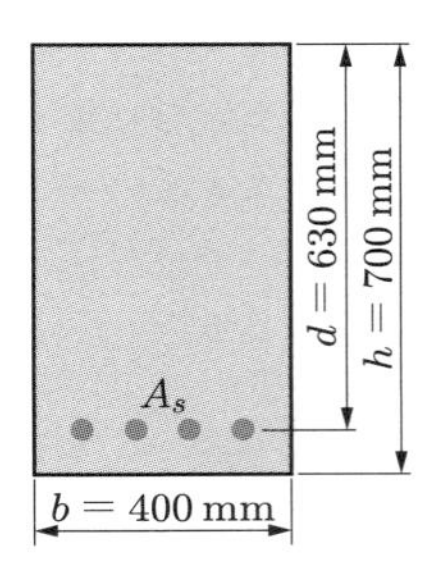

図 11.1 単鉄筋長方形はり

解

等価繰返し回数は材料の $S-N$ 線式の特性によって異なるので，鉄筋の引張疲労破断を対象とする場合とコンクリートの圧縮疲労破壊を対象とする場合について，個別に算出する必要がある．

(1) 鉄筋の疲労破断を対象とする場合

この場合は式 (11.12) を用いて，次のように計算する．なお，永久荷重による持続応力は一定であるので，$A'_0 = A'_i$ とする．

$$N_{eq,s} = \sum_{i=1}^{M}\left\{n_i\left(\frac{\sigma_{sri}}{\sigma_{sr0}}\right)^{1/k}\right\}$$

であるが，鉄筋の引張応力度は曲げモーメントに比例するので，この代わりに次式から求めてもよい．ただし，$k = 0.12$ (式 (11.6)) とする．

$$\begin{aligned} N_{eq,s} &= \sum_{i=1}^{M}\left\{n_i\left(\frac{M_i}{M_0}\right)^{1/k}\right\} \\ &= 1.5\times10^6\left(\frac{100}{150}\right)^{1/0.12} + 1.2\times10^6\left(\frac{125}{150}\right)^{1/0.12} \\ &\quad + 10^6\left(\frac{150}{150}\right)^{1/0.12} \\ &= (0.051 + 0.263 + 1)\times10^6 = 1.314\times10^6 \text{ 回} \end{aligned}$$

(2) コンクリートの圧縮疲労破壊を対象とする場合

この場合は式 (11.11) を用いて，次のように計算する．なお，$A_0 = A_i$ である．

$$N_{eq,c} = \sum_{i=1}^{M}\{n_i \times 10^{K(\sigma_{cri}-\sigma_{cr0})/A_0}\}$$

コンクリートの圧縮疲労の検討においては，三角形分布の応力の合力位置と合力の作用位置が同じになるように換算した長方形応力分布の見掛け応力を用いる．長方形断面の場合，この見掛け応力 σ'_{cd} は式 (11.13) のように三角形分布の計算応力 σ'_c の 3/4 倍となる．

まず，永久荷重による見掛けの応力 σ'_{cpd} を求める．

$$A_s = \text{4-D } 25 = 2027\,\mathrm{mm}^2 \quad (\text{付表 1 参照})$$

$$E_c = 28\,\mathrm{kN/mm^2} \quad (\text{表 3.1 で } f'_{ck} = 30\,\mathrm{N/mm^2} \text{ に対応する値})$$

$$n = \frac{E_s}{E_c} = \frac{200}{28} = 7.14$$

$$p = \frac{A_s}{bd} = \frac{2027}{400 \times 630} = 0.00804$$

$$np = 7.14 \times 0.00804 = 0.0574$$

$$k = -np + \sqrt{(np)^2 + 2np} = -0.0574 + \sqrt{0.0574^2 + 2 \times 0.0574}$$
$$= 0.286$$

$$j = 1 - \frac{k}{3} = 1 - \frac{0.286}{3} = 0.905$$

式 (8.26) を用いると,

$$\sigma'_{cpd} = \frac{3}{4} \times \frac{2M_p}{kjbd^2} = \frac{3}{4} \times \frac{2 \times 100 \times 10^6}{0.286 \times 0.905 \times 400 \times 630^2} = 3.65\ \mathrm{N/mm^2}$$

となる. 同様に, 変動荷重によるコンクリートの見掛けの応力は次のようになる.

$$\sigma'_{cr1d} = 3.65\ \mathrm{N/mm^2}$$
$$\sigma'_{cr2d} = 4.56\ \mathrm{N/mm^2}$$
$$\sigma'_{cr3d} = 5.48\ \mathrm{N/mm^2}$$

さらに, 次式が成り立つ.

$$f'_{cd} = \frac{f'_{ck}}{\gamma_c} = \frac{30}{1.3} = 23.1\ \mathrm{N/mm^2}$$

$$A_0 = k_{1f} f'_{cd} \left(1 - \frac{\sigma'_{cpd}}{f'_{cd}}\right) = 0.85 \times 23.1 \left(1 - \frac{3.65}{23.1}\right) = 16.53\ \mathrm{N/mm^2}$$

$$K = 17 \quad (\text{気中環境})$$

これらを $N_{eq,c}$ 式に代入すると, 等価繰返し回数は次のようになる.

$$N_{eq,c} = 1.5 \times 10^6 \times 10^{17(3.65-5.48)/16.53} + 1.2 \times 10^6 \times 10^{17(4.56-5.48)/16.53}$$
$$+ 10^6 \times 10^{17(5.48-5.48)/16.53}$$
$$= (0.020 + 0.136 + 1) \times 10^6 = 1.156 \times 10^6\ \text{回}$$

例題 11.2 例題 11.1 の諸条件のもとに, 与えられた単鉄筋長方形断面の曲げ疲労限界状態に対する検討をせよ. ただし, 部材係数は $\gamma_b = 1.1$, 構造物係数は $\gamma_i = 1.0$ とする.

解 (1) 鉄筋の疲労破断に対する安全性の検討

例題 11.1 で求めたように, $p = 0.00804$, $j = 0.905$ である. 永久荷重による鉄

筋の応力は,

$$\sigma_{sp} = \frac{M_p}{A_s jd} = \frac{100 \times 10^6}{2027 \times 0.905 \times 630} = 86.5\,\mathrm{N/mm^2}$$

となる．また,

$$N_{eq,s} = 1.314 \times 10^6$$

$$\alpha = k_{0f}(0.81 - 0.003\phi) = 1.0 \times (0.81 - 0.003 \times 25) = 0.735$$

$$f_{ud} = \frac{f_{uk}}{\gamma_s} = \frac{490}{1.05} = 466.7\,\mathrm{N/mm^2} \quad (f_{uk}\text{：SD 345 に対して表 3.3 参照})$$

となるので，基準とした変動荷重による鉄筋の応力は,

$$\sigma_{sr0} = \frac{M_3}{A_s jd} = \frac{150 \times 10^6}{2027 \times 0.905 \times 630} = 129.8\,\mathrm{N/mm^2}$$

$$\begin{aligned} f_{srd} &= 190\frac{(10^{\alpha}/{N_{eq,s}}^k)(1 - \sigma_{sp}/f_{ud})}{\gamma_s} \\ &= 190\frac{\{10^{0.735}/(1.314 \times 10^6)^{0.12}\}(1 - 86.5/466.7)}{1.05} \\ &= 147.7\,\mathrm{N/mm^2} \end{aligned}$$

$$\gamma_i \frac{\sigma_{sr0}}{f_{srd}/\gamma_b} = 1.0\frac{129.8}{147.7/1.1} = 0.97 < 1.0$$

である．したがって，鉄筋の疲労破断に対しては安全である．

(2) コンクリートの圧縮疲労破壊に対する安全性の検討

例題 11.1 より,

$$N_{eq,c} = 1.156 \times 10^6$$

となる．したがって,

$$\log N_{eq,c} = 6.063$$

$$\sigma'_{cpd} = 3.65\,\mathrm{N/mm^2}$$

$$f'_{cd} = 23.1\,\mathrm{N/mm^2}$$

となり，基準とした変動荷重によるコンクリートの見掛けの応力は,

$$\sigma'_{cr0d} = \sigma'_{cr3d} = 5.48\,\mathrm{N/mm^2}$$

$$f_{crd} = k_{1f} f'_{cd}\left(1 - \frac{\sigma'_{cpd}}{f'_{cd}}\right)\left(1 - \frac{\log N_{eq,c}}{K}\right)$$

$$= 0.85 \times 23.1\left(1 - \frac{3.65}{23.1}\right)\left(1 - \frac{6.063}{17}\right) = 10.64\ \mathrm{N/mm^2}$$

$$\gamma_i \frac{\sigma'_{cr0d}}{f_{crd}/\gamma_b} = 1.0\frac{5.48}{10.64/1.1} = 0.57 < 1.0$$

である．したがって，コンクリートの圧縮疲労破壊に対しても十分安全である．

11.3.3 せん断に対する検討

(1) せん断補強鉄筋を用いないはり部材の疲労耐力

せん断補強鉄筋を用いない部材として，フーチングや擁壁などがある．一般に，これらではせん断疲労が問題となることは少ないが，繰返し荷重の影響がとくに大きい場合には疲労の検討が必要となる．

この場合の疲労寿命は式 (11.1) で推定できる[11.7]．

土木学会「コンクリート標準示方書」[11.1] では，式 (11.1) やその後の研究[11.11] に基づいて，設計せん断疲労耐力 V_{rcd} として，次式を与えている．

$$V_{rcd} = V_{cd}\left(1 - \frac{V_{pd}}{V_{cd}}\right)\left(1 - \frac{\log N}{11}\right) \tag{11.15}$$

ここに，V_{cd}：せん断補強鉄筋を用いないはり部材の静的せん断耐力 (式 (6.13) 参照)
V_{pd}：永久荷重による設計せん断力
N：疲労寿命

(2) はり部材のせん断補強鉄筋の応力度

せん断補強鉄筋の $S-N$ 線式から，はり部材のせん断疲労耐力を推定するためには，繰返し荷重下でのせん断補強鉄筋の応力度を求める必要がある．11.2.2 項で述べたように，繰返し荷重を受けると，繰返し回数の増加とともにコンクリートの受けもつせん断力が減少し，逆にせん断補強鉄筋の応力度が次第に増大する．そこで，土木学会「コンクリート標準示方書」[11.1] では，せん断補強鉄筋応力度算定式に基づいて[11.8, 11.12]，変動荷重によるせん断補強鉄筋応力度 σ_{wrd} と永久荷重によるせん断補強鉄筋応力度 σ_{wpd} の設計式として次式を与えている．

$$\sigma_{wrd} = \frac{(V_{pd} + V_{rd} - k_r V_{cd})s}{A_w z(\sin\theta + \cos\theta)} \frac{V_{rd}}{V_{pd} + V_{rd} + V_{cd}} \tag{11.16}$$

$$\sigma_{wpd} = \frac{(V_{pd} + V_{rd} - k_r V_{cd})s}{A_w z(\sin\theta + \cos\theta)} \frac{V_{pd} + V_{cd}}{V_{pd} + V_{rd} + V_{cd}} \tag{11.17}$$

ここに，V_{rd}：変動荷重による設計せん断力

V_{pd}：永久荷重による設計せん断力

V_{cd}：式 (6.13) のせん断補強鉄筋のないはり部材の静的設計せん断耐力で，この場合は $r_b = 1.3$，$r_c = 1.3$ として求めてよい．

k_r：変動荷重の頻度の影響を考慮するための係数で，この場合は 0.5 としてよい．

A_w：一組のせん断補強鉄筋の断面積

s：せん断補強鉄筋の配置間隔

z：圧縮応力の合力の作用位置から引張鋼材図心までの距離であり，この場合は $z \fallingdotseq d/1.15$ とする．

d：有効高さ

θ：せん断補強鉄筋が部材軸となす角度

以上は棒（はり）部材に対するものであるが，面部材の鉄筋コンクリートスラブの設計押抜きせん断疲労耐力 V_{rpd} は，次式から算定することができる．

$$V_{rpd} = V_{pcd}\left(1 - \frac{V_{pd}}{V_{pcd}}\right)\left(1 - \frac{\log N}{14}\right) \tag{11.18}$$

ここに，V_{pd}：永久荷重による設計押抜きせん断力

V_{pcd}：静的設計押抜きせん断耐力 (式 (6.25) 参照)

演習問題

11.1 例題 11.1，例題 11.2 において，コンクリートが継続して，あるいはしばしば水で飽和されるような環境条件におかれた場合，この鉄筋コンクリートはり部材がコンクリートの圧縮疲労破壊に対して安全であるかどうかを検討せよ．

11.2 例題 11.1，例題 11.2 において，$M_1 \sim M_3$ に加えてさらに変動曲げモーメント $M_4 = 175\,\mathrm{kN \cdot m}$，$n_4 = 8 \times 10^4$ 回が繰り返して付加されたとする．このとき，M_3 に換算した場合の等価繰返し回数を求め，これに基づいて疲労破壊に対する安全性の検討をせよ．

第 12 章

プレストレストコンクリート

12.1 一　般

1.2.2 項で説明したように，プレストレストコンクリートの PC 鋼材の配置には内ケーブル方式と外ケーブル方式があるが，ここでは一般的な内ケーブル方式について説明する．

12.2 設計の基本

12.2.1 プレストレストコンクリートの種別

プレストレストコンクリートの種別については，1.3.2 項で簡単に述べたが，通常の使用状態における条件により，次のように PC 構造と PRC 構造に大別できる．

① PC 構造：曲げひび割れの発生を許さないことを前提とし，プレストレスの導入により，コンクリートの縁応力度を制御する構造である．

② PRC 構造：曲げひび割れの発生を許容し，異形鉄筋の配置とプレストレスの導入により，ひび割れ幅を制御する構造である．

通常の使用状態における断面引張縁での具体的な設計条件として，次のように設定される．

① PC 構造では引張応力発生限界状態，曲げひび割れ発生限界状態．

② PRC 構造では曲げひび割れ幅限界状態．

どの種別を採用するかは，環境条件，作用荷重の性質，使用目的や期間などを考慮して選定することが大切である．

12.2.2 安全度の検討方法

一般に，プレストレストコンクリートを設計する場合，照査は次の三つの状態に対して実施しなければならない．

① 施工時の照査：プレストレス導入直後の状態において，コンクリートおよび PC 鋼材の応力度が制限値を超えないこと．この状態では，PC 鋼材のプレストレス

力が最大で，荷重としては自重のみが作用している．

② 使用性に関する照査：コンクリートの収縮，クリープ，PC 鋼材のリラクセーションが終了した有効プレストレスの状態で，使用状態の最も不利な設計荷重に対して各応力度が制限値，あるいは曲げひび割れ幅が制限値を超えないこと．

③ 安全性に関する照査：終局破壊の検討で，設計断面力と設計断面耐力との比に構造物係数 γ_i をかけた値が 1.0 以下となること．

12.3 プレストレス力

12.3.1 導入直後のプレストレス力

緊張端から距離 x の位置の設計断面における導入直後のプレストレス力 $P_t(x)$ は，ジャッキによる PC 鋼材緊張端での引張力 P_i から，プレストレス力の減少量 $\Delta P_i(x)$ を差し引いて次式で求める．

$$P_t(x) = P_i - \Delta P_i(x) \tag{12.1}$$

以下で，原因ごとのプレストレス力の減少量について説明する．

(1) コンクリートの弾性変形による減少

プレテンション方式では，PC 鋼材の緊張を解放してプレストレスを導入する際に，コンクリートに弾性変形が生じ，初期緊張力が減少する．一方，ポストテンション方式では，全 PC 鋼材を同時に緊張すればコンクリートの弾性変形による減少は生じない．しかし，PC 鋼材をいくつかに分けて緊張すると，先に緊張，定着した鋼材の引張力は後の鋼材の緊張にともなうコンクリートの弾性変形によって減少することになる．

この場合，PC 鋼材引張応力度の平均減少量 $\Delta\sigma_p$ は近似的に次のようにして求める．

$$\text{プレテンション方式の場合：}\Delta\sigma_p = n_p \sigma'_{cpg} \tag{12.2}$$

$$\text{ポストテンション方式の場合：}\Delta\sigma_p = \frac{1}{2} n_p \sigma'_{cpg} \frac{N-1}{N} \tag{12.3}$$

ここに，n_p：PC 鋼材とコンクリートのヤング係数比 $(= E_p/E_c)$

σ'_{cpg}：プレストレス導入による全 PC 鋼材の図心位置でのコンクリート圧縮応力度

N：全 PC 鋼材の緊張回数

(2) 摩擦による減少

ポストテンション方式では，PC 鋼材の引張力はシースとの摩擦によって緊張端から離れるにつれて減少し，設計断面の引張力 P_x は次式で表される．

$$P_x = P_i e^{-(\mu\alpha+\lambda x)} \tag{12.4}$$

ここに，P_i：ジャッキの位置における PC 鋼材の引張力
　　　μ：PC 鋼材の単位角変化 (1 rad) あたりの摩擦係数
　　　α：角変化 [rad] (図 12.1)
　　　λ：PC 鋼材の単位長さ (1 m) あたりの摩擦係数
　　　x：PC 鋼材の緊張端から設計断面までの長さ [m] (図 12.1)

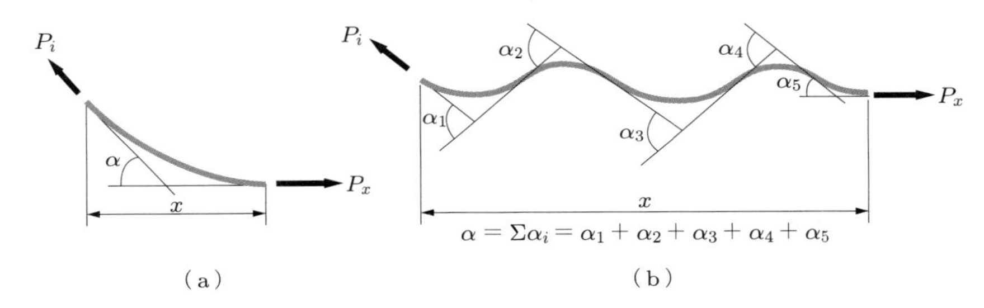

図 12.1　α と x の定め方

摩擦係数 μ，λ は試験によって定めるのが望ましいが，鋼製シースを用いる場合は表 12.1 の値を用いてよい．

表 12.1　PC 鋼材とシースとの摩擦係数 [土木学会：コンクリート標準示方書 (2017 年制定)—設計編—，2018]

鋼材種別	μ	λ [1/m]
PC 鋼線	0.30	0.004
PC 鋼より線	0.30	0.004
PC 鋼棒	0.30	0.003

(3) セットによる減少

ポストテンション方式で緊張後に PC 鋼材を定着具で定着する際に，引っ張られている PC 鋼材が多少もどって部材中に引き込まれる（セット）ために，緊張力が ΔP だけ減少する．これは，次のようにして求められる．

① PC 鋼材とシースとの間に摩擦がない場合

$$\Delta P = \frac{\Delta l}{l} A_p E_p \tag{12.5}$$

ここに，Δl：セット量

l：PC 鋼材の長さ

A_p：PC 鋼材の断面積

② PC 鋼材とシースとの間に摩擦がある場合

$$\Delta l = \frac{A_{ep}}{A_p E_p}$$

$$\therefore A_{ep} = \Delta l A_p E_p \tag{12.6}$$

この場合，図 12.2 の斜線部の面積が $A_{ep} = \Delta l A_p E_p$ となる $cb''a''$ 線 (水平軸 ce に対して定着前における引張力の分布 $cb'a'$ 線と対称) を図式的に求める．

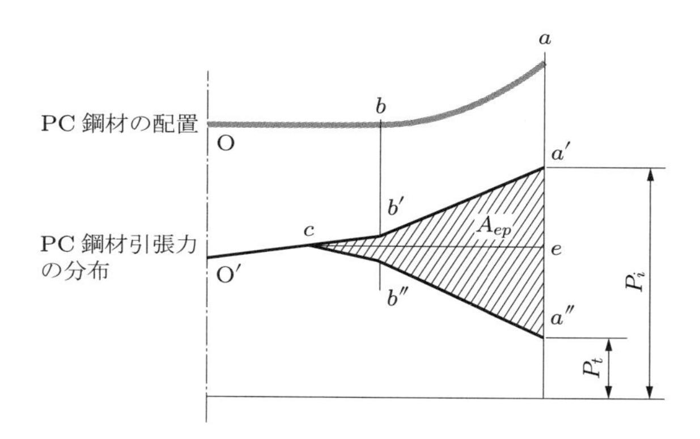

図 12.2　PC 鋼材（緊張材）の引張力の分布形状

セット量 Δl は，それぞれの定着具に対して定める必要がある．詳細は，土木学会指針[12.2] を参照してほしい．

12.3.2 設計荷重作用時の有効プレストレス力

最終的な設計荷重作用時の有効プレストレス力 (effective prestressing force) $P_e(x)$ は，次の原因によって，導入直後のプレストレス力 $P_t(x)$ からさらに $\Delta P_T(x)$ だけ減少する．

① コンクリートのクリープ．

② コンクリートの収縮．

③ PC 鋼材のリラクセーション．

したがって，$P_e(x)$ は次式のようになる．

$$P_e(x) = P_t(x) - \Delta P_T(x) = P_i - \Delta P_i(x) - \Delta P_T(x) \tag{12.7}$$

①〜③ によるプレストレス力の減少は経時変化で，しかも相互に関連しているので，厳密な計算はかなり複雑である．設計[12.1] では ①，② による減少量 $\Delta\sigma_{pcs}$ と ③ による減少量 $\Delta\sigma_{pr}$ に分けて，その取扱いを簡便化している．

PC 構造では，鉄筋の拘束の影響を考慮しなくてもよく，コンクリートの収縮とクリープによる PC 鋼材引張応力度の減少量 $\Delta\sigma_{pcs}$ は次式から求めてよい．

$$\Delta\sigma_{pcs} = \frac{n_p\phi(\sigma'_{cd} + \sigma'_{cpt}) + E_p\varepsilon'_{cs}}{1 + n_p(\sigma'_{cpt}/\sigma_{pt})(1 + \phi/2)} \tag{12.8}$$

ここに，ϕ：コンクリートのクリープ係数 (表 3.2 参照)

ε'_{cs}：コンクリートの収縮ひずみ (表 3.3 参照)

n_p：PC 鋼材とコンクリートのヤング係数比 $(= E_p/E_c)$

σ'_{cd}：永久荷重による PC 鋼材図心位置でのコンクリートの応力度（圧縮応力度：正）

σ'_{cpt}：導入直後のプレストレス力 $P_t(x)$ による PC 鋼材図心位置でのコンクリートの応力度（圧縮応力度：正）

σ_{pt}：プレストレス導入直後の PC 鋼材引張応力度 $(= P_t(x)/A_p$，この場合は引張応力度：正)

A_p：PC 鋼材断面積

なお，PRC 構造における $\Delta\sigma_{pcs}$ の算定にあたっては，コンクリートの収縮やクリープひずみに対する鉄筋の拘束の影響を考慮する必要がある．

一方，PC 鋼材のリラクセーションによる PC 鋼材引張応力度の減少量 $\Delta\sigma_{pr}$ は，コンクリートの収縮ひずみとクリープひずみの影響を考慮した見掛けのリラクセーション率を用いて，次式により求めてよい．

$$\Delta\sigma_{pr} = \gamma\sigma_{pt} \tag{12.9}$$

ここに，γ：PC 鋼材の見掛けのリラクセーション率 (表 3.7 参照)

結局，①〜③ によるプレストレス力の減少量の和 $\Delta P_T(x)$ は，次式で与えられる．

$$\Delta P_T(x) = (\Delta\sigma_{pcs} + \Delta\sigma_{pr})A_p \tag{12.10}$$

以上の式 (12.7)，(12.1) から求められる有効プレストレス力と導入直後のプレストレス力との比を，プレストレスの有効率 η という．すなわち，η は次のようになる．

$$\eta = \frac{P_e(x)}{P_t(x)} \tag{12.11}$$

有効率の概略値は，プレテンション方式で $\eta = 0.80$，ポストテンション方式で $\eta = 0.85$ である．

12.4 使用性に関する照査

12.4.1 曲　げ

(1) 使用状態での応力度計算上の仮定

① コンクリート，PC 鋼材あるいは鉄筋はともに弾性体とみなす．

② 断面内のひずみは，直線分布する（平面保持の仮定）．

③ 付着のある PC 鋼材および鉄筋のひずみは，それぞれの断面位置のコンクリートのひずみと同じとする．

④ 引張応力発生限界状態，曲げひび割れ発生限界状態を検討対象とした PC 構造の計算では，コンクリートの全断面を有効とする．

⑤ 曲げひび割れ幅限界状態を検討対象とした PRC 構造の計算では，鉄筋コンクリートと同様にコンクリートの引張抵抗を無視し，それに相当する引張力を PC 鋼材のほかに鉄筋を併用配置して受けもたせる．

(2) 使用状態の応力度

以下に，使用状態で曲げひび割を発生させないような，一般的に用いられている PC 構造に対する断面の曲げ応力度の計算法[12.3] を示す (図 12.3).

プレストレス導入直後の状態　一般に，部材自重はプレストレス導入時に作用しているから，この状態における断面上縁と下縁のコンクリートの応力度 σ'_{ct}，σ_{ct} は次のようになる．

$$\sigma'_{ct} = \frac{P_t}{A_c} - \frac{P_t e_p}{I_c} y'_c + \frac{M_{p1}}{I_c} y'_c = \frac{P_t}{A_c}\left(1 - \frac{e_p y'_c}{{r_c}^2}\right) + \frac{M_{p1}}{Z'_c} \tag{12.12}$$

$$\sigma_{ct} = \frac{P_t}{A_c} + \frac{P_t e_p}{I_c} y_c - \frac{M_{p1}}{I_c} y_c = \frac{P_t}{A_c}\left(1 + \frac{e_p y_c}{{r_c}^2}\right) - \frac{M_{p1}}{Z_c} \tag{12.13}$$

ここに，P_t：導入直後のプレストレス力

M_{p1}：部材自重による曲げモーメント

A_c：コンクリート純断面の断面積で，鉄筋がある場合はその断面積 A_s を n (鉄筋とコンクリートのヤング係数比 E_s/E_c) 倍して考慮

I_c：コンクリート純断面の図心軸 $g_c - g_c$ に関する断面二次モーメント

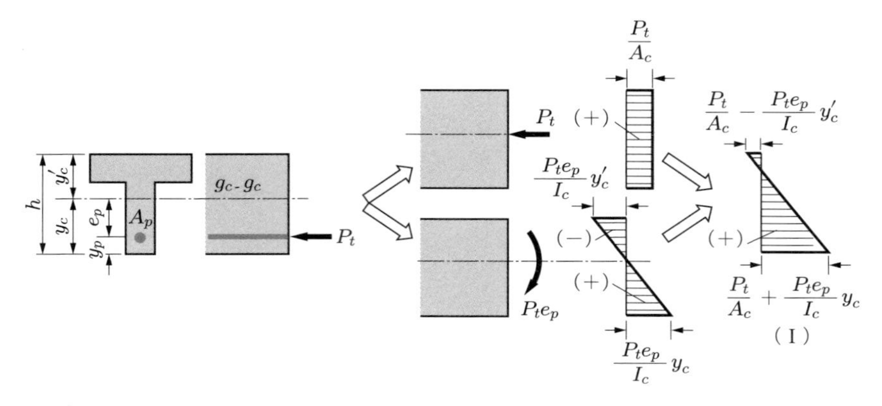

（a）プレストレス力 P_t による応力

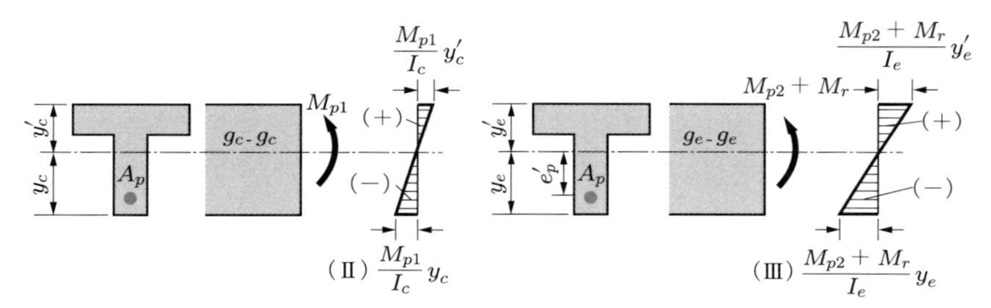

（b）部材自重モーメント M_{p1} による応力　　（c）自重以外の荷重モーメント（$M_{p2} + M_r$）による応力

図 12.3 使用状態における PC 断面の応力度（圧縮応力度：正）

y_c, y'_c：それぞれ断面の下縁，上縁から $g_c - g_c$ 軸までの距離
e_p：PC 鋼材の図心から $g_c - g_c$ 軸までの距離（偏心距離）
γ_c：コンクリート純断面の断面二次半径 $(= \sqrt{I_c/A_c})$
Z_c, Z'_c：それぞれ，コンクリート純断面の断面係数 $(Z_c = I_c/y_c, Z'_c = I_c/y'_c)$

》使用状態の全設計荷重状態　この状態では，PC 鋼材の引張力は有効プレストレス力 $P_e = \eta P_t$ に減少している．プレテンション方式やポストテンション方式で PC 鋼材に付着を与えた場合，断面の上縁と下縁における合成応力度 σ'_{ce}, σ_{ce} は次のようである．

$$\sigma'_{ce} = \frac{P_e}{A_c} - \frac{P_e e_p}{I_c} y'_c + \frac{M_{p1}}{I_c} y'_c + \frac{M_{p2} + M_r}{I_e} y'_e$$
$$= \frac{P_e}{A_c}\left(1 - \frac{e_p y'_c}{r_c{}^2}\right) + \frac{M_{p1}}{Z'_c} + \frac{M_{p2} + M_r}{Z'_e} \qquad (12.14)$$

$$\sigma_{ce} = \frac{P_e}{A_c} + \frac{P_e e_p}{I_c} y_c - \frac{M_{p1}}{I_c} y_c - \frac{M_{p2} + M_r}{I_e} y_e$$
$$= \frac{P_e}{A_c}\left(1 + \frac{e_p y_c}{{r_c}^2}\right) - \frac{M_{p1}}{Z_c} - \frac{M_{p2} + M_r}{Z_e} \tag{12.15}$$

ここに，M_{p2}，M_r：それぞれ部材自重以外の永久荷重，変動荷重による曲げモーメント

A_e：換算断面積

I_e：換算断面の図心軸 $g_e - g_e$ に関する断面二次モーメント

y_e，y_e'：それぞれ断面の下縁，上縁から $g_e - g_e$ 軸までの距離

$Z_e = I_e / y_e$

$Z_e' = I_e / y_e'$

換算断面とは，PC 鋼材断面積 A_p を n_p (PC 鋼材とコンクリートのヤング係数比 $= E_p/E_c$) で換算したもので，次式から計算する (図 12.3 (c)).

$$\begin{cases} A_e = A_c + n_p A_p \\ y_e = \dfrac{A_c y_c + n_p A_p y_p}{A_c + n_p A_p}, \quad y_e' = h - y_e \\ I_e = I_c + A_c (y_c - y_e)^2 + n_p A_p (y_e - y_p)^2 \end{cases} \tag{12.16}$$

PC 鋼材に付着がない場合，$M_{p2} + M_r$ による応力もコンクリートの純断面に基づいて，式 (12.14)，(12.15) 中の添字「e」を「c」として計算する．

(3) 検討方法

コンクリート断面の形状寸法，PC 鋼材の引張力（断面積）と配置（偏心距離）は，たとえば式 (12.12)～(12.15) の応力度が制限値を超えないように定める[12.4]．

》プレストレス導入直後

$$\sigma_{ct}' \geqq \sigma_{cta}, \quad \text{および } \sigma_{ct} \leqq \sigma_{cta}'$$

》全設計荷重作用時

$$\sigma_{ce}' \leqq \sigma_{cea}', \quad \text{および } \sigma_{ce} \geqq \sigma_{cea}$$

ここに，σ_{cta}'，σ_{cea}'：プレストレス導入直後，全設計荷重作用時のコンクリートの圧縮応力度の制限値（許容曲げ圧縮応力度：正）

σ_{cta}，σ_{cea}：プレストレス導入直後，全設計荷重作用時のコンクリートの引張応力度の制限値（許容曲げ引張応力度：負）

土木学会「コンクリート標準示方書」[12.1] では，次のように定めている．

① 曲げモーメントおよび軸方向力によるコンクリートの圧縮応力度は，永久荷重時において $0.4f'_{ck}$ 以下，PC 鋼材の引張応力度は永久荷重と変動荷重を組み合わせた場合において $0.7f_{puk}$ (f_{puk}：PC 鋼材の引張強度の特性値) 以下とする．

② PC 構造の場合にはコンクリートの縁引張応力度は，式 (3.2) による曲げひび割れ強度以下とし，PRC 構造の場合には 9.3 節の方法によって曲げひび割れの検討を行う．

12.4.2 せん断

(1) 斜め引張応力度

コンクリートの斜め引張応力度 f_1 は，コンクリートの全断面を有効とし，次式から計算する．この場合には，f_1 が正のとき，引張応力を表す．

$$f_1 = -\frac{\sigma_x + \sigma_y}{2} + \frac{1}{2}\sqrt{(\sigma_x - \sigma_y)^2 + 4\tau^2} \tag{12.17}$$

$$\tau = \frac{(V_d - V_{ped})G}{b_w I} \tag{12.18}$$

ここに，σ_x：プレストレスと設計荷重による部材軸方向の応力度（圧縮のとき正）

σ_y：部材軸に直交する応力度 (通常は $\sigma_y = 0$)（圧縮のとき正）

τ：コンクリートの全断面を有効として求められるせん断応力度

V_d：設計荷重によるせん断力

V_{ped}：傾斜配置した軸方向緊張材 (通常，PC 鋼材) の有効引張力（有効プレストレス力）のせん断力に平行な成分で，次式から求める．

$$V_{ped} = \frac{P_{ed}\sin\alpha_p}{\gamma_b} \tag{12.19}$$

b_w：部材断面のウェブ厚

G：せん断応力を算出する位置より上側または下側の断面部分の部材断面の図心軸に関する断面一次モーメント

I：部材断面の図心軸に関する断面二次モーメント

(2) 検討方法

PC 構造は，使用状態でせん断ひび割れも発生させないようにする．このため，永久荷重と変動荷重を組み合わせた場合の式 (12.17) の斜め引張応力度が，制限値 (コンクリートの設計引張強度 f_{tde} の 75%，f_{tde}：式 (3.1) の f_{tk}/γ_c) を超えないようにする．一方，PRC 構造では，鉄筋コンクリートの場合と同様に考えればよく，9.6 節の方法によってせん断ひび割れに対する検討を行う．

なお，一般に，斜め引張応力度の検討は部材断面の図心位置と部材軸方向応力度が 0 の位置で行えばよい．

一般に，支承前面から部材の全高さの半分までの区間においては，斜め引張応力度の計算を行う必要はない．ただし，この区間には，支承前面から部材の全高さの半分だけ離れた断面において必要とされる量以上のせん断補強鉄筋を配置しなければならない[12.1] (6.3.4 項参照).

12.5 安全性に関する照査

12.5.1 曲　げ

(1) 曲げ耐力（破壊抵抗曲げモーメント）の計算上の仮定

① 断面のひずみは直線分布とする．

② 付着のある PC 鋼材のひずみは，その断面位置でのコンクリートのひずみと同じとする．

③ 中立軸以下の部分のコンクリートの引張抵抗は無視する．

④ 断面圧縮域コンクリートの応力分布は，コンクリートの圧縮応力－ひずみ曲線 (図 3.3 参照) を用いて定める．設計では，通常，図 4.3 に示した等価応力ブロックを用いる．

⑤ PC 鋼材の応力－ひずみ関係は，図 3.11 を用いる．

(2) 曲げ耐力の計算

ここでは，一般的な T 形断面を対象とし，広く使用されている図 3.11 (a) の PC 鋼材を用いた場合の計算法を示す．計算の手順は次のとおりである．

① 断面圧縮域の等価応力ブロックが完全にフランジ内にある ($a = \beta x \leqq t$) と仮定する (図 12.4 (a)).

② PC 鋼材ひずみが図 12.5 の領域 ⓒ ($\varepsilon_p \geqq 0.015$) にあると仮定する．

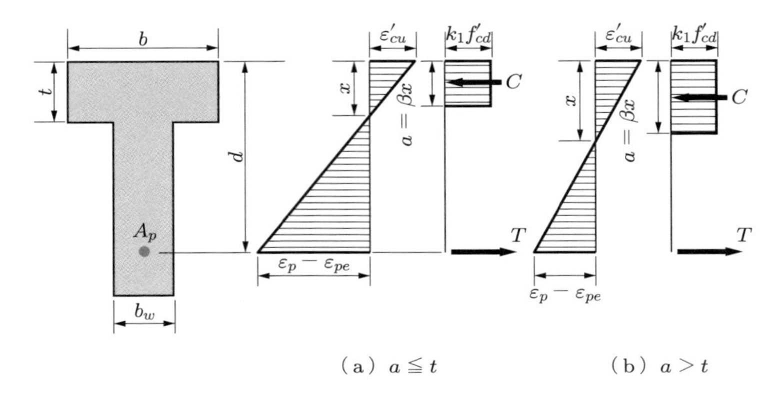

図 12.4　曲げ耐力 M_u の計算法

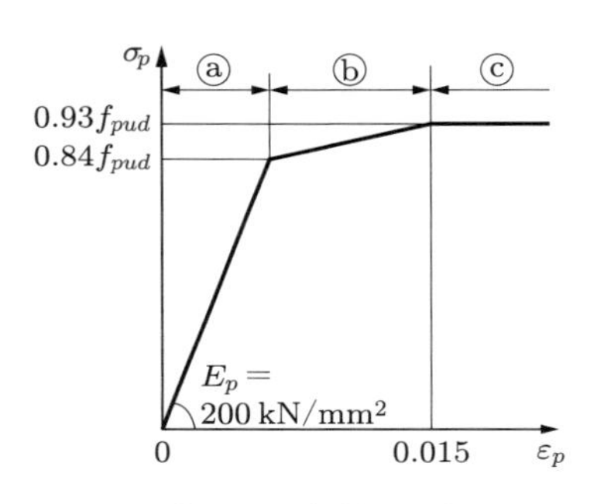

図 12.5　M_u 計算用 PC 鋼材の応力－ひずみ関係

③ 次式より，コンクリート圧縮合力 C と PC 鋼材引張力 T を求める．

$$C = k_1 f'_{cd} b \beta x \tag{12.20}$$

$$T = 0.93 f_{pud} A_p \tag{12.21}$$

④ 力の釣合条件 $C = T$ より，中立軸位置 x は次式で与えられる．

$$x = \frac{0.93 f_{pud} A_p}{\beta k_1 f'_{cd} b} \tag{12.22}$$

⑤ $a = \beta x \leqq t$ のとき，⑦ へ進む．$a = \beta x > t$ のとき，圧縮合力 C を次式で表す (図 12.4 (b))．

$$C = k_1 f'_{cd} \{ bt + b_w (\beta x - t) \} \tag{12.23}$$

⑥ 式 (12.23) の C と式 (12.21) の T を用い，$C = T$ より再度 x を計算して ⑦ に進む．

$$x = \frac{0.93 f_{pud} A_p - k_1 f'_{cd} t(b - b_w)}{\beta k_1 f'_{cd} b_w} \tag{12.24}$$

⑦ ④ または ⑥ の x に対して，PC 鋼材応力の検討を行う．部材終局時の PC 鋼材ひずみ ε_p は，有効緊張応力 σ_{pe} $(= P_e/A_p)$ によるひずみ ε_{pe} $(= \sigma_{pe}/E_p)$ を考慮すると，次のように表せる．

$$\varepsilon_p = \frac{d - x}{x} \varepsilon'_{cu} + \varepsilon_{pe} \tag{12.25}$$

⑧ $\varepsilon_p < 0.015$ のとき，② の仮定に矛盾するので，この場合は ① に戻り，最初からやり直す必要がある．

⑨ 曲げ耐力 M_u は，次式から計算することができる．

$$M_u = 0.93 f_{pud} A_p (d - 0.5\beta x) \quad (a \leqq t) \tag{12.26}$$

⑩ 実用的には，図 12.6 に示す図式解法で $C = T$ を満足する中立軸位置 x を求めるのが便利である．M_u の値は次式から算定する．

$$M_u = \sigma_p A_p (d - 0.5\beta x) \quad (a \leqq t) \tag{12.27}$$

ここに，σ_p：PC 鋼材ひずみ $\varepsilon_p = \varepsilon'_{cu}(d - x)/x + \varepsilon_{pe}$ に対応する応力 σ_p をその応力－ひずみ関係 (図 12.5) から求めたもの．

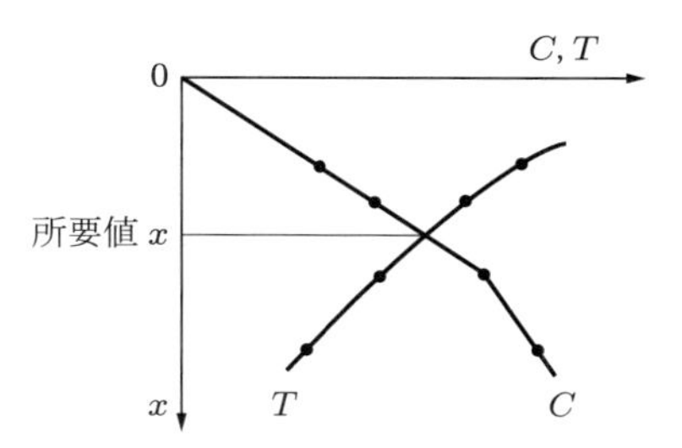

図 12.6　中立軸 x の図式解法

なお，$a = \beta x > t$ の場合，⑨，⑩ で $0.5\beta x$ の代わりに次の x_0 を用いる．

$$x_0 = \frac{bt^2/2 + b_w(\beta x - t)(\beta x + t)/2}{bt + b_w(\beta x - t)} \tag{12.28}$$

長方形断面の場合には，①，⑤，⑥ は不要である．

(3) 安全性の検討方法

第4章で説明した鉄筋コンクリートの場合と同様に，次式によって断面破壊の限界状態に対する安全性を照査する．

$$\gamma_i \frac{M_d}{M_{ud}} \leqq 1.0 \tag{12.29}$$

ここに，γ_i：構造物係数

M_{ud}：設計曲げ耐力 $(= M_u/\gamma_b)$

γ_b：部材係数で，鉄筋コンクリートの場合と同様に 1.1 としてよい．

アンボンド PC 鋼材や外ケーブルを用いる場合で，特別な検討を行わないときは式 (12.26) または式 (12.27) の設計曲げ耐力 M_u の 70% としてよい．

12.5.2 せん断

はりなどの棒部材のせん断耐力に対する安全性の検討は，第6章の方法とほぼ同様に行うことができる．ただし，プレストレストコンクリート部材では，プレストレスの影響を適切に考慮する必要がある．土木学会「コンクリート標準示方書」[12.1] では，せん断補強鉄筋を用いた棒部材の設計せん断耐力を次式で求めることができるとしている．

$$V_{yd} = V_{cd} + V_{sd} + V_{ped} \tag{12.30}$$

ここに，V_{cd}：せん断補強鉄筋を用いない棒部材の設計せん断耐力で，次式から求める．

$$V_{cd} = \frac{\beta_d \beta_p \beta_n f_{vcd} b_w d}{\gamma_b} \tag{12.31}$$

$\beta_n = \sqrt{1 + \sigma_{cg}/f_{vtd}}$

σ_{cg}：断面高さの 1/2 の高さにおける平均プレストレス [N/mm^2]

$f_{vtd} = 0.23 {f'_{cd}}^{2/3}$ [N/mm^2]

γ_b：部材係数で，この場合は 1.3 としてよい．

V_{sd}：せん断補強鉄筋が受けもつ設計せん断耐力で，次式から求める．

$$V_{sd} = \frac{A_w f_{wyd}(\sin\alpha \cot\theta + \cos\alpha) z/s}{\gamma_b} \tag{12.32}$$

θ：コンクリートの圧縮ストラットの角度（斜めひび割れの傾斜角）で，$\cot\theta = \beta_n$ として計算する $(36^\circ \leqq \theta \leqq 45^\circ)$.

γ_b：部材係数で，この場合は 1.1 としてよい．

V_{ped}：有効プレストレス力のせん断力に平行な成分 (式 (12.19))

P_{ed}：傾斜配置した軸方向緊張材の有効引張力

α_p：傾斜配置した軸方向緊張材と部材軸とのなす角度

γ_b：部材係数で，この場合は 1.1 としてよい．

その他の諸記号：式 (6.13)，(6.19) で記したものと同じ．

例題 12.1

図 12.7 の長方形断面のポストテンション PC はり断面 (PC 鋼材の付着有) に対して，以下の問いに答えよ．ただし，諸条件は次のとおりである．

- コンクリート：$f'_{ck} = 50\,\mathrm{N/mm^2}$，$E_c = 33\,\mathrm{kN/mm^2}$ (表 3.1 より)
  収縮ひずみ $\varepsilon'_{cs} = 230 \times 10^{-6}$，クリープ係数 $\phi = 1.5$
- PC 鋼材：$A_p = 665\,\mathrm{mm^2}$，引張強度の特性値 $f_{puk} = 1080\,\mathrm{N/mm^2}$ (表 3.6 の PC 鋼棒 SBPR 930/1080)，見掛けのリラクセーション率 $\gamma = 3\%$
- 導入直後のプレストレス力：$P_t = 550\,\mathrm{kN}$
- 断面力：$M_{p1} = 50\,\mathrm{kN \cdot m}$，$M_{p2} = 10\,\mathrm{kN \cdot m}$，$M_r = 80\,\mathrm{kN \cdot m}$

(1) プレストレスの有効率 η を求めよ．

(2) プレストレス導入直後および全設計荷重作用時の断面上下縁のコンクリートの応力度を求めよ．

(3) この PC 断面の設計曲げ耐力 M_{ud} を求めよ．

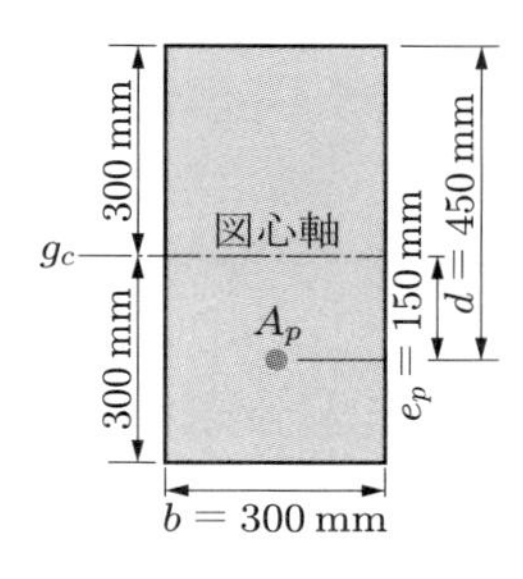

図 12.7 長方形断面ポストテンション PC はり

解

(1) まず，コンクリートの収縮とクリープによる PC 鋼材引張応力度の減少量を式 (12.8) より計算する．式中の諸量は，次のとおりである．

$$n_p = \frac{E_p}{E_c} = \frac{200}{33} = 6.06$$

$$A_c = 300 \times 600 = 18 \times 10^4\,\mathrm{mm^2}$$

$$I_c = \frac{300 \times 600^3}{12} = 54 \times 10^8\ \mathrm{mm}^4$$

$$e_p = 150\ \mathrm{mm}$$

$$\sigma_{pt} = \frac{P_t}{A_p} = \frac{550 \times 10^3}{665} = 827.1\ \mathrm{N/mm}^2$$

$$\sigma'_{cpt} = \frac{P_t}{A_c} + \frac{P_t e_p}{I_c} e_p = \frac{550 \times 10^3}{18 \times 10^4} + \frac{550 \times 10^3 \times 150}{54 \times 10^8} \times 150$$

$$= 5.35\ \mathrm{N/mm}^2$$

$$\sigma'_{cd} = -\frac{M_{p1}}{I_c} e_p - \frac{M_{p2}}{I_e} e'_p \quad (e_p,\ e'_p：図\ 12.3)$$

近似的に換算断面 = 純断面とすれば，$I_e = I_c$，$e'_p = e_p$ となるから，

$$\sigma'_{cd} = -\frac{(50 + 10) \times 10^6}{54 \times 10^8} \times 150 = -1.67\ \mathrm{N/mm}^2$$

$$\Delta\sigma_{pcs} = \frac{6.06 \times 1.5 \times (-1.67 + 5.35) + 200 \times 10^3 \times 230 \times 10^{-6}}{1 + 6.06 \times (5.35/827.1) \times (1 + 1.5/2)}$$

$$= 74.4\ \mathrm{N/mm}^2$$

となる．

次に，PC 鋼材のリラクセーションによる引張応力度の減少量を式 (12.9) より計算すると，

$$\Delta\sigma_{pr} = \gamma\sigma_{pt} = 0.03 \times 827.1 = 24.8\ \mathrm{N/mm}^2$$

となる．したがって，PC 鋼材の有効引張応力度 σ_{pe} は，次のようになる．

$$\sigma_{pe} = \sigma_{pt} - \Delta\sigma_{pcs} - \Delta\sigma_{pr} = 827.1 - 74.4 - 24.8 = 727.9\ \mathrm{N/mm}^2$$

以上により，プレストレス力の有効率 η は，次のようになる．

$$\eta = \frac{\sigma_{pe}}{\sigma_{pt}} = \frac{727.9}{827.1} = 0.880$$

(2) 式 (12.12)〜(12.15) を用いる．

プレストレス導入直後：

$$\sigma'_{ct} = \frac{P_t}{A_c} - \frac{P_t e_p}{I_c} y'_c + \frac{M_{p1}}{I_c} y'_c$$

$$= \frac{550 \times 10^3}{18 \times 10^4} - \frac{550 \times 10^3 \times 150}{54 \times 10^8} \times 300 + \frac{50 \times 10^6}{54 \times 10^8} \times 300$$

$$= 1.25\,\text{N/mm}^2$$

$$\sigma_{ct} = \frac{P_t}{A_c} + \frac{P_t e_p}{I_c} y_c - \frac{M_{p1}}{I_c} y_c$$

$$= \frac{550 \times 10^3}{18 \times 10^4} + \frac{550 \times 10^3 \times 150}{54 \times 10^8} \times 300 - \frac{50 \times 10^6}{54 \times 10^8} \times 300$$

$$= 4.86\,\text{N/mm}^2$$

全設計荷重作用時：

$$P_e = \eta P_t = 0.880 \times 550 = 484\,\text{kN}$$

簡単にするため，換算断面 ≒ 純断面とすれば，次のようになる．

$$\sigma'_{ce} = \frac{P_e}{A_c} - \frac{P_e e_p}{I_c} y'_c + \frac{M_{p1} + M_{p2} + M_r}{I_c} y'_c$$

$$= \frac{484 \times 10^3}{18 \times 10^4} - \frac{484 \times 10^3 \times 150}{54 \times 10^8} \times 300$$

$$+ \frac{(50 + 10 + 80) \times 10^6}{54 \times 10^8} \times 300$$

$$= 6.43\,\text{N/mm}^2$$

$$\sigma_{ce} = \frac{P_e}{A_c} + \frac{P_e e_p}{I_c} y_c - \frac{(M_{p1} + M_{p2} + M_r)}{I_c} y_c$$

$$= \frac{484 \times 10^3}{18 \times 10^4} + \frac{484 \times 10^3 \times 150}{54 \times 10^8} \times 300$$

$$- \frac{(50 + 10 + 80) \times 10^6}{54 \times 10^8} \times 300$$

$$= -1.06\,\text{N/mm}^2$$

(3) まず，破壊時の PC 鋼材応力が図 12.5 (c) にあり，$\varepsilon_p \geqq 0.015$ と仮定する．

$$f'_{cd} = \frac{f'_{ck}}{\gamma_c} = \frac{50}{1.3} = 38.5\,\text{N/mm}^2 \quad (\gamma_c：\text{コンクリートの材料係数})$$

$$f_{pud} = \frac{f_{puk}}{\gamma_p} = \frac{1080}{1.0} = 1080\,\text{N/mm}^2 \quad (\gamma_p：\text{PC 鋼材の材料係数})$$

$f'_{ck} = 50\,\text{N/mm}^2$ に対して，式 (4.15) より，

$$k_1 = 1 - 0.003 f'_{ck} = 1 - 0.003 \times 50 = 0.85$$

となる．この k_1 は，$k_1 \leqq 0.85$ の制限条件を満足している．

$$\varepsilon'_{cu} = \frac{155 - f'_{ck}}{30000} = \frac{155 - 50}{30000} = 0.0035$$

となる．この ε'_{cu} は，$\varepsilon'_{cu} \leqq 0.0035$ の制限条件を満足している．

$$\beta = 0.52 + 80\varepsilon'_{cu} = 0.52 + 80 \times 0.0035 = 0.8$$

となるため，式 (12.22) より，次のようになる．

$$x = \frac{0.93 f_{pud} A_p}{\beta k_1 f'_{cd} b} = \frac{0.93 \times 1080 \times 665}{0.8 \times 0.85 \times 38.5 \times 300} = 85\,\mathrm{mm}$$

次に，式 (12.25) より ε_p を求めると，次のようになる．

$$\begin{aligned}\varepsilon_p &= \frac{d - x}{x}\varepsilon'_{cu} + \varepsilon_{pe} = \frac{450 - 85}{85} \times 0.0035 + \frac{727.9}{200 \times 10^3} \\ &= 0.0150 + 0.0036 = 0.0186 > 0.0150\end{aligned}$$

以上から，上記の仮定は妥当であり，M_u は式 (12.26) より，

$$\begin{aligned}M_u &= 0.93 f_{pud} A_p (d - 0.5\beta x) \\ &= 0.93 \times 1080 \times 665 \times (450 - 0.5 \times 0.8 \times 85) \\ &= 277.9 \times 10^6\,\mathrm{N \cdot mm} = 277.9\,\mathrm{kN \cdot m}\end{aligned}$$

となる．したがって，設計曲げ耐力 M_{ud} は，次のようになる．

$$M_{ud} = \frac{M_u}{\gamma_b} = \frac{277.9}{1.1} = 252.6\,\mathrm{kN \cdot m}$$

現在，プレストレストコンクリートは幅広い分野に適用されている．各種の適用構造物と設計，施工法の要点に関しては，文献 [12.5] などを参照してほしい．

演習問題

12.1 図 12.8 のような $b = 1500\,\mathrm{mm}$，$b_w = 300\,\mathrm{mm}$，$h = 1700\,\mathrm{mm}$，$d = 1500\,\mathrm{mm}$，$t = 200\,\mathrm{mm}$，$A_p = 5000\,\mathrm{mm}^2$ (PC 鋼材の引張強度特性値 $f_{puk} = 1300\,\mathrm{N/mm}^2$)，$f'_{ck} = 45\,\mathrm{N/mm}^2$ の T 形断面の PC はり部材 (PC 鋼材の付着有) について，以下の問いに答えよ．

(1) プレストレス導入直後の PC 鋼材引張応力度を $\sigma_{pt} = 950\,\mathrm{N/mm}^2$ とするとき，自重による曲げモーメント $M_{p1} = 1900\,\mathrm{kN \cdot m}$ との合成応力度を求めよ．

(2) 全設計荷重 ($M_{p1} = 1900\,\mathrm{kN \cdot m}$，自重以外の永久荷重による曲げモーメント $M_{p2} = 900\,\mathrm{kN \cdot m}$，変動荷重による曲げモーメント $M_r = 2000\,\mathrm{kN \cdot m}$) 作用時

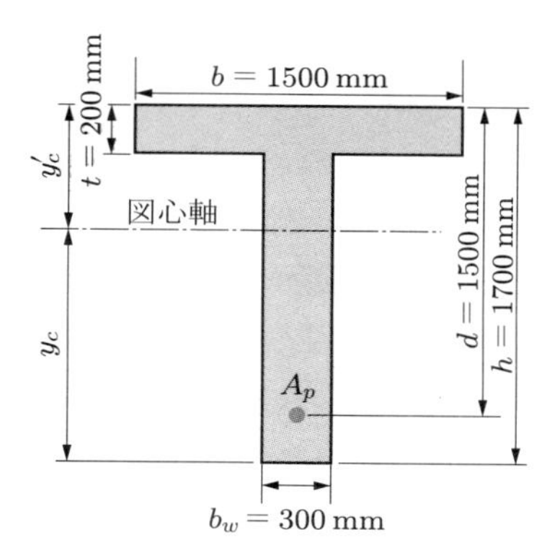

図 12.8　T 形断面 PC はり

の合成応力度を求めよ．ただし，プレストレスの有効率は $\eta = 0.80$ とする．

(3) 設計曲げ耐力 M_{ud} を求めよ．

第13章

構造細目に関する重要事項

13.1 一 般

鉄筋コンクリートやプレストレストコンクリートの設計では，部材断面の寸法，鉄筋やPC鋼材の量などは第4〜12章で説明した諸計算によって決定することができる．しかし，コンクリート構造物がその機能を十分に発揮し，所要の耐久性をもつためには，このような設計計算のみに基づいて決定されるもの以外に，鉄筋コンクリートの前提として，断面構成上の構造細目に関して十分な検討が必要である．

ここでは，とくに重要な項目について，土木学会「コンクリート標準示方書」[13.1] に定められている規定に基づいて述べる．

13.2 鉄筋配置

13.2.1 かぶり

図13.1に示すように，鉄筋あるいはPC鋼材やシースの表面とコンクリート表面の最短距離をかぶり (cover) という．

かぶりは，コンクリート構造物の性能照査の前提となる鉄筋とコンクリートの間で十分な付着強度を確保するとともに，鋼材の腐食を防ぎ，火災に対して鋼材を保護するうえで非常に重要で，コンクリート品質，構造物の重要度と環境条件，部材寸法，

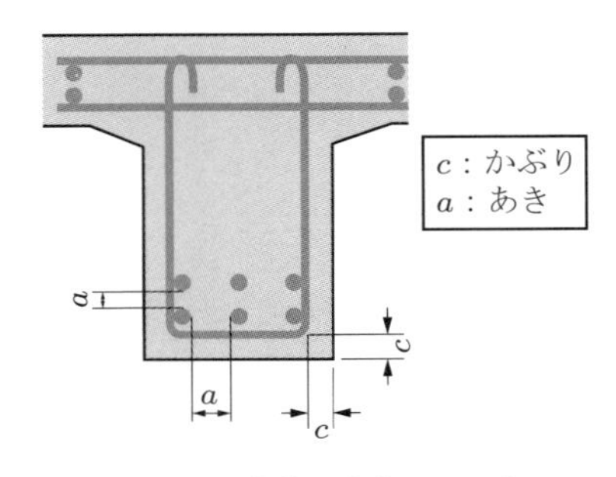

図13.1　鉄筋のあき，かぶり

施工誤差などを考慮して適切に定めなければならない.

(1) かぶりに関する基本事項

設計図面に示すかぶりは，鉄筋の直径または耐久性，耐火性を満足する値のうち，いずれか大きい値に施工誤差を加えた値以上とする．これにより，施工後の実際のかぶりは，鉄筋の直径以上でかつ耐久性と耐火性を満足できることになる.

一般の環境下において供用される構造物は，表 13.1 に示すコンクリート（普通ポルトランドセメントを使用）の水セメント比とかぶりを満足し，かつ表 9.2 に示すひび割れ幅の限界値を満足している場合には，耐久性照査に合格するものとしてよい．ただし，一般の環境下にあっても完成後の点検および補修が困難な場合，施工条件が厳しい場合，プレキャスト部材を用いる場合には，要求された耐久性を満足することを耐久性照査に基づいて確認する必要がある．また，コンクリート中の鋼材腐食は，水および酸素の影響を大きく受ける．このため，水がしばしばかつ長時間作用し，鋼材への水の供給と乾燥が繰り返される乾湿繰返しの環境にある構造物では，かぶりを増やす．これに対し，常時乾燥していて鋼材への水の供給が限られる部位，もしくは常時湿潤で鋼材への酸素の供給が限られる部位では，かぶりを減じることができる.

表 13.1 標準的な耐久性[†1] を満足する構造物の最小かぶりと最大水セメント比
[土木学会：コンクリート標準示方書 (2017 年制定)—設計編—, 2018]

	W/C[†2] の最大値 [%]	かぶり c の最小値 [mm]	施工誤差 Δc_e [mm]
柱	50	45	15
梁	50	40	10
スラブ	50	35	5
橋脚	55	55	15

†1 設計耐用年数 100 年を想定
†2 普通ポルトランドセメントを使用

なお，塩害に関しては，9.4 節で説明した照査に合格するには，かぶりの設計値と塩化物イオンの設計拡散係数の組合せを適切に設定しなければならない.

(2) かぶりに関するその他の事項

① 環境がとくに厳しい場合や腐食を許容できない場合には，拡散係数の小さいコンクリートを用いてかぶりを大きくしても塩化物イオンの侵入にともなう鋼材腐食の照査に合格することが困難なことがある．このような場合は，防錆鉄筋（エポキシ樹脂塗装鉄筋など)，飛来塩分の侵入を防ぐ表面被覆，電気防食法などを適用して腐食を防ぐほうが経済的となることがある.

② フーチングや重要な部材で，コンクリートが地中に直接打ち込まれる場合には，かぶりは 75 mm 以上とする.
③ 水中で施工する鉄筋コンクリートで，水中不分離性コンクリートを用いない場合，かぶりは 100 mm 以上とする.
④ 流水などによるすりへり作用を受けるおそれのある部分（有効な保護層を設けないスラブ上面など）では，かぶりを通常値より 10 mm 以上増す.
⑤ 一般の環境を満足するかぶりの値に，20 mm 程度を加えた値を最小値とすれば，耐火性に対する照査は省略してよい.

13.2.2 あ　き

あきとは，互いに隣り合って配置された鉄筋あるいは PC 鋼材（プレテンション方式のプレストレストコンクリート）やシース（ポストテンション方式のプレストレストコンクリート）の純間隔をいう (図 13.1).

鉄筋コンクリートでは，コンクリートの充てん性をよくし，鉄筋が十分な付着強度を発揮するために，以下のように適切なあきを確保しなければならない.

① はり部材の軸方向鉄筋の水平あきは 20 mm 以上，粗骨材最大寸法の 4/3 倍以上，かつ鉄筋の直径以上とする.
② 一般に，2 段以上に軸方向鉄筋を配置する場合，その鉛直のあきは 20 mm 以上で，鉄筋の直径以上とする.
③ 柱部材の軸方向鉄筋のあきは 40 mm 以上，粗骨材最大寸法の 4/3 倍以上，かつ鉄筋直径の 1.5 倍以上とする.

直径 32 mm 以下の異形鉄筋を用いる場合については，はり部材などの水平軸方向鉄筋は上下 2 本ずつ束ね，柱などの鉛直軸方向鉄筋は 2 本または 3 本ずつ束ねて配置してもよい．異形鉄筋を束ねて配置した例（耐火性を要求しない場合）を図 13.2 に示す.

13.2.3 曲げ形状

鉄筋を曲げないで直線のまま使用するとはかぎらない．端部のフック，スターラップ，折曲鉄筋などはその典型的な例である．このような場合，曲げ半径が小さすぎると，鉄筋の材質に悪影響を及ぼし，施工上も不都合になる.

鉄筋の曲げ内半径は，加工性や内部のコンクリートの支圧強度なども考慮して，以下のように定められている.

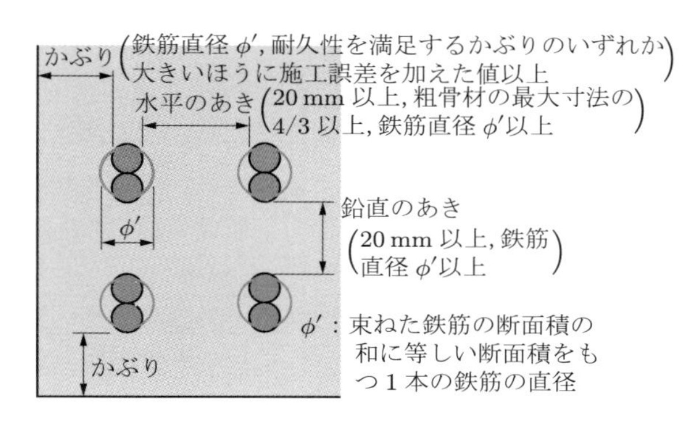

図 13.2　束ねた鉄筋のかぶりおよびあき [土木学会：コンクリート標準示方書 (2017 年制定)―設計編―，2018]

(1) フック

鉄筋端部を折り曲げた部分をフックという．標準フックとして，半円形フック，鋭角フック，直角フックを用いる (図 13.3).

① 軸方向鉄筋の場合：普通丸鋼を用いる場合には，つねに半円形フックを用いる．

② スターラップ，帯鉄筋の場合：これらの端部には標準フックを設けなければならない．普通丸鋼の場合には半円形フックを用いる．異形鉄筋をスターラップに使用する場合は鋭角フックまたは直角フック，また帯鉄筋に使用する場合には原則として半円形フックまたは鋭角フックを設ける．

③ フックの曲げ内半径は，表 13.2 の値以上とする．ただし，鉄筋直径 $\phi \leqq 10\,\mathrm{mm}$ のスターラップでは，曲げ内半径は 1.5ϕ でよい．

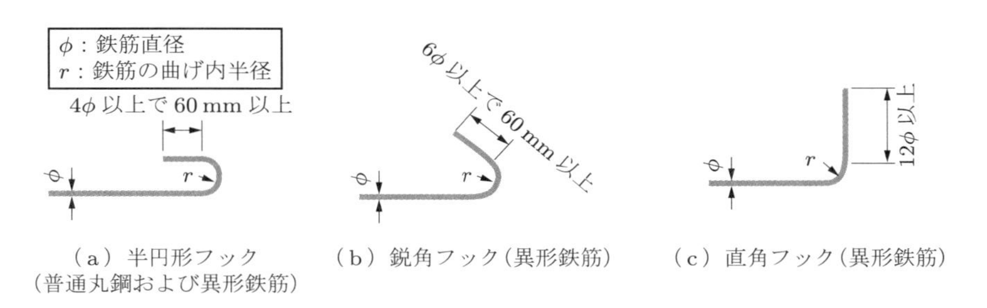

図 13.3　鉄筋端部のフックの形状 [土木学会：コンクリート標準示方書 (2017 年制定)―設計編―，2018]

表 13.2　フックの曲げ内半径 [土木学会：コンクリート標準示方書 (2017 年制定)―設計編―, 2018]

種類		曲げ内半径 r	
		軸方向鉄筋	スターラップおよび帯鉄筋
普通丸鋼	SR 235	2.0ϕ	1.0ϕ
	SR 295	2.5ϕ	2.0ϕ
異形棒鋼	SD 295	2.5ϕ	2.0ϕ
	SD 345	2.5ϕ	2.0ϕ
	SD 390	3.0ϕ	2.5ϕ
	SD 490	3.5ϕ	3.0ϕ

(2) その他

① 折曲鉄筋の曲げ内半径は，鉄筋直径 ϕ の 5 倍以上とする (図 13.4)．ただし，コンクリート表面から $2\phi + 20$ mm 以内の距離にある鉄筋を折曲鉄筋として用いる場合には，折曲げ部のコンクリートの支圧強度が内部のものより小さいので，曲げ内半径を 7.5ϕ 以上とする．

② ラーメン隅角部の外側に沿う鉄筋の曲げ内半径は，鉄筋直径の 10 倍以上とする (図 13.4 (b))．

③ ラーメン隅角部などの内側に沿う鉄筋は，引張を受ける鉄筋を曲げたものとせず，そのハンチ内側に沿って独立した鉄筋を用いる (図 13.5)．

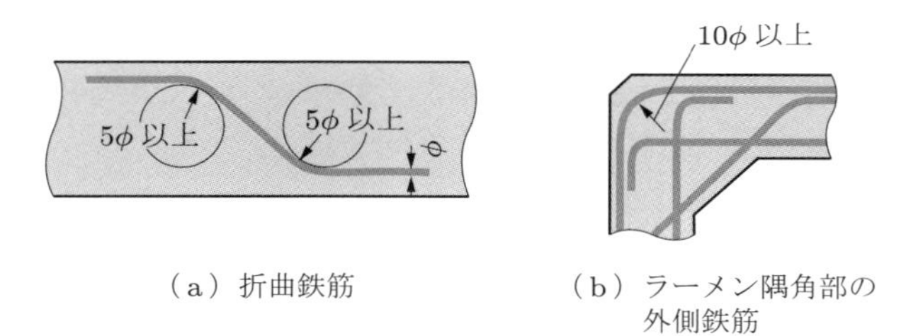

（a）折曲鉄筋　　（b）ラーメン隅角部の外側鉄筋

図 13.4　主鉄筋の折曲げ法

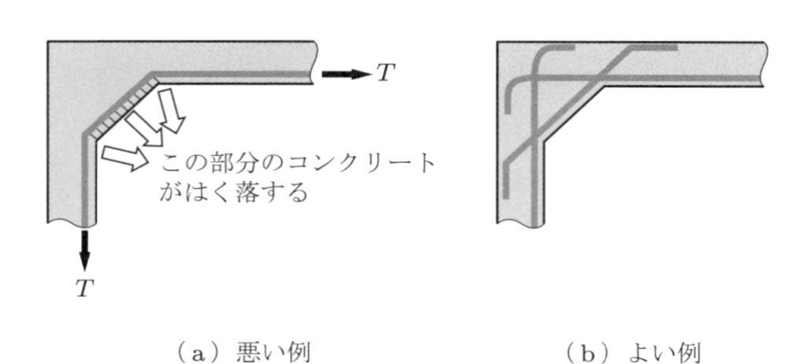

（a）悪い例　　（b）よい例

図 13.5　ラーメン隅角部の内側鉄筋の配筋法

13.3 鉄筋の継手

13.3.1 一　般

鉄筋の長さは運搬の点で制限されることが多い．したがって，施工上やむをえず鉄筋に継手を設けることもあるが，この継手は構造上の弱点となりやすいので，適切なものを選定しなければならない[13.2]．

鉄筋の継手には，重ね継手，ガス圧接継手，その他（圧着継手，ねじふし鉄筋継手，ねじ加工継手，溶融金属充てん継手，モルタル充てん継手など）がある．

継手の種類に関わらず，以下の点に留意する必要がある．

① 継手は構造上の弱点となりやすいので，継手位置はできるだけ引張応力の大きい断面（はりのスパン中央付近）を避ける．

② 継手は同一断面に集めないことが原則である．継手を軸方向に相互にずらす距離は，鉄筋の定着効果による耐力やコンクリートのゆきわたりなどの点から，継手の長さに鉄筋直径の 25 倍を加えた長さ以上を標準とする．

③ 継手部と隣接する鉄筋とのあき，または継手部相互のあきは粗骨材の最大寸法以上とする．

④ 鉄筋の配置後に継手を施工する場合，継手施工用機器などを挿入できるあきを確保しておく．

⑤ 継手のかぶりは，13.2.1 項で述べた規定を満足するものとする．

13.3.2 重ね継手

図 13.6 に示すように，重ね継手 (lapped splice) では鉄筋 A の引張力（または圧縮力）は重ね部分の付着力を介して鉄筋 B に伝達される[13.3]．

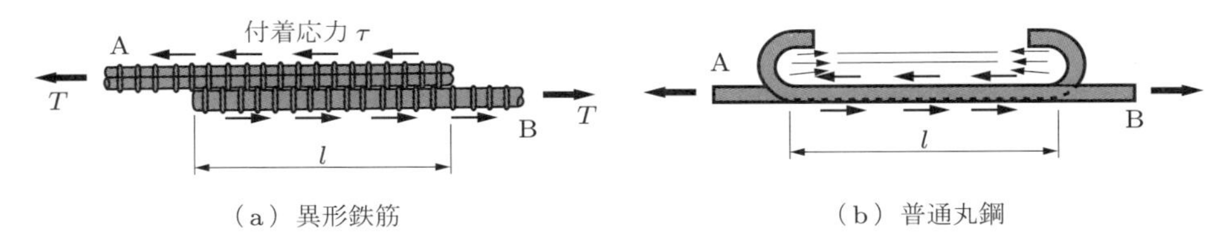

（a）異形鉄筋　　（b）普通丸鋼

図 13.6　重ね継手

普通丸鋼では，付着力が十分でないため，図 13.6 (b) のように鉄筋端部にフックを設け，支圧力を利用して力を伝達する．

異形鉄筋の重ね継手部の破壊は，大部分は図 13.7 に示す割裂破壊であって，重ね継手相互のあきが小さい場合は図 (a) の側面割裂，かぶりが少ない場合は図 (b) の側

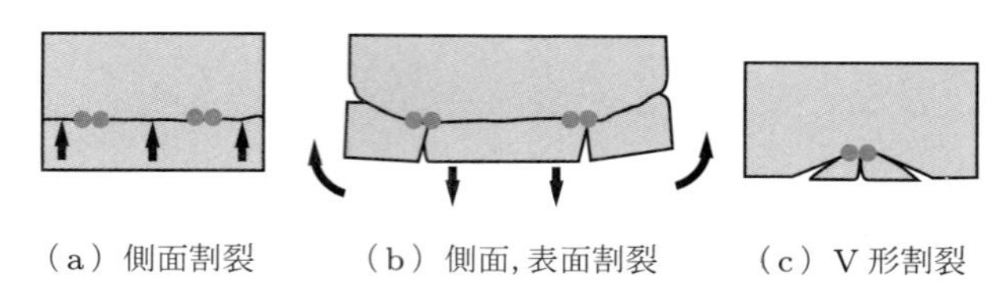

（a）側面割裂　（b）側面, 表面割裂　（c）V 形割裂

図 13.7　重ね継手部の割裂破壊

面, 表面割裂, かぶりが少なく, あきが十分な場合は図 (c) の V 形割裂の破壊形式を示す[13.3].

軸方向鉄筋に重ね継手を用いる場合, 重ね合わせ長さは鉄筋直径の 20 倍以上を原則とし, かつ以下の規定に従う.

① 配置する鉄筋量が計算上必要な量の 2 倍以上, かつ同一断面での継手の割合が 1/2 以下の場合, 重ね合わせ長さは基本定着長 l_d 以上とする (基本定着長の求め方は 13.4 節で説明する).

② ① の条件のうち, 一方が満足されない場合には, 重ね合わせ長さは基本定着長 l_d の 1.3 倍以上とし, 継手部を横方向鉄筋などで補強する.

③ ① の条件が両方とも満足されない場合, 重ね合わせ長さは基本定着長 l_d の 1.7 倍以上とし, 継手部を横方向鉄筋などで補強する.

④ 重ね継手部の帯鉄筋およびフープ鉄筋の間隔は 100 mm 以下とする.

⑤ 水中構造物の重ね合わせ長さは, 鉄筋直径の 40 倍以上とする.

⑥ 重ね継手は交番応力を受ける塑性ヒンジ領域では用いてはならない.

⑦ 地震の交番応力を受ける塑性ヒンジ領域でやむを得ず重ね継手を用いる場合, 重ね合わせ長さは基本定着長 l_d の 1.7 倍以上とし, フックを設けるとともに, らせん鉄筋, 連結用補強金具などで継手部を補強する.

大断面の部材などでやむをえずスターラップに重ね継手を用いる場合, 重ね合わせ長さは基本定着長 l_d の 2 倍以上, あるいは l_d で端部に直角フックまたは鋭角フックを設ける. また, 重ね継手の位置は圧縮域またはその近くにする.

13.3.3 鉄筋継手の性能

13.3.2 項の重ね継手以外の継手を用いる場合, 構造物や部材の種類, 載荷状態などに応じて必要とされる, 次の項目について, 所要の継手性能を満足するものでなければならない.

① 静的耐力.

② 高応力繰返し耐力.

③ 高サイクル繰返し耐力.
④ 施工などに起因する信頼度.
⑤ その他（低温性能など）.

13.3.4 重ね継手以外の継手

一般に，ガス圧接継手は，図 13.8 のように鉄筋の接合面を突き合わせて圧縮力を加えながら，接合部を酸素アセチレン炎で加熱して接合する方法である[13.3]．ガス圧接継手の引張試験検査は JIS Z 3120 によって行う．ガス圧接継手の詳細は日本鉄筋継手協会の「鉄筋継手工事標準仕様書 ガス圧接継手工事」[13.4] を参照してほしい．

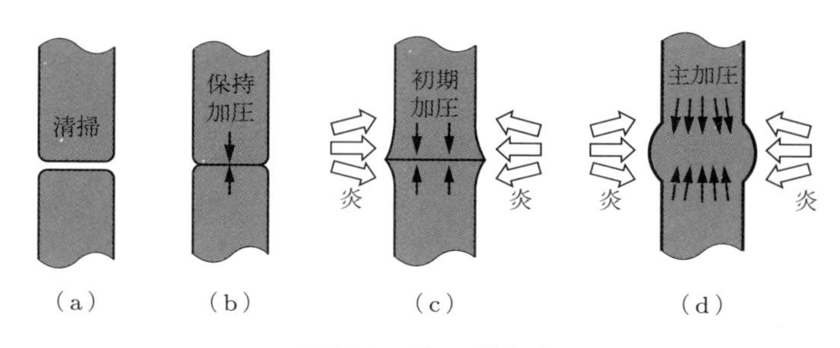

図 13.8 ガス圧接継手

重ね継手やガス圧接継手のほかに，アーク溶接継手，圧着継手，ねじふし鉄筋継手，ねじ加工継手，溶融金属充てん継手，モルタル充てん継手などがある．それぞれに特有な施工上の制約条件や鉄筋の最小間隔の条件などがあるので，土木学会「鉄筋定着・継手指針」[13.2] などを参考にするのがよい．

13.4 鉄筋の定着

13.4.1 一 般

鉄筋コンクリートが成立する前提条件は，コンクリート中で鉄筋がすべらず，両者が一体となって外力に抵抗することである．この条件を満足させるためには鉄筋端部の定着 (anchorage) は非常に重要であり，次の規定が設けられている．

① 鉄筋の端部は，コンクリート中に十分な長さを埋め込んで，両者の付着力によって定着するか，フックをつけて定着するか，または機械的に定着しなければならない．
② 普通丸鋼は付着力が弱いので，その端部には必ず半円形フックを設ける．

③ スラブまたははりの正鉄筋（正の曲げモーメント（下縁が引張になる曲げモーメント）によって生じる引張応力に対して配置する主鉄筋）の少なくとも 1/3 は曲げ上げないで支点を超えて定着しなければならない．

④ スラブまたははりの負鉄筋（負の曲げモーメント（上縁が引張になる曲げモーメント）によって生じる引張応力に対して配置する主鉄筋）の少なくとも 1/3 は反曲点を超えて延長し，圧縮側で定着するか，次の負鉄筋と連続させる．

⑤ 折曲鉄筋は，その延長を正鉄筋または負鉄筋として用いるか，または折曲鉄筋端部をはりの上面または下面に所要のかぶりを残してできるだけ接近させ，はりの上面または下面に平行に折り曲げて水平に延ばし，圧縮側コンクリートに定着するのがよい．

⑥ スターラップは，正鉄筋または負鉄筋を取り囲み，その端を圧縮側コンクリートに定着する．圧縮鉄筋があれば，スターラップでこれを取り囲む．

⑦ 帯鉄筋およびフープ鉄筋の端部には，軸方向鉄筋を取り囲んだ半円形フックまたは鋭角フックを設ける．

⑧ らせん鉄筋は，1 巻半余分に巻き付けて，らせん鉄筋に取り囲まれたコンクリート中に定着する．塑性ヒンジ領域では端部を 2 巻以上重ねる．

⑨ 鉄筋とコンクリートとの付着によって定着するか，またはフックを設けて定着する鉄筋の端部は，定着長算定位置において，定着長をとって定着しなければならない (定着長算定位置については 13.4.3 項，定着長については 13.4.5 項で説明する).

13.4.2 定着の性能

一般に，13.4.1 項に従えば，鉄筋の引張降伏強度までは，十分な定着性能を確保できる．さらに引張強度までの性能を必要とする場合には，鉄筋の使用目的や使用箇所などに応じて，次の項目について必要な定着性能を設定し，適切な照査を行うことが大切である．

① 静的耐力．
② 高応力繰返し耐力．
③ 高サイクル繰返し耐力．
④ 施工などに起因する信頼度．
⑤ その他（低温性能など）．

13.4.3 鉄筋の定着長算定位置

一般に，曲げ部材において軸方向引張鉄筋を定着する場合，定着長 (development length of bar) を求める起点となる位置は，l_s を部材断面の有効高さとして，次のとおりである．

① 曲げモーメントが極値をとる断面から l_s だけ離れた位置．

② 曲げモーメントに対して計算上鉄筋の一部が不要となる断面から，曲げモーメントが小さくなる方向に l_s だけ離れた位置．

③ 柱の下端では，柱断面の有効高さの 1/2 あるいは鉄筋直径の 10 倍だけフーチングの内側に入った位置．

④ 片持はりなどの固定端では，原則として引張鉄筋の端部が定着部において上下から拘束されている場合は，断面の有効高さの 1/2，または鉄筋直径の 10 倍のうち小さいほうの値だけ，また，上下から拘束されていない場合は断面の有効高さだけ定着部内に入った位置．

なお，段落し部のように，軸方向の鉄筋量を急激に変化させると，十分に定着長をとった位置であっても耐力の急変断面となり，せん断力に起因した破壊が生じやすい．このため，鉄筋量の低減は段階的に行うのが望ましい．

鉄筋の定着長算定位置の代表例を図 13.9 に示す．

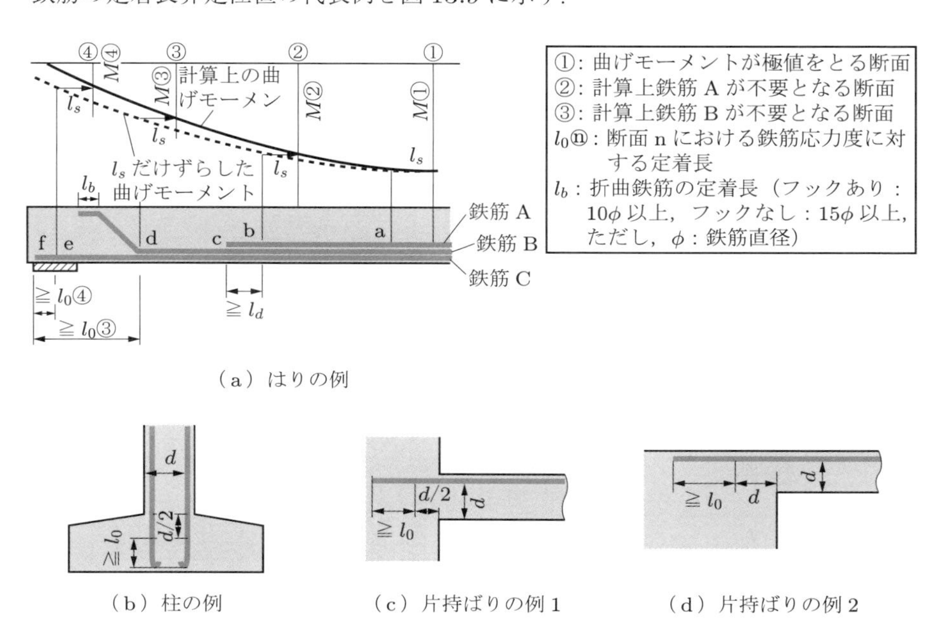

図 13.9　鉄筋の定着長算定位置の例 [土木学会：コンクリート標準示方書 (2017 年制定)―設計編―，2018]

13.4.4 鉄筋の基本定着長

鉄筋とコンクリートとの付着強度は，鉄筋の種類，コンクリートの強度，かぶり，横方向鉄筋の状態などの多くの要因に影響される．そこで，引張鉄筋の基本定着長 l_d は，これらを考慮して次式により求める．

$$l_d = \alpha \frac{f_{yd}}{4 f_{bod}} \phi \quad (l_d \geqq 20\phi) \tag{13.1}$$

ここに，ϕ：鉄筋の直径

f_{yd}：鉄筋の設計引張降伏強度

f_{bod}：コンクリートの設計付着強度 $(= f_{bok}/\gamma_c)$ $(f_{bod} \leqq 3.2\,\mathrm{N/mm^2})$

f_{bok}：式 (3.17) の付着強度の特性値

γ_c：コンクリートの材料係数で，この場合は 1.3 としてよい．

α：k_c より定まる係数で，次式となる．

$$\alpha = \begin{cases} 1.0 & (k_c \leqq 1.0) \\ 0.9 & (1.0 < k_c \leqq 1.5) \\ 0.8 & (1.5 < k_c \leqq 2.0) \\ 0.7 & (2.0 < k_c \leqq 2.5) \\ 0.6 & (2.5 < k_c) \end{cases}$$

$$k_c = c/\phi + 15A_t/(s\phi) \tag{13.2}$$

c：鉄筋の下側のかぶりの値と定着する鉄筋のあきの半分の値のうちの小さいほうの値

A_t：仮定される割裂破壊断面に垂直な横方向鉄筋の断面積

s：横方向鉄筋の中心間隔

コンクリートを打込む際，打込み終了面から 300 mm の深さより上方で，水平から 45° 以内の角度で配置された鉄筋の基本定着長は式 (13.1) の 1.3 倍とする．

一方，圧縮鉄筋の基本定着長は，式 (13.1) の 0.8 倍としてよい．

引張鉄筋の端部に標準フックを設けた場合には，フック部分の鉄筋が定着長として加わったり，フック内側のコンクリートの支圧による力の伝達効果が期待できるので，基本定着長 l_d より 10ϕ だけ低減してよい．しかし，鉄筋の基本定着長 l_d は，少なくとも 20ϕ 以上とするのがよい．ただし，圧縮鉄筋の場合にはフックによる低減は行わない．

13.4.5 鉄筋の定着長

(1) 一　般

鉄筋の定着長は，基本定着長 l_d 以上としなければならないが，実際の鉄筋量 A_s が計算上必要な鉄筋量 A_{sc} 以上の場合には，次式によって低減してよい．この l_0 を低減定着長という．

$$l_0 \geqq l_d \frac{A_{sc}}{A_s} \quad (l_0 \geqq l_d/3,\ l_0 \geqq 10\phi) \tag{13.3}$$

ここに，ϕ：鉄筋直径

定着部が曲がった鉄筋の定着長のとり方は，以下のようにする．

① 曲げ内半径が鉄筋直径 ϕ の 10 倍以上の場合，折り曲げた部分も含み，鉄筋の全長を有効とする．

② 曲げ内半径が鉄筋直径 ϕ の 10 倍未満の場合，折り曲げてから ϕ の 10 倍以上まっすぐに延ばしたときにかぎり，直線部分の延長と折曲げ後の直線部分の延長との交点までを定着長として有効とする．

(2) コンクリートの引張部に定着する場合

引張鉄筋は，引張応力を受けないコンクリートに定着しなければならない．しかし，次のいずれかを満足する場合には，引張応力を受けるコンクリートに定着してもよい．

① 鉄筋の切断点から計算上不要となる断面までの区間では，設計せん断耐力が設計せん断力の 1.5 倍以上あること．

② 鉄筋切断部での連続鉄筋による設計曲げ耐力が設計曲げモーメントの 2 倍以上あり，かつ，切断点から計算上不要となる断面までの区間で，設計せん断耐力が設計せん断力の 4/3 倍以上あること．

この場合の引張鉄筋の定着部は，計算上不要となる断面から $(l_d + l_s)$ だけ余分に延ばさなければならない．

(3) はりまたはスラブの場合

はりまたはスラブの正鉄筋を端支点を超えて定着する場合，その鉄筋は支承の中心から l_s だけ離れた断面位置の鉄筋応力に対する低減定着長 l_0 以上を支承の中心からとり，さらに部材端まで延ばさなければならない．

折曲鉄筋をコンクリートの圧縮部に定着する場合の定着長は，フックを設けない場合は 15ϕ 以上，フックを設ける場合は 10ϕ 以上とする．

演習問題

13.1 $b = 400$ mm, $d = 630$ mm, $A_s = $ 5-D 25 (SD 295) の単鉄筋長方形断面をもつ RC はりに，支点を越えて引張鉄筋を標準フックなしで定着する場合の定着長を求めよ．なお，図 13.10 の A − A′ 断面の作用曲げモーメント M は，30.5 kN · m とする．また，引張鉄筋のかぶりは 50 mm とし，スパン全長にわたって D 10 のスターラップを 100 mm 間隔で配置する．ただし，$f'_{ck} = 24$ N/mm^2，コンクリートおよび鉄筋のヤング係数を，それぞれ 25 kN/mm^2，200 kN/mm^2 とする．

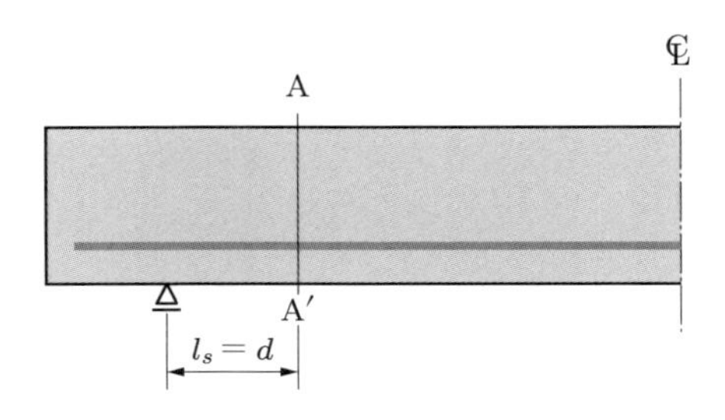

図 13.10　単鉄筋長方形断面 RC はり

第14章

許容応力度設計法

14.1 一　般

許容応力度設計法は，土木学会「コンクリート標準示方書」の性能照査型への移行にともなって，現行の示方書[14.1]においては記述されていないが，従来から広く採用されてきた設計法である．この設計法では，曲げモーメント，軸方向力，せん断力などによって発生するコンクリートおよび鋼材の応力度を弾性理論で算定し，これらがそれぞれの許容応力度よりも小さくなることを確かめることによって，構造物の安全性を確保する．

以下に，参考のため，鉄筋コンクリートの許容応力度設計法[14.2]について説明する．

14.2 設計計算

14.2.1 曲げモーメントまたは軸方向力との組合せ作用に対する計算

(1) 設計計算上の仮定

断面の決定および鉄筋やコンクリートの応力度の計算には，次の三つの仮定を用いる．

① 維ひずみ（曲げによる部材軸方向ひずみ）は，断面の中立軸からの距離に比例する（平面保持の仮定）．

② コンクリートの引張応力は，無視する．

③ 鉄筋およびコンクリートはともに弾性体とし，鉄筋とコンクリートのヤング係数比 n $(= E_s/E_c)$ は 15 の一定値とする．

許容応力度設計法では，長年の実用経験から適当な安全度が得られるように，応力度計算と断面決定にはコンクリートのヤング係数を実際の値 (圧縮強度のほぼ $1/3$ の応力に対応する割線係数) よりもかなり小さく仮定している．

(2) 曲げモーメントのみを受ける部材の設計法

》一般計算式

① 応力度の計算：コンクリートと鉄筋の応力度は第 8 章に示した方法で求める．ただし，この場合には，ヤング係数比は $n = 15$ としなければならない．

② 抵抗曲げモーメントの計算：式 (8.9)，(8.10) でコンクリートの圧縮縁応力度と鉄筋の引張応力度がそれぞれ許容応力度に達するときの曲げモーメントを求めると，次の M_{rc} と M_{rs} が得られ，そのうちの小さいほうの値を抵抗曲げモーメント M_r という．

$$M_{rc} = \frac{\sigma'_{ca}}{x} I_i = (C + C')z \tag{14.1}$$

$$M_{rs} = \frac{\sigma_{sa}}{n(d - x)} I_i = Tz \tag{14.2}$$

ここに，σ'_{ca}，σ_{sa}：コンクリートの許容曲げ圧縮応力度，鉄筋の許容引張応力度
C，C'：$\sigma'_c = \sigma'_{ca}$ とした場合のコンクリートおよび圧縮鉄筋の圧縮力
T：$\sigma_s = \sigma_{sa}$ とした場合の引張鉄筋の引張力
x：中立軸位置 (一般計算式としては式 (8.7) による)
d：部材断面の有効高さ
I_i：中立軸に関する換算断面二次モーメント
z：抵抗偶力のアーム長 $(= I_i/(G_c + nG'_s) = I_i/(nG_s))$
G_c：中立軸に関するコンクリートの断面一次モーメント
G'_s，G_s：中立軸に関する圧縮鉄筋，引張鉄筋の断面一次モーメント

例題 14.1　図 14.1 に示す断面について，次の値を求めよ．ただし，コンクリートの $\sigma'_{ca} = 10\,\mathrm{N/mm^2}$，鉄筋の $\sigma_{sa} = 176\,\mathrm{N/mm^2}$ とする．

(1) この断面 (4-D 25 のみ配置，鋼板なし) の抵抗曲げモーメント M_r を求めよ．

(2) この断面の底面に厚さ 10 mm，幅 300 mm の鋼板を接着（非常に強固に密着）して補強した場合，鉄筋だけの場合と比較して抵抗曲げモーメントは何倍に増大するか．なお，鋼板の許容引張応力度は鉄筋の σ_{sa} と同一とする．

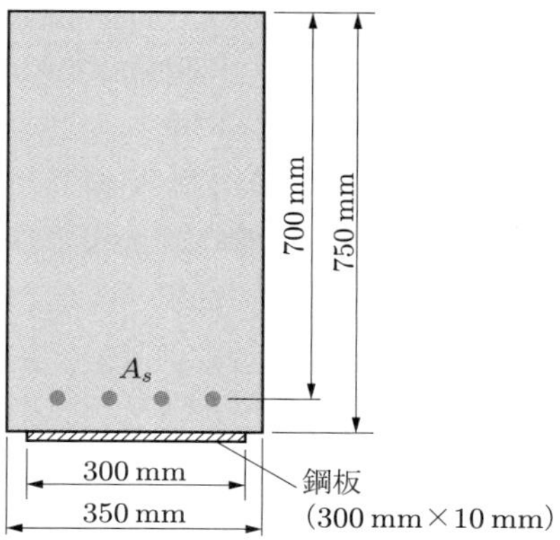

図 14.1 単鉄筋長方形断面

解

(1) $A_s = 4\text{-D }25 = 2027\,\text{mm}^2$，$p = A_s/(bd) = 2027/(350 \times 700) = 0.0083$ である．

式 (8.16) を用いて $n = 15$ とするか，または巻末の付表 3 を用いて，中立軸比 k の値を求めると，$k = 0.390$ となるので，

$$x = kd = 0.390 \times 700 = 273\,\text{mm}$$

である．

中立軸に関する換算断面二次モーメント I_i は，式 (8.19) より，次のようになる．

$$I_i = \frac{bx^3}{3} + nA_s(d-x)^2 = \frac{350 \times 273^3}{3} + 15 \times 2027 \times (700 - 273)^2$$
$$= 7.92 \times 10^9\,\text{mm}^4$$

式 (14.1)，(14.2) より，それぞれ M_{rc}，M_{rs} を計算すると，

$$M_{rc} = \frac{\sigma'_{ca}}{x} I_i = \frac{10}{273} \times 7.92 \times 10^9 = 0.290 \times 10^9\,\text{N} \cdot \text{mm} = 290\,\text{kN} \cdot \text{m}$$

$$M_{rs} = \frac{\sigma_{sa}}{n(d-x)} I_i = \frac{176}{15 \times (700 - 273)} \times 7.92 \times 10^9$$
$$= 0.218 \times 10^9\,\text{N} \cdot \text{mm} = 218\,\text{kN} \cdot \text{m}$$

である．$M_{rs} < M_{rc}$ であるから，抵抗曲げモーメントは $M_r = M_{rs}$ となる．したがって，$M_r = 218\,\text{kN} \cdot \text{m}$ である．

(2) 断面上縁から鉄筋 (A_s) と鋼板 (A_{ss}) の総断面 ($A_s + A_{ss}$) の図心位置までの距離，すなわち総断面に対する有効高さ d_0 は次のようになる．

$$d_0 = \frac{A_s d + A_{ss} d_s}{A_s + A_{ss}} = \frac{2027 \times 700 + 3000 \times 755}{2027 + 3000} = 733\,\mathrm{mm}$$

$$p_0 = \frac{A_s + A_{ss}}{b d_0} = \frac{2027 + 3000}{350 \times 733} = 0.0196$$

(1) と同様の方法で中立軸比を求めると，$k = 0.527$ となる．したがって，

$$x = k d_0 = 0.527 \times 733 = 386\,\mathrm{mm}$$

$$I_i = \frac{b x^3}{3} + n(A_s + A_{ss})(d_0 - x)^2$$
$$= \frac{350 \times 386^3}{3} + 15 \times (2027 + 3000) \times (733 - 386)^2$$
$$= 15.79 \times 10^9\,\mathrm{mm}^4$$

$$M_{rc} = \frac{\sigma'_{ca}}{x} I_i = \frac{10}{386} \times 15.79 \times 10^9 = 0.409 \times 10^9\,\mathrm{N \cdot mm}$$
$$= 409\,\mathrm{kN \cdot m}$$

$$M_{rs} = \frac{\sigma_{sa}}{n(d_0 - x)} I_i = \frac{176}{15 \times (733 - 386)} \times 15.79 \times 10^9$$
$$= 0.534 \times 10^9\,\mathrm{N \cdot mm} = 534\,\mathrm{kN \cdot m}$$

となる．

この場合は $M_{rc} < M_{rs}$ であるから，鋼板補強断面の抵抗曲げモーメントの値は $M_r = M_{rc}$ となる．すなわち，$M_r = 409\,\mathrm{kN \cdot m}$ である．

したがって，断面の底面に鋼板を接着することによって抵抗曲げモーメントは，$409/218 = 1.88$ 倍に増大することになる．

例題 14.1 のような鋼板接着は，既存の鉄筋コンクリートスラブや桁などの耐力を増大するための補強や損傷劣化に対する補修工法として採用されている．

》》単鉄筋長方形断面の断面決定法　曲げモーメント M，許容応力度 σ'_{ca}，σ_{sa} が与えられたときの断面寸法と鉄筋量は，コンクリートと鉄筋の応力度が同時にそれぞれの許容応力度になるように，すなわち，釣合断面 (balanced section) となるように定める．

図 14.2 より，このような断面では，次式が成り立つ．

$$\frac{\sigma'_{ca}}{\sigma_{sa}/n} = \frac{x}{d - x} \tag{14.3}$$

したがって，中立軸位置 x は次式で与えられる．

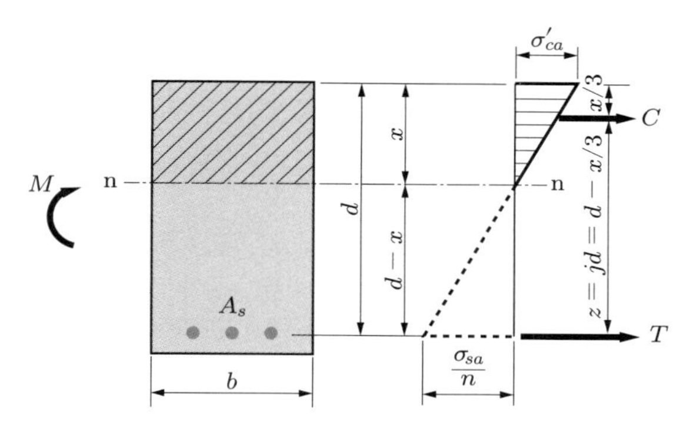

図 14.2 単鉄筋長方形断面

$$x = kd = \frac{n\sigma'_{ca}}{n\sigma'_{ca} + \sigma_{sa}} d \tag{14.4}$$

または，中立軸比 k は次式で与えられる．

$$k = \frac{n\sigma'_{ca}}{n\sigma'_{ca} + \sigma_{sa}} \tag{14.5}$$

このような釣合断面に対する抵抗曲げモーメント $M_r = M_{rc} = M_{rs}$ は，次のように表せる．

$$M_{rc} = Cz = \frac{bx\sigma'_{ca}}{2}\left(d - \frac{1}{3}x\right) \tag{14.6}$$

$$M_{rs} = Tz = \sigma_{sa} A_s \left(d - \frac{1}{3}x\right) \tag{14.7}$$

ここに，x は式 (14.4) で与えられる値である．

外力による曲げモーメント M が断面の抵抗曲げモーメント M_{rc} $(= M_{rs})$ に等しいとして，断面の有効高さ d を求めると次のようになる．

$$d = \sqrt{\frac{2}{\sigma'_{ca}k(1 - k/3)}}\sqrt{\frac{M}{b}} = C_1\sqrt{\frac{M}{b}} \tag{14.8}$$

軸方向の力の釣合条件 $C = T$ より，

$$\frac{1}{2}\sigma'_{ca}bx = \sigma_{sa}A_s \tag{14.9}$$

となるので，所要の鉄筋量 A_s は次のようになる．

$$A_s = \frac{\sigma'_{ca}}{2\sigma_{sa}}\sqrt{\frac{6n}{3\sigma_{sa}+2n\sigma'_{ca}}}\sqrt{Mb} = C_2\sqrt{Mb} \tag{14.10}$$

このような釣合断面に対する鉄筋比 p_0 を釣合鉄筋比 (balanced steel ratio) といい，次式から求めることができる．

$$p_0 = \frac{C_2}{C_1} = \frac{k\sigma'_{ca}}{2\sigma_{sa}} \tag{14.11}$$

C_1，C_2，k，p_0 はいずれも σ'_{ca}，σ_{sa} の関数であり，しかも許容応力度設計法では $n = 15$ の一定の値が採用されているので，これらは巻末の付表 4 のようにあらかじめ計算したものを用いると便利である．

有効高さ d が既知であり，その値が釣合断面の有効高さより大きく与えられている場合の鉄筋量 A_s は，近似的に次式から求められる．

$$A_s = \frac{M}{\sigma_{sa}(d - x/3)} = \frac{M}{\sigma_{sa}jd} \tag{14.12}$$

この場合には，近似値として $j = 7/8$ を用いてよい．

》複鉄筋長方形断面の断面決定法　なんらかの理由によって有効高さが制限されている場合や，同一の断面に正負の曲げモーメントが作用する場合には，圧縮側にも鉄筋を配置した複鉄筋断面とする (図 14.3).

したがって，複鉄筋断面では一般に断面の寸法と許容応力度が与えられて，鉄筋の断面積 A_s，A'_s を求める場合が多い．以下に，M，b，d，d'，σ'_{ca}，σ_{sa} を与え，A_s，

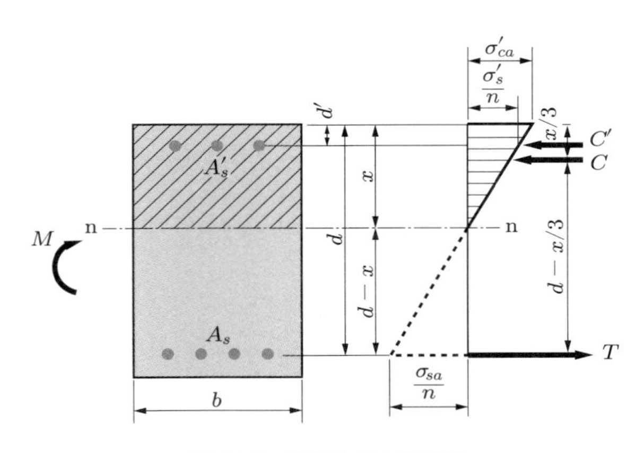

図 14.3　複鉄筋長方形断面

A'_s を求める方法を述べる．この場合にも，釣合断面となるように鉄筋量を算定する．したがって，中立軸比 k は単鉄筋断面の場合と同様に，式 (14.5) から計算できる．

まず，引張鉄筋の図心位置に関する曲げモーメントの釣合条件から，

$$M = \frac{1}{2}\sigma'_{ca}bx\left(d - \frac{1}{3}x\right) + A'_s\sigma'_s(d - d')$$

$$= \frac{1}{2}\sigma'_{ca}bx\left(d - \frac{1}{3}x\right) + A'_s n\sigma'_{ca}\frac{x - d'}{x}(d - d') \tag{14.13}$$

となる．したがって，A'_s は次のようになる．

$$A'_s = \frac{M - (\sigma'_{ca}bx/2)(d - x/3)}{n\sigma'_{ca}(x - d')(d - d')/x} \tag{14.14}$$

式 (14.14) から求められた A'_s が負となる場合には，与えられた有効高さ d が十分に大きく，圧縮鉄筋が不要であることを意味する．したがって，このような場合には，式 (14.12) を用いて引張鉄筋量 A_s の近似値を算定し，単鉄筋断面として応力度の照査を行えばよい．

式 (14.14) で $A'_s > 0$ のとき，軸方向の力の釣合条件 $C + C' = T$ より次式が成り立つ．

$$\frac{bx}{2}\sigma'_{ca} + A'_s\sigma'_s = A_s\sigma_{sa}, \quad \sigma'_s = n\sigma'_{ca}\frac{x - d'}{x} \tag{14.15}$$

したがって，所要の引張鉄筋量は次式で与えられる．

$$A_s = \frac{bx\sigma'_{ca}}{2\sigma_{sa}} + \frac{A'_s n\sigma'_{ca}}{\sigma_{sa}}\frac{x - d'}{x} \tag{14.16}$$

例題 14.2 図 14.4 に示す長方形断面の単純はり部材について，必要な鉄筋断面積 A_s，A'_s を求めよ．また，それに対応する異形鉄筋の公称直径と必要本数を定めよ．ただし，$\sigma'_{ca} = 9\,\mathrm{N/mm^2}$，$\sigma_{sa} = 176\,\mathrm{N/mm^2}$ とする．

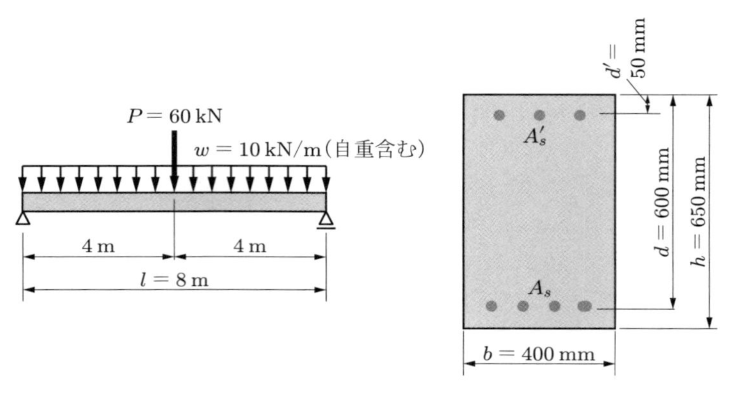

図 14.4　複鉄筋長方形断面はり

解　この場合の最大曲げモーメントはスパン中央に生じ，その値 M は，

$$M = \frac{wl^2}{8} + \frac{Pl}{4} = \frac{10 \times 8^2}{8} + \frac{60 \times 8}{4} = 200\,\mathrm{kN \cdot m}$$
$$= 200 \times 10^6\,\mathrm{N \cdot mm}$$

となる．式 (14.5) または巻末の付表 4 より，

$$k = \frac{n\sigma'_{ca}}{n\sigma'_{ca} + \sigma_{sa}} = \frac{15 \times 9}{15 \times 9 + 176} = 0.434$$
$$x = kd = 0.434 \times 600 = 260\,\mathrm{mm}$$

となり，式 (14.14) より，A'_s を求めると，

$$A'_s = \frac{M - (\sigma'_{ca}bx/2)(d - x/3)}{n\sigma'_{ca}(x - d')(d - d')/x}$$
$$= \frac{200 \times 10^6 - (9 \times 400 \times 260/2) \times (600 - 260/3)}{15 \times 9 \times (260 - 50) \times (600 - 50)/260} < 0$$

となる．

この場合は $A'_s < 0$ となるから，圧縮鉄筋は不要であり，単鉄筋断面として所要の鉄筋量 A_s を算定する．

式 (14.12) を用いて A_s の概略値を求めると，次のようになる．

$$A_s \fallingdotseq \frac{M}{\sigma_{sa}(7/8)d} = \frac{200 \times 10^6}{176 \times (7/8) \times 600} = 2165\,\mathrm{mm}^2$$

巻末の付表 1 より，たとえば A_s = 4-D 29 = 2570 mm^2 を選ぶことにする．

次に，このように近似式により定めた単鉄筋断面の応力度の検算を行う．

$$p = \frac{A_s}{bd} = \frac{2570}{400 \times 600} = 0.0107$$

$n = 15$ として式 (8.16) あるいは巻末の付表 3 より，

$$k = 0.429, \quad j = 1 - \frac{k}{3} = 0.857$$

$$x = kd = 0.429 \times 600 = 257\,\mathrm{mm}$$

$$I_i = \frac{bx^3}{3} + nA_s(d-x)^2 = \frac{400 \times 257^3}{3} + 15 \times 2570 \times (600 - 257)^2$$
$$= 6.80 \times 10^9\,\mathrm{mm}^4$$

となる．したがって，次式となる．

$$\sigma'_c = \frac{M}{I_i}x = \frac{200 \times 10^6}{6.80 \times 10^9} \times 257 = 7.6\,\mathrm{N/mm^2} < \sigma'_{ca} = 9\,\mathrm{N/mm^2}$$

$$\sigma_s = n\frac{M}{I_i}(d-x) = 15 \times \frac{200 \times 10^6}{6.80 \times 10^9} \times (600 - 257)$$
$$= 151\,\mathrm{N/mm^2} < \sigma_{sa} = 176\,\mathrm{N/mm^2}$$

以上より，コンクリートと鉄筋の応力度はそれぞれの許容応力度以下であり，この断面は安全である．

》単鉄筋 T 形断面の断面決定法　有効高さおよび引張鉄筋量を求める厳密計算式はやや複雑となるが，通常はウェブの圧縮応力を無視した近似計算でも結果はほとんど変わらない．ここでは，近似計算による単鉄筋 T 形断面の断面決定法について述べる．

以下の方法による場合には，図 14.5 に示す断面寸法のうち，b，b_w，t はあらかじ

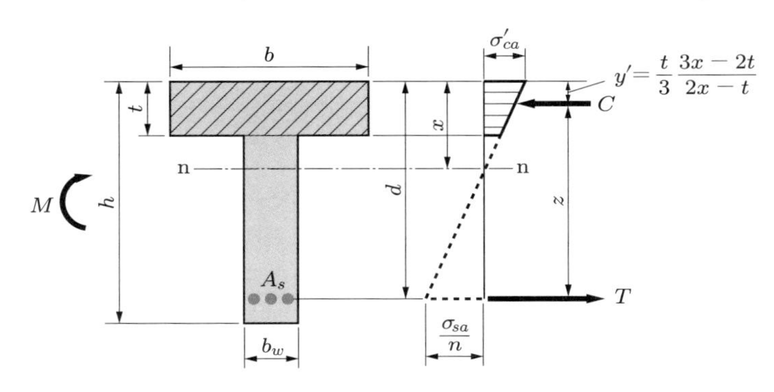

図 14.5　単鉄筋 T 形断面

め適当に定められていて既知とする．

まず，与えられた許容応力度 σ'_{ca}，σ_{sa} に対し，釣合断面となるように k を式 (14.5) より求める．さらに，断面の抵抗モーメント $M_r = M_{rc}$ $(= M_{rs})$ を外力による曲げモーメント M に等しいとおくと，

$$\begin{cases} x = kd = \dfrac{n\sigma'_{ca}}{n\sigma'_{ca} + \sigma_{sa}} d \\ z = d - y' = d - \dfrac{t}{3}\dfrac{3x - 2t}{2x - t} \\ M = M_{rc} = Cz = \sigma'_{ca} bt \dfrac{2x - t}{2x}\left(d - \dfrac{t}{3}\dfrac{3x - 2t}{2x - t}\right) \end{cases} \tag{14.17}$$

となる．式 (14.17) より d を求めると，次のようになる．

$$d = \alpha + \sqrt{\alpha^2 - \beta} \tag{14.18}$$

ここに，$\alpha = (1/2)\{(1 + k)t/(2k) + M/(bt\sigma'_{ca})\}$，$\beta = t^2/(3k)$

これより $x = kd$ の値を求め，$x = kd \geqq t$ の場合は，以下のようにして引張鉄筋量を算定する．もし，$x < t$ となるような場合は，単鉄筋長方形断面 (幅 b) とみなして計算をやり直す必要があるので，注意しなければならない．

引張鉄筋量は $C = T$ または $M = Tz \fallingdotseq T(d - t/2)$ の関係から，次のように求められる．

$$A_s = \frac{\sigma'_{ca}}{\sigma_{sa}}\left(1 - \frac{t}{2x}\right)bt \fallingdotseq \frac{M}{\sigma_{sa}(d - t/2)} \tag{14.19}$$

(3) 曲げと軸方向力を受ける部材の設計法

曲げモーメント M と軸方向圧縮力 N'，すなわち断面の図心軸から $e = M/N'$ だけ離れた点に偏心圧縮力 N' を受け，その点がコア (式 (8.42) 参照) の外にあって引張応力が生じる長方形断面の A_s，A'_s の算定法を示す．

図 14.6 において，断面の寸法 b，d，d' が与えられていて，コンクリートと鉄筋の応力度がそれぞれの許容応力度 σ'_{ca}，σ_{sa} となるように，A_s，A'_s を定める．

σ'_{ca}，σ_{sa} が与えられているから，次式から x，σ'_s が求められる．

$$\begin{cases} x = \dfrac{n\sigma'_{ca}}{n\sigma'_{ca} + \sigma_{sa}} d = kd \\ \sigma'_s = n\sigma'_{ca}\dfrac{x - d'}{x} \end{cases} \tag{14.20}$$

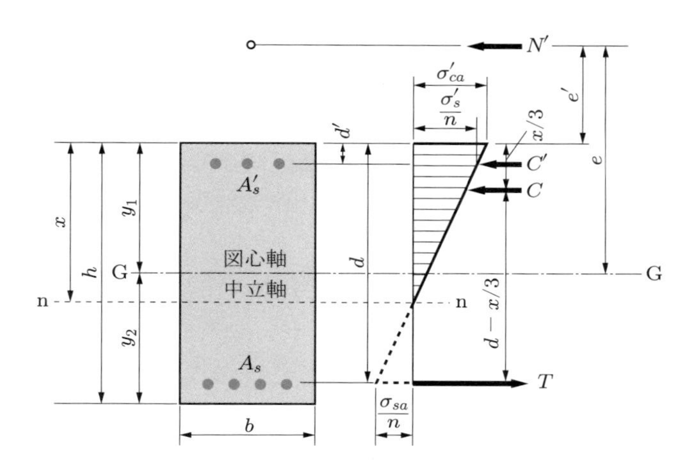

図 14.6 偏心圧縮力がコア外に作用する長方形断面

次に，圧縮鉄筋あるいは引張鉄筋の位置に関する曲げモーメントの釣合条件式から，A_s，A'_s を求めると次のようになる．

$$\begin{cases} A_s = \dfrac{N'(d'+e')+(bx/2)\sigma'_{ca}(x/3-d')}{\sigma_{sa}(d-d')} \\ A'_s = \dfrac{N'(d+e')-(bx/2)\sigma'_{ca}(d-x/3)}{\sigma'_s(d-d')} \end{cases} \tag{14.21}$$

このような断面の算定時には，鉄筋量が未知であるから，近似的に鉄筋を無視したコンクリート断面の図心軸からの偏心距離 e $(= M/N')$ を用いて計算する．この場合，式 (14.21) で $e' = e - y_1 \fallingdotseq e - (h/2) = M/N' - (h/2)$ とすればよい．近似計算であるから，鉄筋量の算定後は 8.3 節の方法で応力度の検算を行うことが望ましい．なお，式 (14.21) で $A'_s \leqq 0$ の場合には，圧縮鉄筋は不要である．

14.2.2 せん断力に対する計算

(1) せん断応力度

中立軸以下のコンクリートの引張抵抗を無視した鉄筋コンクリートはり断面のせん断応力度は，基本的には式 (6.2) と同じ式で算定できる．

したがって，τ_v は次式で求められる．

$$\tau_v = \frac{VG_v}{I_i b_v} \tag{14.22}$$

ここに，τ_v：中立軸から距離 v の位置でのせん断応力度

V：作用するせん断力

b_v：中立軸から距離 v の位置での断面の幅

G_v：中立軸から距離 v の位置より上側または下側の断面部分の中立軸に関する断面一次モーメント (8.2.2 項参照)

I_i：引張側のコンクリートを無視した中立軸に関する換算断面二次モーメント $(= (G_c + nG'_s)z)$ (8.2.2 項参照)

中立軸におけるせん断応力度 τ は，$z = I_i/(G_c + nG'_s)$ の関係があるので，次のようになる．

$$\tau = \frac{V(G_c + nG'_s)}{I_i b_0} = \frac{V}{b_0 z} \tag{14.23}$$

ここに，b_0：中立軸における断面の幅

z：内力の抵抗偶力のアーム長 $(= jd)$ で，$z \fallingdotseq d/1.15$ としてよい．

以下に，単鉄筋の長方形断面と T 形断面について，式 (14.22) を用いた断面内のせん断応力度の分布の求め方を説明する．

》長方形断面　式 (14.22) で，$b_v = b$，$G_v = b(x^2 - v^2)/2$，$I_i = G_c z = (bx^2/2) \times (d - x/3)$ とすると，次式となる．

$$\tau_v = \frac{V}{b(d - x/3)} \frac{x^2 - v^2}{x^2} \tag{14.24}$$

コンクリートの引張抵抗を無視するので，中立軸以下の部分における G_v の値は，中立軸における値 G_0 と同じである．したがって，中立軸以下では τ_v の値は一定となり，次式の中立軸 $(v = 0)$ での値 τ に等しい．

$$\tau = \frac{V}{b(d - x/3)} = \frac{V}{bz} \fallingdotseq \frac{1.15V}{bd} \tag{14.25}$$

単鉄筋長方形断面のせん断応力度の分布形状を図 14.7 に示す．

》T 形断面　中立軸が腹部内にある T 形断面におけるせん断応力度の分布も長方形断面で示したのと同様な方法で算出できる．ウェブの圧縮応力を無視したときのせん断応力度の分布形状を図 14.8 に示す．

この場合，中立軸におけるせん断応力度 τ の値は，次式で与えられる．

$$\tau = \frac{V}{b_w z}, \quad z = d - \frac{t(3x - 2t)}{3(2x - t)} \fallingdotseq d - \frac{t}{2} \tag{14.26}$$

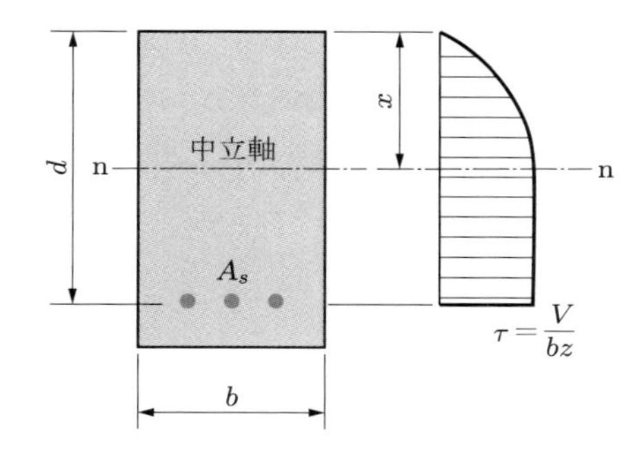

図 14.7 単鉄筋長方形断面のせん断応力度の分布

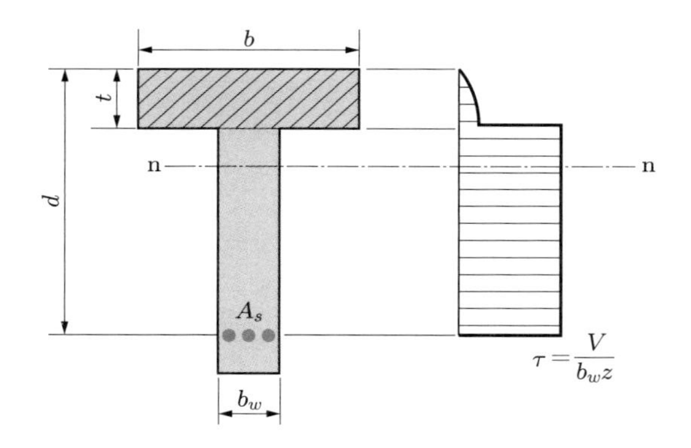

図 14.8 T 形断面のせん断応力度の分布

荷重がはり部材の上面に作用し，支点反力が下面に作用する場合は，ウェブに鉛直方向の圧縮応力が作用し，せん断抵抗に対して有利になる．このため，支点付近では，設計上は支承前面からはり高さ h の 1/2 の距離だけ離れた断面のせん断力を用いてせん断に対する検討を行う (6.3.4 項参照).

(2) 設計法

部材断面の中立軸におけるせん断応力度を τ とし，コンクリートの許容せん断応力度を次のようにする．

- τ_{a1}：斜め引張鉄筋を計算上必要としないときの許容せん断応力度
- τ_{a2}：斜め引張鉄筋で安全に補強しうる最大の許容せん断応力度

せん断補強に対する許容応力度設計法の基本的な考え方は次のようである．

① $\tau \leqq \tau_{a1}$ のとき：計算上は斜め引張鉄筋は不要である．しかし，安全のために，はり部材では示方書に定められた最小限度のスターラップを配置する．

② $\tau > \tau_{a2}$ のとき：斜め引張鉄筋でいかに補強しても，τ がある限界値以上になると部材のせん断耐力の向上には効果がないため，断面寸法を変更して設計をやり直す．

③ $\tau_{a1} < \tau \leqq \tau_{a2}$ のとき：はり部材では最もよく生じる場合であり，$\tau > \tau_{a1}$ の区間に対しては斜め引張鉄筋で補強する．

(3) 斜め引張鉄筋の計算

$\tau > \tau_{a1}$ の区間では，次式で求めた断面積以上の斜め引張鉄筋（せん断補強鉄筋）を配置しなければならない．

$$\text{部材軸に直角なスターラップ：}A_w = \frac{V_s s}{\sigma_{sa} jd} \tag{14.27}$$

$$\text{折曲鉄筋：}A_b = \frac{V_b s}{\sigma_{sa} jd(\sin\alpha_b + \cos\alpha_b)} \tag{14.28}$$

ここに，A_w：区間 s におけるスターラップの総断面積

A_b：区間 s における折曲鉄筋の総断面積

s：スターラップまたは折曲鉄筋の部材軸方向の間隔

α_b：折曲鉄筋が部材軸方向となす角度で，この場合は $45°$ としてよい．

V_s：スターラップが負担するせん断力

V_b：折曲鉄筋が負担するせん断力

jd：内力の抵抗偶力のアーム長 $(= z \fallingdotseq d/1.15)$

σ_{sa}：スターラップまたは折曲鉄筋の許容引張応力度

次式を満足するように斜め引張鉄筋を配置する (b_w：図 6.8 参照)．

$$V_c + V_s + V_b \geqq V \tag{14.29}$$

ここに，V：設計せん断力

V_c：コンクリートの負担せん断力で，次式で与えられる．

$$V_c = \frac{1}{2}\tau_{a1} b_w jd \tag{14.30}$$

斜め引張鉄筋は，できるかぎり均一な負担でせん断力を受けもつように配置するのがよい．しかし，スターラップは，その間隔を多様に変化させることは施工上からは好ましくないので，通常は2〜3種類の間隔で配置する．

折曲鉄筋の配置を設計する場合に用いる基線は，原則として部材高さの中央とする．

なお，斜め引張鉄筋（せん断補強鉄筋）の配置にあたっては，6.3.4 項に示したスターラップ間隔などに関する設計規定を考慮する必要がある．

14.2.3 押抜きせん断応力度

スラブの押抜きせん断応力度 τ_p は，次式から求める．

$$\tau_p = \frac{P}{u_p d} \tag{14.31}$$

ここに，P：集中荷重

u_p：押抜きせん断に対する設計断面の周長 (図 6.14 参照)

d：スラブの有効高さ

押抜きせん断に対しては，次の条件を必ず満足しなければならない．

$$\tau_p \leqq \tau_{a1} \tag{14.32}$$

ここに，τ_{a1}：許容せん断応力度 (14.3.1 項の表 14.2 のスラブの場合で示す)

14.2.4 付着応力度

距離 $\mathrm{d}l$ だけ離れた二つの断面間で鉄筋の引張力に $\mathrm{d}T$ の差があれば，鉄筋はその部分ですべり抜けようとする．この引張力の差は，鉄筋表面に作用する付着応力 τ_0 によって抵抗され，次式のような釣合を保つ (図 3.12 参照)．

$$\mathrm{d}T = \tau_0 u \, \mathrm{d}l \tag{14.33}$$

ここに，u：鉄筋の周長 (巻末の付表 2 参照)

また，$M = Tz$ の両辺を部材軸方向の距離 l で微分すると，部材の有効高さが一定の場合には次式が得られる．

$$\frac{\mathrm{d}M}{\mathrm{d}l} = V = z\frac{\mathrm{d}T}{\mathrm{d}l} \tag{14.34}$$

式 (14.33)，(14.34) から，付着応力度 τ_0 は次式のように算定できる．

$$\tau_0 = \frac{V}{uz} \tag{14.35}$$

付着に対する検討は，式 (14.35) によって求めた τ_0 の値がその許容値 τ_{0a} (14.3.1 項の表 14.3 で示す) を超えないこと，すなわち次式を確かめることによって行う．

$$\tau_0 \leqq \tau_{0a} \tag{14.36}$$

なお，折曲鉄筋とスターラップを併用してせん断力を負担させる場合には，式 (14.35) の V の値を 1/2 に低減することができる．これは，スターラップにより付着応力度がその近傍に集中する傾向があること，および折曲鉄筋のワーレントラス斜材としての作用によって引張鉄筋の付着応力度が低下すること，などを考慮して定められたもの[14.2] である．

14.3 鉄筋コンクリートの許容応力度

14.3.1 コンクリートの許容応力度

コンクリートの許容曲げ圧縮応力度（軸方向力をともなう場合を含む），許容せん断応力度，許容付着応力度をそれぞれ表 14.1～14.3 に示す．

表 14.1　許容曲げ圧縮応力度 σ'_{ca} [N/mm^2] [土木学会：コンクリート標準示方書 (2002 年制定)―構造性能照査編―，2002]

設計基準強度 f'_{ck} [N/mm^2]	18	24	30	40
許容曲げ圧縮応力度 [N/mm^2]	7	9	11	14

表 14.2　許容せん断応力度 [N/mm^2] [土木学会：コンクリート標準示方書 (2002 年制定)―構造性能照査編―，2002]

設計基準強度 f'_{ck} [N/mm^2]		18	24	30	40 以上
斜め引張鉄筋の計算をしない場合 τ_{a1}	はりの場合	0.4 (0.25)	0.45 (0.3)	0.5 (0.35)	0.55 (0.4)
	スラブの場合†1	0.8 (0.5)	0.9 (0.6)	1.0 (0.7)	1.1 (0.75)
斜め引張鉄筋の計算をする場合 τ_{a2}	せん断力のみの場合†2	1.8 (1.2)	2.0 (1.4)	2.2 (1.6)	2.4 (1.7)

†1 押抜きせん断に対する値である．
†2 ねじりの影響を考慮する場合にはこの値を割り増してよい．
†3 (　) 内は軽量骨材コンクリートに対する値である．

表 14.3　許容付着応力度 τ_{0a} [N/mm^2] [土木学会：コンクリート標準示方書 (2002 年制定)―構造性能照査編―，2002]

設計基準強度 f'_{ck} [N/mm^2]		18	24	30	40 以上
鉄筋の種類	普通丸鋼	0.7 (0.45)	0.8 (0.55)	0.9 (0.65)	1.0 (0.7)
	異形鉄筋	1.4 (0.9)	1.6 (1.1)	1.8 (1.3)	2.0 (1.4)

† (　) 内は軽量骨材コンクリートに対する値である．

さらに，許容支圧応力度 σ'_{ca} は，以下のとおりである．

① 全面載荷の場合：

$$\text{普通コンクリート：}\sigma'_{ca} \leqq 0.3f'_{ck}$$

軽量骨材コンクリート：$\sigma'_{ca} \leqq 0.25 f'_{ck}$

② 局部載荷の場合：コンクリート面の全面積を A，支圧を受ける面積を A_a とした場合，許容支圧応力度は次式より求める．

$$\text{普通コンクリート：} \sigma'_{ca} \leqq \left(0.25 + 0.05\frac{A}{A_a}\right) f'_{ck} \quad (\sigma'_{ca} \leqq 0.5 f'_{ck}) \tag{14.37}$$

$$\text{軽量骨材コンクリート：} \sigma'_{ca} \leqq \left(0.20 + 0.05\frac{A}{A_a}\right) f'_{ck} \quad (\sigma'_{ca} \leqq 0.4 f'_{ck}) \tag{14.38}$$

なお，支圧を受ける部分が十分に補強されている場合には，試験によって安全率が 3 以上になる範囲内で，許容支圧応力度を適切に定めてよい．

14.3.2 鉄筋の許容応力度

JIS G 3112 に適合する鉄筋の許容引張応力度は，次のように定める．

① ひび割れの影響を考慮する一般の構造物の場合，表 14.4 の ① の値とする．

② 繰返し荷重の影響が著しい場合，表 14.4 の ② の値とする．

③ ひび割れによる影響を考慮しない場合，表 14.4 の ③ の値とする．これは，一般には地震の影響を考える場合に基本とする値，鉄筋の重ね継手の重合わせ長さや鉄筋の定着長を算出する場合の値などとして用いる．

許容圧縮応力度の値は ③ としてよい．

表 14.4 鉄筋の許容引張応力度 σ_{sa} [N/mm^2] [土木学会：コンクリート標準示方書 (2002 年制定)—構造性能照査編—，2002]

鉄筋の種類	SR 235	SR 295	SD 295	SD 345	SD 390
① 一般の場合	137	157 (147)	176	196	206
② 疲労強度より定まる場合	137	157 (147)	157	176	176
③ 降伏強度より定まる場合	137	176	176	196	216

† (　) 内は軽量骨材コンクリートに対する値である．

14.3.3 許容応力度の割増

14.3.1，14.3.2 項の許容応力度は，以下のような割増ができる．

① 温度変化，収縮を考えた場合，1.15 倍まで高めてよい．

② 地震の影響を考えた場合，1.5 倍まで高めてよい．

③ 温度変化，収縮，地震の影響を考えた場合，1.65 倍まで高めてよい．

④ 一時的な荷重またはきわめてまれな荷重を考える場合には，14.3.1 項に示した値の 2 倍および 14.3.2 項に示した値の 1.65 倍まで高めてよい．

例題 14.3　図 14.9 に示すスパン 13 m の単純はりに永久荷重（自重を含む）$w = 40$ kN/m，変動荷重 $P = 170$ kN が作用するとき，斜め引張鉄筋の配置を定めよ．ただし，コンクリートの設計基準強度 $f'_{ck} = 30$ N/mm^2，軸方向主鉄筋

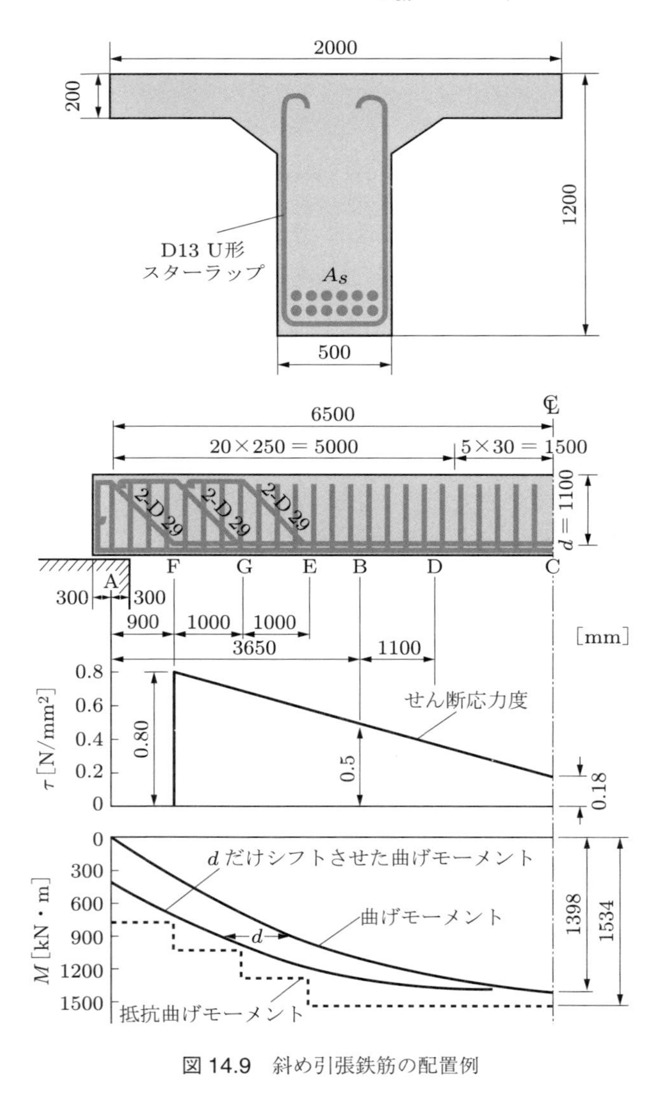

図 14.9　斜め引張鉄筋の配置例

($A_s = 12$-D 29)（折曲鉄筋にも利用）とスターラップの許容引張応力度は $\sigma_{sa} = 196\,\mathrm{N/mm^2}$ (SD 345) とする．

解 せん断に対する検討では，支承前面 (支点 A から 300 mm) から断面高さ h の 1/2 だけ距離が離れた点 F（支点 A から $300 + 1200/2 = 900$ mm) のせん断力 V_F が重要である (6.3.4 項参照).

$$V_\mathrm{F} = \left(\frac{l}{2} - 0.9\right)w + \frac{l-0.9}{l}P$$
$$= \left(\frac{13}{2} - 0.9\right) \times 40 + \frac{13-0.9}{13} \times 170 = 382\,\mathrm{kN}$$

また，スパン中央の点 C のせん断力は，$V_\mathrm{C} = P/2 = 170/2 = 85\,\mathrm{kN}$ である．点 F，C のせん断応力度は，$z \fallingdotseq d/1.15 = 1100/1.15 = 957\,\mathrm{mm}$ とすると，それぞれ

$$\tau_\mathrm{F} = \frac{V_\mathrm{F}}{b_w z} = \frac{382 \times 10^3}{500 \times 957} = 0.80\,\mathrm{N/mm^2}$$
$$\tau_\mathrm{C} = \frac{V_\mathrm{C}}{b_w z} = \frac{85 \times 10^3}{500 \times 957} = 0.18\,\mathrm{N/mm^2}$$

となる．

表 14.1 より，$f'_{ck} = 30\,\mathrm{N/mm^2}$ に対して $\tau_{a1} = 0.5\,\mathrm{N/mm^2}$，$\tau_{a2} = 2.2\,\mathrm{N/mm^2}$ であり，$\tau_{a1} < \tau_\mathrm{F} < \tau_{a2}$ であるので，計算により斜め引張鉄筋を配置しなければならない．

支点 A からせん断応力度が τ_{a1} に等しい点 B までの距離 l_1 は，次のようになる．

$$l_1 = \frac{0.80 - 0.5}{0.80 - 0.18} \times (6.5 - 0.90) + 0.90 = 3.61\,\mathrm{m} \fallingdotseq 3.65\,\mathrm{m}$$

（安全側の近似）

計算上斜め引張鉄筋を必要とする区間の外側の有効高さに等しい区間，すなわち点 B から $d = 1100\,\mathrm{mm} = 1.10\,\mathrm{m}$ 離れた点 D までの区間には，計算によって斜め引張鉄筋を配置しなければならない (6.3.4 項参照).

したがって，支点 A から点 D までの区間 $= 3.65 + 1.10 = 4.75\,\mathrm{m}$ の区間について，必要な斜め引張鉄筋量を計算する．

まず，コンクリートで負担するせん断力 V_C は，次のようになる．

$$V_\mathrm{C} = \frac{1}{2}\tau_{a1} b_w z = \frac{1}{2} \times 0.5 \times 500 \times 957 = 120 \times 10^3\,\mathrm{N} = 120\,\mathrm{kN}$$

スターラップと折曲鉄筋を併用する場合には，斜め引張鉄筋が受けもつべきせん断力の 1/2 以上は，スターラップで負担させるものと規定されている (6.3.4 項参

照)．そこで，1/2 をスターラップで受けもたせるものとすれば，スターラップの負担せん断力 V_s は，次のようになる．

$$V_s = \frac{1}{2}(382 - 120) = 131\,\mathrm{kN}$$

計算上斜め引張鉄筋が必要な場合，スターラップの間隔は，$s \leqq d/2$ で，かつ $s \leqq 300\,\mathrm{mm}$ でなければならないので (6.3.4 項参照)，$s = 250\,\mathrm{mm}$ 間隔で配置するものとすれば，スターラップ一組の断面積 A_w は式 (14.27) より，次のようになる．

$$A_w = \frac{V_s s}{\sigma_{sa} z} = \frac{131 \times 10^3 \times 250}{196 \times 957} = 175\,\mathrm{mm}^2$$

いま，D 13 の U 形スターラップを用いると，$A_w = 2\text{-D }13 = 253\,\mathrm{mm}^2 > 175\,\mathrm{mm}^2$ となり，十分に安全である．

折曲鉄筋は $\alpha_b = 45°$，$s = 1000\,\mathrm{mm}$ で配置するものとすれば，式 (14.28) より，次のようになる．

$$A_b = \frac{V_b s}{\sigma_{sa} z\sqrt{2}} = \frac{131 \times 10^3 \times 1000}{196 \times 957 \times \sqrt{2}} = 494\,\mathrm{mm}^2$$

軸方向主鉄筋 (12-D 29：2 段配置で上段，下段に各 6 本) を，2 本ずつ同じ位置で折り曲げると，$A_b = 2\text{-D }29 = 1285\,\mathrm{mm}^2$ となって十分に安全である．

ここでは，軸方向主鉄筋のうち，上段の 6 本を折り曲げることにし，最初の折曲鉄筋 (2-D 29) を折り曲げる点 E の位置を，支点から $(900 + 1000 + 1000)\,\mathrm{mm} = 2.90\,\mathrm{m}$ とすれば，この位置のせん断力は，次のようになる．

$$V_\mathrm{E} = 85 + \frac{6.5 - 2.90}{6.5 - 0.90} \times (382 - 85) = 276\,\mathrm{kN}$$

V_E のうち，斜め引張鉄筋の受けもつべきせん断力は $(276 - 120)\,\mathrm{kN} = 156\,\mathrm{kN}$ である．これをスターラップのみで負担させる場合に必要なスターラップ量は，

$$A_w = \frac{156 \times 10^3 \times 250}{196 \times 957} = 208\,\mathrm{mm}^2 < 253\,\mathrm{mm}^2 \quad (2\text{-D }13)$$

のように $A_w = 208\,\mathrm{mm}^2$ となるので，安全である．

次に，抵抗曲げモーメントに対する検討を行う．

ウェブの圧縮応力を無視すれば，式 (8.37)，(14.17) より，スパン中央の点 C においては，

$$x = \frac{bt^2/2 + nA_s d}{bt + nA_s} = \frac{2000 \times 200^2/2 + 15 \times 7709 \times 1100}{2000 \times 200 + 15 \times 7709}$$
$$= 324\,\mathrm{mm} > t = 200\,\mathrm{mm}$$

となる．したがって，T 形断面として抵抗曲げモーメントを計算すると，

$$z = d - \frac{(3x - 2t)t}{3(2x - t)} = 1100 - \frac{(3 \times 324 - 2 \times 200) \times 200}{3 \times (2 \times 324 - 200)} = 1015\,\mathrm{mm}$$

$$M_{rc} = \sigma'_{ca} bt \left(1 - \frac{t}{2x}\right) z = 11 \times 2000 \times 200 \times \left(1 - \frac{200}{2 \times 324}\right) \times 1015$$

$$= 3088 \times 10^6\,\mathrm{N \cdot mm} = 3088\,\mathrm{kN \cdot m}$$

$$M_{rs} = \sigma_{sa} A_s z = 196 \times 7709 \times 1015 = 1534 \times 10^6\,\mathrm{N \cdot mm}$$

$$= 1534\,\mathrm{kN \cdot m}$$

となる．$M_{rs} < M_{rc}$ であるから，軸方向鉄筋の減少による抵抗曲げモーメントの変化は鉄筋本数に比例するものとし，その本数と抵抗曲げモーメントの関係を表 14.5 に示す．

表 14.5　軸方向鉄筋の本数と抵抗曲げモーメント

軸方向鉄筋の本数（位置）	12 (C)	10 (E)	8 (G)	6 (F)
抵抗曲げモーメント [kN · m]	1534	1278	1023	767
シフトさせた最大曲げモーメント [kN · m]	1398	1191	992	728

表 14.5 には，最大曲げモーメント図を $d = 1.1\,\mathrm{m}$ だけ支点側にシフト (6.3.2 項参照) させたときの値を併記する．支点から x の位置の最大曲げモーメントは，

$$M(x) = \frac{wx(l - x)}{2} + \frac{Px(l - x)}{l} = \frac{40x(13 - x)}{2} + \frac{170x(13 - x)}{13}$$

から求められ，たとえば点 E では $x = 0.9 + 1.0 + 1.0 + 1.1$（シフト分）$= 4.0\,\mathrm{m}$ に対応する曲げモーメント $M_{\mathrm{E}}\ (x = 4.0)$ を採用する．

$$M_{\mathrm{C}}\ (x = 6.5) = 1398\,\mathrm{kN \cdot m}, \quad M_{\mathrm{E}}\ (x = 4.0) = 1191\,\mathrm{kN \cdot m}$$

$$M_{\mathrm{G}}\ (x = 3.0) = 992\,\mathrm{kN \cdot m}, \quad M_{\mathrm{F}}\ (x = 2.0) = 728\,\mathrm{kN \cdot m}$$

表 14.5 のように，いずれの位置においても抵抗曲げモーメントの値がシフトさせた最大曲げモーメントより大きいので，安全である．

はり部材には，0.15% 以上のスターラップをその全長にわたって配置し，その間隔は $s \leqq (3/4)d$，かつ $s \leqq 400\,\mathrm{mm}$ とするように定められている (6.3.4 項参照)．

そこで，斜め引張鉄筋の計算を必要としない区間 (DC 間) でのスターラップ間隔を $s = 300\,\mathrm{mm}$ とすれば，最小スターラップ量 $A_{w\,\mathrm{min}}$ の規定により，次式となる．

$$A_{w\,\mathrm{min}} = 0.0015 b_w s = 0.0015 \times 500 \times 300 = 225\,\mathrm{mm}^2$$

AD 間と同様，DC 間にも D 13 の U 形スターラップを用いると $A_w = 253\,\mathrm{mm}^2$

となり，安全である．

次に，軸方向鉄筋の付着応力度 τ_0 を検討する．付着応力度の計算にあたっては，鉄筋は 12 本のうち上段 6 本を折り曲げているので 6-D 29 とする．

なお，この場合は，スターラップと折曲鉄筋を併用しているのでせん断力は 1/2 に低減してよい．

τ_0 は次のようになり，付着応力度に対しても安全である．

$$\tau_0 = \frac{V}{uz} = \frac{382 \times 10^3}{2 \times 540 \times 957} = 0.37\,\mathrm{N/mm^2} < \tau_{0a} = 1.8\,\mathrm{N/mm^2}$$

参考のために，断面破壊の限界状態に対する照査も行う．ただし，この場合の永久荷重と変動荷重に対する荷重係数をそれぞれ $\gamma_{fp} = 1.1$，$\gamma_{fr} = 1.2$ とし，構造物係数を $\gamma_i = 1.1$ とする．

(1) せん断力に対する検討

一例として，点 F の断面 (6-D 29) について検討してみる．点 F の設計せん断力 $V_{\mathrm{F}d}$ は，

$$V_{\mathrm{F}d} = \left(\frac{13.0}{2} - 0.90\right) \times 40 \times 1.1 + \frac{13.0 - 0.90}{13.0} \times 170 \times 1.2$$
$$= 436\,\mathrm{kN}$$

一方，設計せん断耐力に関して，まず V_{cd} は式 (6.13) より，次のようになる．

$$f'_{cd} = \frac{f'_{ck}}{\gamma_c} = \frac{30}{1.3} = 23.1\,\mathrm{N/mm^2}$$

$$V_{cd}$$
$$= \frac{\sqrt[4]{1000/1100} \times \sqrt[3]{100 \times 3854/(500 \times 1100)} \times 1.0 \times 0.20 \times \sqrt[3]{23.1} \times 500 \times 1100}{1.3}$$
$$= 209 \times 10^3\,\mathrm{N} = 209\,\mathrm{kN}$$

V_{sd} は，式 (6.19) より，次のようになる．

$$V_{sd} = \frac{253 \times 345 \times 957/250}{1.1} + \frac{1285 \times 345 \times \sqrt{2} \times 957/1000}{1.1}$$
$$= (304 + 545) \times 10^3 = 849 \times 10^3\,\mathrm{N} = 849\,\mathrm{kN}$$

設計せん断耐力 V_{yd} は，$V_{yd} = 209 + 849 = 1058\,\mathrm{kN}$ となるので，

$$\gamma_i \frac{V_{\mathrm{F}d}}{V_{yd}} = 1.1 \frac{436}{1058} = \frac{480}{1058} = 0.45 < 1.0$$

となり，安全である．

なお，スターラップの負担せん断力 304 kN は，斜め引張鉄筋が受けもつせん断力の 1/2，すなわち $(480-209)/2=136\,\mathrm{kN}$ よりも大きいので，十分である．

一方，斜め圧縮破壊耐力 V_{wcd} は，式 (6.23) より，

$$V_{wcd}=\frac{1.25\times\sqrt{23.1}\times 500\times 1100}{1.3}=2542\times 10^3\,\mathrm{N}=2542\,\mathrm{kN}$$

となるので，

$$\gamma_i\frac{V_{\mathrm{Fd}}}{V_{wcd}}=1.1\frac{436}{2542}=0.19<1.0$$

となり，安全である．

点 E，G に対する計算結果は省略するが，いずれの断面でも安全である．

(2) 曲げモーメントに対する検討

断面破壊の限界状態の照査でも，上述の許容応力度法の場合と同様，有効高さ d だけシフトした曲げモーメントを求める．ただし，この場合は $M(x)$ の式で右辺の第 1，2 項にそれぞれ荷重係数 $\gamma_{fp}=1.1$，$\gamma_{fr}=1.2$ をかけて計算する．

$$M_{\mathrm{Cd}}\ (x=6.5)=1593\,\mathrm{kN\cdot m},\quad M_{\mathrm{Ed}}\ (x=4.0)=1357\,\mathrm{kN\cdot m}$$

$$M_{\mathrm{Gd}}\ (x=3.0)=1131\,\mathrm{kN\cdot m},\quad M_{\mathrm{Fd}}\ (x=2.0)=829\,\mathrm{kN\cdot m}$$

① 点 C での検討 ($A_s=$ 12-D 29 $=7709\,\mathrm{mm}^2$) (式 (4.20)，(4.24) 参照)

$$p=\frac{A_s}{bd}=\frac{7709}{2000\times 1100}=0.00350$$

$f'_{ck}=30\,\mathrm{N/mm}^2$ に対して，式 (4.16) より $k_1=0.85$ である．式 (4.20) より等価応力ブロックの高さ a を求めると，

$$a=pmd=0.00350\frac{345}{0.85\times 23.1}\times 1100$$
$$=68\,\mathrm{mm}<t=200\,\mathrm{mm}$$

となる．したがって，長方形断面として設計曲げ耐力を計算すると

$$M_{ud}=\frac{A_s f_{yd}(d-0.5a)}{\gamma_b}=\frac{7709\times 345\times(1100-0.5\times 68)}{1.1}$$
$$=2577\times 10^6\,\mathrm{N\cdot mm}=2577\,\mathrm{kN\cdot m}$$

となるので，

$$\gamma_i\frac{M_{\mathrm{Cd}}}{M_{ud}}=1.1\frac{1593}{2577}=0.68<1.0$$

となり，安全である．

② 点 E での検討 ($A_s = 10\text{-D } 29 = 6424\,\mathrm{mm}^2$)

この場合は点 E で折り曲げた 2 本を除いて考えるため，$A_s = 10\text{-D } 29 = 6424\,\mathrm{mm}^2$ とし，① と同様に M_{ud} を求めて確認すると，

$$\gamma_i \frac{M_{\mathrm{E}d}}{M_{ud}} = 1.1 \frac{1357}{2160} = 0.69 < 1.0$$

となり，安全である．

点 G，F に対する計算結果は省略するが，これらの位置でも安全である．

演習問題

14.1 スパン 8 m の単純はりに等分布荷重 $w = 50\,\mathrm{kN/m}$（自重を含む）が作用する．これを許容応力度設計法で幅 500 mm の単鉄筋長方形断面として設計するとき，有効高さ d と鉄筋断面積 A_s を求めよ．ただし，コンクリートと鉄筋の許容応力度はそれぞれ $\sigma'_{ca} = 9\,\mathrm{N/mm^2}$，$\sigma_{sa} = 176\,\mathrm{N/mm^2}$ とする．

14.2 $b = 1800\,\mathrm{mm}$，$b_w = 400\,\mathrm{mm}$，$t = 150\,\mathrm{mm}$，$d = 520\,\mathrm{mm}$，$A_s = 8\text{-D } 32$ の単鉄筋 T 形断面で，$\sigma'_{ca} = 11\,\mathrm{N/mm^2}$，$\sigma_{sa} = 196\,\mathrm{N/mm^2}$ のとき，抵抗曲げモーメントを求めよ．

14.3 $b = 500\,\mathrm{mm}$，$A_s = 5\text{-D } 29$ の単鉄筋長方形断面はり部材にせん断力 120 kN が作用している．コンクリートの設計基準強度 $f'_{ck} = 24\,\mathrm{N/mm^2}$ のとき，最大せん断応力度がコンクリートの許容せん断応力度 τ_{a1} を超えないための有効高さ d の最小値を求めよ．

14.4 $b = 400\,\mathrm{mm}$，$h = 550\,\mathrm{mm}$，$d = 500\,\mathrm{mm}$，$d' = 50\,\mathrm{mm}$ の複鉄筋長方形断面に曲げモーメント $M = 150\,\mathrm{kN \cdot m}$，軸圧縮力 $N' = 100\,\mathrm{kN}$ が作用するとき，必要な鉄筋量 A_s，A'_s を求めよ．ただし，$\sigma'_{ca} = 9\,\mathrm{N/mm^2}$，$\sigma_{sa} = 176\,\mathrm{N/mm^2}$ とする．

付　録

付表 1　異形棒鋼の断面積 [mm^2]†

呼び名	単位質量 [kg/m]	公称直径 [mm]	1 本	2 本	3 本	4 本	5 本	6 本	7 本	8 本	9 本	10 本
D 6	0.249	6.35	31.67	63.3	95.0	126.7	158.3	190.0	222	253	285	317
D 10	0.560	9.53	71.33	142.7	214	285	357	428	499	571	642	713
D 13	0.995	12.7	126.7	253	380	507	633	760	887	1014	1140	1267
D 16	1.56	15.9	198.6	397	596	794	993	1192	1390	1589	1787	1986
D 19	2.25	19.1	286.5	573	859	1146	1432	1719	2006	2292	2578	2865
D 22	3.04	22.2	387.1	774	1161	1548	1935	2323	2710	3097	3484	3871
D 25	3.98	25.4	506.7	1013	1520	2027	2533	3040	3547	4054	4560	5067
D 29	5.04	28.6	642.4	1285	1927	2570	3212	3854	4497	5139	5782	6424
D 32	6.23	31.8	794.2	1588	2383	3177	3971	4765	5559	6354	7148	7942
D 35	7.51	34.9	956.6	1913	2870	3826	4783	5740	6696	7653	8609	9566
D 38	8.95	38.1	1140	2280	3420	4560	5700	6840	7980	9120	10260	11400
D 41	10.5	41.3	1340	2680	4020	5360	6700	8040	9380	10720	12060	13400
D 51	15.9	50.8	2027	4054	6081	8108	10135	12162	14189	16216	18243	20270

† JIS 規格の数値 (cm 単位) を mm 単位で表示

付表 2　異形棒鋼の周長 [mm]†

呼び名	1 本	2 本	3 本	4 本	5 本	6 本	7 本	8 本	9 本	10 本
D 6	20	40	60	80	100	120	140	160	180	200
D 10	30	60	90	120	150	180	210	240	270	300
D 13	40	80	120	160	200	240	280	320	360	400
D 16	50	100	150	200	250	300	350	400	450	500
D 19	60	120	180	240	300	360	420	480	540	600
D 22	70	140	210	280	350	420	490	560	630	700
D 25	80	160	240	320	400	480	560	640	720	800
D 29	90	180	270	360	450	540	630	720	810	900
D 32	100	200	300	400	500	600	700	800	900	1000
D 35	110	220	330	440	550	660	770	880	990	1100
D 38	120	240	360	480	600	720	840	960	1080	1200
D 41	130	260	390	520	650	780	910	1040	1170	1300
D 51	160	320	480	640	800	960	1120	1280	1440	1600

† JIS 規格の数値 (cm 単位) を mm 単位で表示

付表3　k および j ($n = 15$ とした値)

p	k	j	p	k	j	p	k	j
0.0020	0.217	0.928	0.0080	0.384	0.872	0.0140	0.471	0.843
0.0022	0.226	0.925	0.0082	0.388	0.871	0.0142	0.474	0.842
0.0024	0.235	0.922	0.0084	0.392	0.869	0.0144	0.476	0.841
0.0026	0.243	0.919	0.0086	0.395	0.868	0.0146	0.478	0.841
0.0028	0.251	0.916	0.0088	0.399	0.867	0.0148	0.480	0.840
0.0030	0.258	0.914	0.0090	0.402	0.866	0.0150	0.483	0.839
0.0032	0.266	0.911	0.0092	0.405	0.865	0.0152	0.485	0.838
0.0034	0.272	0.909	0.0094	0.409	0.864	0.0154	0.487	0.838
0.0036	0.279	0.907	0.0096	0.412	0.863	0.0156	0.489	0.837
0.0038	0.285	0.905	0.0098	0.415	0.862	0.0158	0.491	0.836
0.0040	0.292	0.903	0.0100	0.418	0.861	0.0160	0.493	0.836
0.0042	0.298	0.901	0.0102	0.421	0.860	0.0162	0.495	0.835
0.0044	0.303	0.899	0.0104	0.424	0.859	0.0164	0.497	0.834
0.0046	0.309	0.897	0.0106	0.427	0.858	0.0166	0.499	0.834
0.0048	0.314	0.895	0.0108	0.430	0.857	0.0168	0.501	0.833
0.0050	0.319	0.894	0.0110	0.433	0.856	0.0170	0.503	0.832
0.0052	0.325	0.892	0.0112	0.436	0.855	0.0172	0.505	0.832
0.0054	0.330	0.890	0.0114	0.438	0.854	0.0174	0.507	0.831
0.0056	0.334	0.889	0.0116	0.441	0.853	0.0176	0.509	0.830
0.0058	0.339	0.887	0.0118	0.443	0.852	0.0178	0.511	0.830
0.0060	0.344	0.885	0.0120	0.446	0.851	0.0180	0.513	0.829
0.0062	0.348	0.884	0.0122	0.449	0.850	0.0182	0.515	0.828
0.0064	0.353	0.882	0.0124	0.452	0.849	0.0184	0.517	0.828
0.0066	0.357	0.881	0.0126	0.454	0.849	0.0186	0.518	0.827
0.0068	0.361	0.880	0.0128	0.457	0.848	0.0188	0.520	0.827
0.0070	0.365	0.878	0.0130	0.459	0.847	0.0190	0.522	0.826
0.0072	0.369	0.877	0.0132	0.462	0.846	0.0192	0.524	0.825
0.0074	0.373	0.876	0.0134	0.464	0.845	0.0194	0.526	0.825
0.0076	0.377	0.874	0.0136	0.467	0.844	0.0196	0.527	0.824
0.0078	0.381	0.873	0.0138	0.469	0.844	0.0198	0.529	0.824

付表 4　釣合断面に対する諸値 ($n = 15$ とした値)

σ'_{ca} [N/mm^2]	$\sigma_{sa} = 137$ N/mm^2					$\sigma_{sa} = 157$ N/mm^2				
	k	j	C_1	C_2	p_0	k	j	C_1	C_2	p_0
5.0	0.354	0.882	1.132	0.00731	0.00646	0.323	0.892	1.178	0.00606	0.00515
5.5	0.376	0.875	1.052	0.00793	0.00754	0.344	0.885	1.092	0.00659	0.00603
6.0	0.396	0.868	0.984	0.00855	0.00868	0.364	0.879	1.020	0.00710	0.00696
6.5	0.416	0.861	0.927	0.00914	0.00986	0.383	0.872	0.960	0.00761	0.00793
7.0	0.434	0.855	0.877	0.00973	0.01108	0.401	0.866	0.907	0.00810	0.00893
7.5	0.451	0.850	0.834	0.01030	0.01234	0.417	0.861	0.861	0.00859	0.00997
8.0	0.467	0.844	0.796	0.01086	0.01363	0.433	0.856	0.821	0.00906	0.01104
8.5	0.482	0.839	0.763	0.01140	0.01495	0.448	0.851	0.786	0.00953	0.01213
9.0	0.496	0.835	0.732	0.01194	0.01630	0.462	0.846	0.754	0.00999	0.01325
9.5	0.510	0.830	0.705	0.01247	0.01768	0.476	0.841	0.725	0.01044	0.01440
10.0	0.523	0.826	0.681	0.01298	0.01907	0.489	0.837	0.699	0.01088	0.01556
11.0	0.546	0.818	0.638	0.01399	0.02193	0.512	0.829	0.654	0.01174	0.01795
12.0	0.568	0.811	0.602	0.01496	0.02487	0.534	0.822	0.616	0.01258	0.02041
13.0	0.587	0.804	0.571	0.01590	0.02787	0.554	0.815	0.584	0.01339	0.02294
14.0	0.605	0.798	0.544	0.01682	0.03092	0.572	0.809	0.555	0.01417	0.02551

σ'_{ca} [N/mm^2]	$\sigma_{sa} = 176$ N/mm^2					$\sigma_{sa} = 196$ N/mm^2				
	k	j	C_1	C_2	p_0	k	j	C_1	C_2	p_0
6.0	0.338	0.887	1.054	0.00608	0.00577	0.315	0.895	1.088	0.00524	0.00482
6.5	0.356	0.881	0.990	0.00652	0.00658	0.332	0.889	1.021	0.00562	0.00551
7.0	0.374	0.875	0.935	0.00694	0.00743	0.349	0.884	0.963	0.00600	0.00623
7.5	0.390	0.870	0.887	0.00737	0.00831	0.365	0.878	0.912	0.00637	0.00698
8.0	0.405	0.865	0.844	0.00778	0.00921	0.380	0.873	0.868	0.00673	0.00775
8.5	0.420	0.860	0.807	0.00819	0.01014	0.394	0.869	0.829	0.00709	0.00855
9.0	0.434	0.855	0.774	0.00859	0.01110	0.408	0.864	0.794	0.00744	0.00936
9.5	0.447	0.851	0.744	0.00898	0.01207	0.421	0.860	0.763	0.00778	0.01020
10.0	0.460	0.847	0.717	0.00937	0.01307	0.434	0.855	0.734	0.00812	0.01106
11.0	0.484	0.839	0.669	0.01012	0.01512	0.457	0.848	0.685	0.00879	0.01283
12.0	0.506	0.831	0.630	0.01085	0.01724	0.479	0.840	0.644	0.00943	0.01465
13.0	0.526	0.825	0.596	0.01156	0.01941	0.499	0.834	0.608	0.01006	0.01654
14.0	0.544	0.819	0.566	0.01225	0.02164	0.517	0.828	0.578	0.01067	0.01847

演習問題解答

■第 3 章■

3.1 所定の強度，変形特性，耐久性，施工性に加えて，構造物に応じて水密性，耐凍害性，耐薬品性をもつことが必要である．とくに，プレストレストコンクリート構造では，高強度のコンクリートが必要であり，さらに，プレテンション方式ではコンクリートとの付着により緊張材の定着がなされるので，十分な付着強度をもつことが要求される．

3.2 高強度コンクリートでは，破壊に至るまで応力－ひずみ曲線は直線的になり，終局ひずみは圧縮強度をヤング係数で割った値にほぼ一致するため．また，最大応力以後の下降域を示さずに脆性的な破壊挙動が強く現れるため．

3.3 乾燥収縮ひずみの経時変化曲線が得られていない場合として，次のように計算すればよい．

$$\beta = \frac{30}{2.20}\left(\frac{120}{-14+21\times 1/0.5} - 0.7\right) = 48.9$$

$$\varepsilon'_{sh,inf} = \left(1 + \frac{48.9}{182}\right)\times 600\times 10^{-6} = 761\times 10^{-6}$$

■第 4 章■

4.1 (1) $f_{tk} = 1.70\,\mathrm{N/mm^2}$，$G_F = 0.074\,\mathrm{N/mm}$，$E_c = 23000\,\mathrm{N/mm^2}$（表 3.1 で補間による），$l_{ch} = 590\,\mathrm{mm}\ (= 0.59\,\mathrm{m})$，$k_{0b} = 1.198$，$k_{1b} = 0.639$，$\therefore f_{bck} = 1.30\,\mathrm{N/mm^2}$

式 (4.1) より $M_{cr} = 26.2\,\mathrm{kN\cdot m}$

$M_u = 388.0\,\mathrm{kN\cdot m}$

$M_{ud} = 352.7\,\mathrm{kN\cdot m}$

(2) $f_{tk} = 2.69\,\mathrm{N/mm^2}$，$G_F = 0.093\,\mathrm{N/mm}$，$E_c = 31000\,\mathrm{N/mm^2}$，$l_{ch} = 398\,\mathrm{mm}$ $(= 0.398\,\mathrm{m})$，$k_{0b} = 1.141$，$k_{1b} = 0.639$，$\therefore f_{bck} = 1.96\,\mathrm{N/mm^2}$

式 (4.1) より $M_{cr} = 39.5\,\mathrm{kN\cdot m}$

$M_u = 430.9\,\mathrm{kN\cdot m}$

$M_{ud} = 391.7\,\mathrm{kN\cdot m}$

(3) M_u もしくは M_{ud} の結果より，たとえば M_{ud} の結果では，$391.7/352.7 = 1.11$ となる．このように，コンクリートの設計基準強度を 2 倍にしても設計曲げ耐力の増加は，11% と非常に小さいことがわかる．

4.2 $A_s = $ 4-D 22 $= 1548\,\mathrm{mm^2}$ のとき $M_{ud} = 189.5\,\mathrm{kN\cdot m}$

演習問題 4.1 の $A_s = $ 5-D 29 $= 3212\,\mathrm{mm^2}$ のときは $M_{ud} = 352.7\,\mathrm{kN\cdot m}$

A_s については $3212/1548 = 2.07$ 倍となり，M_{ud} については $352.7/189.5 = 1.86$ 倍となる．

このように鉄筋量が2倍になると，設計曲げ耐力も2倍近くまで増大することがわかる．演習問題4.1と以上の結果から，設計曲げ耐力に関しては，コンクリート強度の影響は非常に小さく，鉄筋量の影響がきわめて大きいことがわかる．

4.3 $f'_{cd} = 35/1.3 = 26.9\,\mathrm{N/mm^2}$

$A_s = 4\text{-D }29 = 2570\,\mathrm{mm^2}$，$p = 2570/(300 \times 500) = 0.01713$

$f_{yd} = 345\,\mathrm{N/mm^2}$

$A'_s = 4\text{-D }22 = 1548\,\mathrm{mm^2}$，$p' = 1548/(300 \times 500) = 0.01032$

$f'_{yd} = 295\,\mathrm{N/mm^2}$

式 (4.16) より，$k_1 = 0.85$，$\varepsilon'_{cu} = 0.0035$，$\beta = 0.8$

$m = f_{yd}/(k_1 f'_{cd}) = 345/(0.85 \times 26.9) = 15.089$

$\bar{p} = p - p'(f'_{yd}/f_{yd}) = 0.01713 - 0.01032 \times (295/345) = 0.00831$

式 (4.35)：$0.8 \times 0.85 \times (26.9/345) \times [0.0035/\{0.0035 + 345/(200 \times 10^3)\}]$
$= 0.03552 > \bar{p} = 0.00831$

したがって，コンクリートの圧壊より前に引張鉄筋は降伏する．

式 (4.34)：$0.8 \times 0.85 \times \{26.9 \times 50/(345 \times 500)\}$
$\times [0.0035/\{0.0035 - 295/(200 \times 10^3)\}]$
$= 0.00916 > \bar{p} = 0.00831$

したがって，終局時に圧縮鉄筋は降伏しないから，式 (4.38) より等価応力ブロックの高さ a を求める．

$a/d = 0.1328 \quad \therefore a = 0.1328 \times 500 = 66\,\mathrm{mm}$

式 (4.36)：$\sigma'_s = 200 \times 10^3 \times 0.0035 \times \{1 - 0.8 \times (50/500) \times (500/66)\}$
$= 275.8\,\mathrm{N/mm^2}$

式 (4.39)：$M_u = (2570 \times 345 - 1548 \times 275.8) \times (500 - 0.5 \times 66)$
$+ 1548 \times 275.8 \times (500 - 50)$
$= 406.8 \times 10^6\,\mathrm{N \cdot mm} = 406.8\,\mathrm{kN \cdot m}$

したがって，設計曲げ耐力 $M_{ud} = M_u/\gamma_b = 406.8/1.1 = 369.8\,\mathrm{kN \cdot m}$

なお，参考のため，部材のじん性を検討してみる．

$\bar{p} = p - p'(\sigma'_s/f_{yd}) = 0.01713 - 0.01032 \times (275.8/345) = 0.00888$

$0.75 p_b = 0.75 \times 0.8 \times 0.85 \times (26.9/345)$
$\times [0.0035/\{0.0035 + 345/(200 \times 10^3)\}]$
$= 0.02664$

$\therefore \bar{p} < 0.75 p_b$ であり，設計上は部材のじん性に問題はない．

4.4 $f'_{cd} = 30/1.3 = 23.1\,\mathrm{N/mm^2}$，$A_s = 7653\,\mathrm{mm^2}$，$f_{yd} = 390\,\mathrm{N/mm^2}$

式 (4.16) より，$k_1 = 0.85$，$\varepsilon'_{cu} = 0.0035$，$\beta = 0.8$

$a = A_s f_{yd}/(k_1 f'_{cd} b) = 7653 \times 390/(0.85 \times 23.1 \times 900)$
$= 169\,\mathrm{mm} > t = 150\,\mathrm{mm}$

したがって，T 形断面として M_{ud} を計算しなければならない．

式 (4.40)：$A_{sf} = 0.85 \times 23.1 \times (900 - 400) \times 150/390 = 3776\,\mathrm{mm^2}$

式 (4.42)：$a = (7653 - 3776) \times 390/(0.85 \times 23.1 \times 400) = 193\,\mathrm{mm}$

式 (4.41)：$M_u = (7653 - 3776) \times 390 \times (600 - 0.5 \times 193)$
$+ 3776 \times 390 \times (600 - 0.5 \times 150)$
$= 1534.4\,\mathrm{kN \cdot m}$

したがって，設計曲げ耐力 $M_{ud} = M_u/\gamma_b = 1534.4/1.1 = 1394.9\,\mathrm{kN \cdot m}$

この場合は $(A_s - A_{sf})/(b_w d) < 0.75 p_b$ で，設計上はじん性に問題はない．

■第5章■

5.1 $f'_{cd} = 30/1.3 = 23.1\,\mathrm{N/mm^2}$

$E_c = 28\,\mathrm{kN/mm^2}$ (表 3.1 参照)，$n = E_s/E_c = 200/28 = 7.14$

$A_s = 5\text{-D }22 = 1935\,\mathrm{mm^2}$，$p = A_s/(bd) = 0.01613$，$f_{yd} = 345\,\mathrm{N/mm^2}$

$A'_s = 3\text{-D }16 = 596\,\mathrm{mm^2}$，$p' = A'_s/(bd) = 0.00497$，$f'_{yd} = 295\,\mathrm{N/mm^2}$

式 (4.16) より，$k_1 = 0.85$，$\varepsilon'_{cu} = 0.0035$，$\beta = 0.8$

式 (5.5)：$a_b = 214\,\mathrm{mm}$

式 (5.8)：$y_0 = 236\,\mathrm{mm}$

式 (5.6)：$N'_b = 768.8 \times 10^3\,\mathrm{N}$

式 (5.7)：$M_b = 304.8 \times 10^6\,\mathrm{N \cdot mm}$

したがって，釣合破壊時の偏心距離 $e_b = M_b/N'_b = 396\,\mathrm{mm}$

一方，設計軸圧縮力の偏心距離 $e = M_d/N'_d = 200/400 = 0.5\,\mathrm{m} = 500\,\mathrm{mm}$

$e > e_b$ より引張破壊領域にある．

$e' = e + d - y_0 = 664\,\mathrm{mm}$，$m = f_{yd}/(k_1 f'_{cd}) = 17.57$

$\bar{p} = p - p'(f'_{yd}/f_{yd}) = 0.01188$

式 (5.11)：$a/d = 0.462 \quad \therefore a = 0.462 \times 400 = 185\,\mathrm{mm}$

式 (5.13)：$\varepsilon'_s = 2.74 \times 10^{-3} > \varepsilon'_y = 295/(200 \times 10^3) = 1.48 \times 10^{-3}$

したがって，部材断面破壊時に圧縮鉄筋も降伏している．

式 (5.12)：$M_u = 298.6 \times 10^6\,\mathrm{N \cdot mm} = 298.6\,\mathrm{kN \cdot m}$

$M_{ud} = M_u/\gamma_b = 298.6/1.1 = 271.5\,\mathrm{kN \cdot m}$

$\gamma_i M_d/M_{ud} = 1.0 \times 200/271.5 = 0.74 < 1.0$

したがって，安全である

5.2 $f'_{cd} = 27/1.3 = 20.8\,\mathrm{N/mm^2}$

$E_c = 26.5\,\mathrm{kN/mm^2}$ (表 3.1 で補間による)，$n = E_s/E_c = 7.55$

$A_s = 8\text{-D }32 = 6354\,\mathrm{mm^2}$，$f_{yd} = 295\,\mathrm{N/mm^2}$

式 (4.16) より，$k_1 = 0.85$，$\varepsilon'_{cu} = 0.0035$，$\beta = 0.8$

式 (5.5)：$a_b = [0.0035/\{0.0035 + 295/(200 \times 10^3)\}] \times 0.8 \times 820 = 462\,\mathrm{mm}$

式 (5.8) を参考にし，単鉄筋 T 形断面に対する y_0 を求める．

$y_0 = \{bt^2/2 + b_w(h-t)(h+t)/2 + nA_s d\}/\{bt + b_w(h-t) + nA_s\}$
$= 383\,\mathrm{mm} > t$

式 (5.6)，(5.7) を参考にし，単鉄筋 T 形断面での N'_b，M_b を求める．

$N'_b = k_1 f'_{cd}\{bt + b_w(a_b - t)\} - A_s f_{yd} = 4221.6 \times 10^3\,\mathrm{N} = 4221.6\,\mathrm{kN}$

$M_b = k_1 f'_{cd} bt(y_0 - t/2) + k_1 f'_{cd} b_w(a_b - t)\{y_0 - t - (a_b - t)/2\}$
$+ A_s f_{yd}(d - y_0)$

$= 2116.3 \times 10^6\,\mathrm{N \cdot mm} = 2116.3\,\mathrm{kN \cdot m}$

第6章

6.1 (1) $f'_{cd} = 24/1.3 = 18.5\,\mathrm{N/mm^2}$

$A_s = 4\text{-D}\,29 = 2570\,\mathrm{mm^2}$

$p_v = A_s/(b_w d) = 2570/(400 \times 600) = 0.0107$

$f_{vcd} = 0.20 {f'_{cd}}^{1/3} = 0.53\,\mathrm{N/mm^2}$

$\beta_d = (1000/d)^{1/4} = 1.136$，$\beta_p = (100p_v)^{1/3} = 1.023$，$\beta_n = 1.0$

式 (6.13)：$V_{cd} = \beta_d \beta_p \beta_n f_{vcd} b_w d/\gamma_b = 113.7 \times 10^3\,\mathrm{N} = 113.7\,\mathrm{kN}$

(2) $A_w = 2\text{-D}\,13 = 253\,\mathrm{mm^2}$ (U 形スターラップ)，$f_{wyd} = 295\,\mathrm{N/mm^2}$

例題 6.1 の (2) を参照して，s を求める．

$s \leqq \{A_w f_{wyd}(\sin\alpha + \cos\alpha)z\}/\{(V_d - V_{cd})\gamma_b\}$

$= \{253 \times 295 \times 1.0 \times (600/1.15)\}/\{(350 - 113.7) \times 10^3 \times 1.1\}$

$= 149.8\,\mathrm{mm} \quad \therefore s \fallingdotseq 150\,\mathrm{mm}$

また，式 (6.22) より設計斜め圧縮破壊耐力 V_{wcd} を計算する．

$V_{wcd} = 1.25\sqrt{18.5} \times 400 \times 600/1.3 = 992.6 \times 10^3\,\mathrm{N} = 992.6\,\mathrm{kN}$

$\therefore V_d = 350\,\mathrm{kN} < V_{wcd}$

6.2 $f'_{cd} = 27/1.3 = 20.8\,\mathrm{N/mm^2}$

この場合は $b = 1500\,\mathrm{mm}$，$b_w = 400\,\mathrm{mm}$，$t = 150\,\mathrm{mm}$，$d = 930\,\mathrm{mm}$ の単鉄筋 T 形断面と同等の取扱いができる．

$A_s = 7\text{-D}\,29 = 4497\,\mathrm{mm^2} \quad \therefore p_v = A_s/(b_w d) = 0.0121$

式 (6.13)：$V_{cd} = 1.018 \times 1.065 \times 1.0 \times 0.55 \times 400 \times 930/1.3 = 170.6 \times 10^3\,\mathrm{N}$

$= 170.6\,\mathrm{kN}$

また，式 (6.22) より設計斜め圧縮破壊耐力 V_{wcd} を計算する．

$V_{wcd} = 1.25\sqrt{20.8} \times 400 \times 930/1.3 = 1631.3 \times 10^3\,\mathrm{N} = 1631.3\,\mathrm{kN}$

$\therefore V_{cd} < V_{wcd}$

6.3 $f'_{cd} = 30/1.3 = 23.1\,\mathrm{N/mm^2}$

p，d については，x，y の 2 方向の平均値を採用することとする．

$p = (p_x + p_y)/2 = (0.015 + 0.009)/2 = 0.012$

$d = (d_x + d_y)/2 = (160 + 150)/2 = 155\,\mathrm{mm}$

$u = 2(a_0 + b_0) = 2(200 + 300) = 1000\,\mathrm{mm}$

$u_p = 2a_0 + 2b_0 + \pi d = 2 \times 200 + 2 \times 300 + 3.14 \times 155 = 1487\,\mathrm{mm}$

$f_{pcd} = 0.20\sqrt{f'_{cd}} = 0.96\,\mathrm{N/mm^2}$

$\beta_d = (1000/d)^{1/4} = (1000/155)^{1/4} = 1.594 \quad \therefore \beta_d = 1.5\ (\because \beta_d \leqq 1.5)$

$\beta_p = (100p)^{1/3} = (100 \times 0.012)^{1/3} = 1.063$

$\beta_r = 1 + 1/(1 + 0.25u/d) = 1 + 1/(1 + 0.25 \times 1000/155) = 1.383$

式 (6.25)：$V_{pcd} = 1.5 \times 1.063 \times 1.383 \times 0.96 \times 1487 \times 155/1.3$

$= 375.3 \times 10^3\,\mathrm{N} = 375.3\,\mathrm{kN}$

第7章

7.1 $\gamma_i(M_{td}/M_{tcd}) < 0.2$ の場合，安全性の検討が省略できる．

$K_t = b^2d/\eta_1 = b^2d/\{3.1+1.8/(d/b)\} = 450^2 \times 600/\{3.1+1.8/(600/450)\}$
$= 2.73 \times 10^7\ \mathrm{mm}^3$

$f_{td} = 0.23{f'_{ck}}^{2/3}/\gamma_c = 0.23 \times 24^{2/3}/1.3 = 1.47\ \mathrm{N/mm^2}$

$\beta_{nt} = 1.0$（この演習問題では軸方向力は0）

式 (7.6)：$M_{tcd} = 1.0 \times 2.73 \times 10^7 \times 1.47/1.3 = 30.9 \times 10^6\ \mathrm{N\cdot mm}$
$= 30.9\ \mathrm{kN\cdot m}$

$M_{td} < 0.2M_{tcd} = 0.2 \times 30.9 = 6.2\ \mathrm{kN\cdot m}$ のとき，安全性の検討が省略できる．

7.2 $A_m = b_0d_0 = 370 \times 520 = 192400\ \mathrm{mm^2}$

$u = 2(b_0+d_0) = 2 \times (370+520) = 1780\ \mathrm{mm}$

$A_{tw} = \mathrm{D}\ 13 = 126.7\ \mathrm{mm^2}$，$f_{wd} = 345\ \mathrm{N/mm^2}$

$A_{tl} = 10\text{-D}\ 13 = 1267\ \mathrm{mm^2}$，$f_{ld} = 345\ \mathrm{N/mm^2}$

式 (7.23)：$q_w = 126.7 \times 345/200 = 218.6\ \mathrm{N/mm}$

式 (7.24)：$q_l = 1267 \times 345/1780 = 245.6\ \mathrm{N/mm}$

この場合には，このままの q_w，q_l を用いて計算してよい．

式 (7.22)：$M_{tyd} = 2 \times 192400 \times \sqrt{218.6 \times 245.6}/1.3 = 68.6 \times 10^6\ \mathrm{N\cdot mm}$
$= 68.6\ \mathrm{kN\cdot m}$

なお，次にねじりに対する設計斜め圧縮破壊耐力 M_{tcud} を計算する．

$K_t = 450^2 \times 600/\{3.1+1.8/(600/450)\} = 2.73 \times 10^7\ \mathrm{mm^3}$

式 (7.21)：$M_{tcud} = 2.73 \times 10^7 \times 1.25\sqrt{24/1.3}/1.3 = 112.8 \times 10^6\ \mathrm{N\cdot mm}$
$= 112.8\ \mathrm{kN\cdot m}$

$M_{tyd} < M_{tcud}$ であるから，設計ねじり耐力は $M_{tyd} = 68.6\ \mathrm{kN\cdot m}$ となる．

7.3 図 7.11 (b) のように，T 形断面を二つの長方形要素に分割する．

まず，要素 $i=1$ について計算する．

$A_{m1} = b_{01}d_{01} = 140 \times 520 = 72800\ \mathrm{mm^2}$

$u_1 = 2(b_{01}+d_{01}) = 2 \times (140+520) = 1320\ \mathrm{mm}$

$q_{w1} = 126.7 \times 295/250 = 149.5\ \mathrm{N/mm}$

$q_{l1} = 8 \times 126.7 \times 295/1320 = 226.5\ \mathrm{N/mm}$

$q_{l1} = 226.5 \geqq 1.25q_{w1} = 186.9 \quad \therefore q_{l1} = 1.25q_{w1} = 186.9\ \mathrm{N/mm}$

$M_{tyd1} = 2 \times 72800 \times \sqrt{149.5 \times 186.9}/1.3 = 18.7 \times 10^6\ \mathrm{N\cdot mm} = 18.7\ \mathrm{kN\cdot m}$

次に，要素 $i=2$ について計算する．

$A_{m2} = b_{02}d_{02} = 180 \times 620 = 111600\ \mathrm{mm^2}$

$u_2 = 2(b_{02}+d_{02}) = 2 \times (180+620) = 1600\ \mathrm{mm}$

$q_{w2} = 126.7 \times 295/250 = 149.5\ \mathrm{N/mm}$

$q_{l2} = 10 \times 126.7 \times 295/1600 = 233.6\ \mathrm{N/mm}$

$q_{l2} = 233.6 \geqq 1.25q_{w2} = 186.9 \quad \therefore q_{l2} = 186.9\ \mathrm{N/mm}$

$M_{tyd2} = 2 \times 111600 \times \sqrt{149.5 \times 186.9}/1.3 = 28.7 \times 10^6\ \mathrm{N\cdot mm} = 28.7\ \mathrm{kN\cdot m}$

$\xi = M_{tyd2}/A_{m2} = 28.7 \times 10^6/111600 = 257.2\ \mathrm{N/mm}$

$\xi A_{m1} = 257.2 \times 72800 = 18.7 \times 10^6\ \mathrm{N\cdot mm} = 18.7\ \mathrm{kN\cdot m}$

$M_{tyd1} = 18.7\,\mathrm{kN \cdot m} \leqq \xi A_{m1} = 18.7\,\mathrm{kN \cdot m} \quad \therefore M_{tyd1} = 18.7\,\mathrm{kN \cdot m}$
以上より，$M_{tyd} = M_{tyd1} + M_{tyd2} = 18.7 + 28.7 = 47.4\,\mathrm{kN \cdot m}$ となる．

■第 8 章■

8.1 $\sigma'_c = 12.6\,\mathrm{N/mm^2}$，$\sigma_s = 177.1\,\mathrm{N/mm^2}$

8.2 $\sigma'_c = 11.3\,\mathrm{N/mm^2}$，$\sigma_s = 166.5\,\mathrm{N/mm^2}$，$\sigma'_s = 59.9\,\mathrm{N/mm^2}$

8.3 $\sigma'_c = 9.6\,\mathrm{N/mm^2}$，$\sigma_s = 152.6\,\mathrm{N/mm^2}$

8.4 $A_s = $ 4-D 22 $= 1548\,\mathrm{mm^2}$，$A'_s = $ 3-D 13 $= 380\,\mathrm{mm^2}$
$E_c = 26.5\,\mathrm{kN/mm^2}$ (表 3.1 参照)，$n = 200/26.5 = 7.55$
式 (8.40)：$y_1 = 308\,\mathrm{mm}$
$e = 150/200 = 0.75\,\mathrm{m} = 750\,\mathrm{mm} \quad \therefore e' = e - y_1 = 750 - 308 = 442\,\mathrm{mm}$
それぞれの値を式 (8.50) に代入し，3 次方程式を解くと，$x = 193\,\mathrm{mm}$ となる．
式 (8.51)：$\sigma'_c = 10.2\,\mathrm{N/mm^2}$
式 (8.46)：$\sigma_s = 138.5\,\mathrm{N/mm^2}$，$\sigma'_s = 53.1\,\mathrm{N/mm^2}$

■第 9 章■

9.1 $f'_{ck} = 30\,\mathrm{N/mm^2}$ より $E_c = 28\,\mathrm{kN/mm^2}$ (表 3.1 参照) となるので，$n = 7.14$ である．
A_s/幅 1 m = 10-D 16 $= 1986\,\mathrm{mm^2}$，$p = 1986/(1000 \times 200) = 0.00993$，$np = 0.0709$
式 (8.16)：$k = 0.312$，$j = 1 - k/3 = 0.896$
式 (8.27)：$\sigma_s = M/(A_s jd) = 50 \times 10^6/(1986 \times 0.896 \times 200) = 140.5\,\mathrm{N/mm^2}$
$c = h - d - \phi/2 = 250 - 200 - 16/2 = 42\,\mathrm{mm}$
この場合，式 (9.7) の k_1，k_2，k_3 は $k_1 = k_2 = k_3 = 1.0$ である．
式 (9.7)：$w = 1.1 \times 1.0 \times 1.0 \times 1.0 \times \{4 \times 42 + 0.7 \times (100 - 16)\}$
$\times \{140.5/(200 \times 10^3) + 300 \times 10^{-6}\}$
$= 0.25\,\mathrm{mm}$
許容ひび割れ幅 $w_a = 0.005c = 0.005 \times 42 = 0.21\,\mathrm{mm}$
$\therefore w = 0.25\,\mathrm{mm} > w_a = 0.21\,\mathrm{mm}$
したがって，ひび割れ幅が限界値を超え，安全度を満足しない．

9.2 $f'_{ck} = 24\,\mathrm{N/mm^2}$ より $E_c = 25\,\mathrm{kN/mm^2}$，$n = 200/25 = 8.0$ である．
まず，断面 ① ($A_s = $ 3-D 22) について計算する．
$p = A_s/bd = 1161/(350 \times 160) = 0.0207$，$np = 0.1656$
$\therefore k = 0.433$ (式 (8.16))，$j = 1 - k/3 = 0.856$
$\sigma_s = M/(A_s jd) = 25 \times 10^6/(1161 \times 0.856 \times 160) = 157.2\,\mathrm{N/mm^2}$
$c = 200 - 160 - 22/2 = 29\,\mathrm{mm}$
この場合，式 (9.7) の k_1，k_2，k_3 は $k_1 = k_3 = 1.0$，$k_2 = 1.04$
$w = 1.1 \times 1.0 \times 1.04 \times 1.0 \times \{4 \times 29 + 0.7 \times (100 - 22)\}$
$\times \{157.2/(200 \times 10^3) + 150 \times 10^{-6}\}$
$= 0.18\,\mathrm{mm}$

次に，断面②（$A_s = 6\text{-D }16$）について断面①と同様の計算を行うと，ひび割れ幅は $w = 0.16\,\text{mm}$ となる．
以上から，鉄筋量 A_s が同じ場合，断面②のように細径の鉄筋を使用して鉄筋の配置間隔 c_s を狭くすると，曲げひび割れ幅が減少することがわかる．

第 10 章

10.1 $f'_{ck} = 30\,\text{N/mm}^2$ より $E_c = 28\,\text{kN/mm}^2$（表 3.1 参照）

$n = 200/28 = 7.14$，$A_s = 4\text{-D }22 = 1548\,\text{mm}^2$

まず，曲げひび割れ発生以前の断面について計算する．

$y_1 = (350 \times 500^2/2 + 7.14 \times 1548 \times 450)/(350 \times 500 + 7.14 \times 1548)$
$= 262\,\text{mm}$

$y_2 = 500 - 262 = 238\,\text{mm}$

$I_g = 350 \times (262^3 + 238^3)/3 + 7.14 \times 1548 \times (450 - 262)^2$
$= 4061 \times 10^6\,\text{mm}^4$

次に，曲げひび割れ発生以後の断面について計算する．

$p = 1548/(350 \times 450) = 0.00983$，$np = 0.07019$

$k = 0.311$（式 (8.16) より），$x = kd = 0.311 \times 450 = 140\,\text{mm}$

$I_{cr} = 350 \times 140^3/3 + 7.14 \times 1548 \times (450 - 140)^2 = 1382 \times 10^6\,\text{mm}^4$

f_{bck} を例題 10.1 と同様に求めると，$f_{bck} = 1.70\,\text{N/mm}^2$ となる．

$M_{crd} = (f_{bck} I_g/y_2)/\gamma_b = 29.0 \times 10^6\,\text{N}\cdot\text{mm} = 29.0\,\text{kN}\cdot\text{m}$ $(\gamma_b = 1.0)$

$M_{d\max} = P \cdot l/4 = 80 \times 6/4 = 120\,\text{kN}\cdot\text{m}$

$M_{crd}/M_{d\max} = 29.0/120 = 0.24$

$I_e = 0.24^3 \times 4061 \times 10^6 + (1 - 0.24^3) \times 1382 \times 10^6 = 1419 \times 10^6\,\text{mm}^4$

したがって，スパン中央のたわみ δ は，次のようになる．

$\delta = Pl^3/(48E_cI_e) = 80 \times 10^3 \times 6000^3/(48 \times 28 \times 10^3 \times 1419 \times 10^6) = 9\,\text{mm}$

10.2 $f'_{ck} = 24\,\text{N/mm}^2$ より $E_c = 25\,\text{kN/mm}^2$，$n = 200/25 = 8.0$，$A_s = 6840\,\text{mm}^2$

まず，曲げひび割れ発生以前の断面について計算する．

$y_1 = \{bt^2/2 + b_w(h-t)(h+t)/2 + nA_sd\}/\{bt + b_w(h-t) + nA_s\}$
$= 354\,\text{mm}$

$y_2 = h - t = 546\,\text{mm}$

$I_g = by_1{}^3/3 - (b - b_w)(y_1 - t)^3/3 + b_wy_2{}^3/3 + nA_s(d - y_1)^2$
$= 45947 \times 10^6\,\text{mm}^4$

次に，曲げひび割れ発生以後の断面について計算する．ここで，簡単にするため，ウェブの圧縮応力は無視して計算する．

式 (8.37)：

$x = (1500 \times 150^2/2 + 8.0 \times 6840 \times 800)/(1500 \times 150 + 8.0 \times 6840)$
$= 216\,\text{mm}$

式 (8.38)：$I_{cr} = I_i = 1500 \times 216^3/3 - 1500 \times (216 - 150)^3/3$
$+ 8.0 \times 6840 \times (800 - 216)^2$
$= 23558 \times 10^6\,\text{mm}^4$

f_{bck} を例題 10.1 と同様の方法で求めると，$f_{bck} = 1.21\,\mathrm{N/mm^2}$ となる．

$M_{crd} = (f_{bck} I_g / y_2)/\gamma_b = 101.8\,\mathrm{kN \cdot m}\ (\gamma_b = 1.0)$

$M_{d\max} = wl^2/8 = 20 \times 12^2/8 = 360\,\mathrm{kN \cdot m} \quad \therefore M_{crd}/M_{d\max} = 0.28$

$I_e = 0.28^3 \times 45947 \times 10^6 + (1 - 0.28^3) \times 23558 \times 10^6 = 24050 \times 10^6\,\mathrm{mm^4}$

スパン中央の短期たわみ δ_p は，次のようになる．

$$\delta_p = 5wl^4/(384 E_c I_e) = 5 \times 20 \times 12000^4/(384 \times 25 \times 10^3 \times 24050 \times 10^6) = 9\,\mathrm{mm}$$

$\delta_p = a_g$ とすると，長期たわみ a_t は，式 (10.9) より，おおよそ次のようになる．

$$a_t = (1 + \phi)a_g = (1 + 2.0) \times 9 = 27\,\mathrm{mm}$$

■第 11 章■

11.1 コンクリートは継続して，あるいはしばしば水で飽和される環境条件におかれているから，$K = 10$ として計算する．

例題 11.1 と同様にして，次のようになる．

$$N_{eq,c} = 1.5 \times 10^6 \times 10^{10(3.65-5.48)/16.53} + 1.2 \times 10^6 \times 10^{10(4.56-5.48)/16.53} + 10^6 \times 10^{10(5.48-5.48)/16.53} = 1.450 \times 10^6\ \text{回}$$

例題 11.2 と同様にして，次のようになる．

$$f_{crd} = 0.85 \times 23.1 \times (1 - 3.65/23.1) \times \{1 - \log(1.450 \times 10^6)/10\} = 6.35\,\mathrm{N/mm^2}$$

$$\gamma_i \sigma'_{cr0d}/(f_{crd}/\gamma_b) = 1.0 \times 5.48/(6.35/1.1) = 0.95 < 1.0$$

したがって，この場合もコンクリートは圧縮疲労破壊に対して安全である．

11.2 まず，等価繰返し回数 N_{eq} を計算する．鉄筋の疲労破断を対象とする場合は，次のようになる．

$$N_{eq,s} = 1.5 \times 10^6 (100/150)^{1/0.12} + 1.2 \times 10^6 (125/150)^{1/0.12} + 10^6 (150/150)^{1/0.12} + 8 \times 10^4 (175/150)^{1/0.12} = 1.603 \times 10^6\ \text{回}$$

コンクリートの圧縮疲労破壊を対象とする場合は，次のようになる．

$$\sigma'_{cr4d} = (3/4) \times 2M_4/(kjbd^2) = (3/4) \times 2 \times 175 \times 10^6/(0.286 \times 0.905 \times 400 \times 630^2) = 6.39\,\mathrm{N/mm^2}$$

$$N_{eq,c} = 1.5 \times 10^6 \times 10^{17(3.65-5.48)/16.53} + 1.2 \times 10^6 \times 10^{17(4.56-5.48)/16.53} + 1.0 \times 10^6 \times 10^{17(5.48-5.48)/16.53} + 8 \times 10^4 \times 10^{17(6.39-5.48)/16.53} = 1.846 \times 10^6\ \text{回}$$

次に，疲労破壊に対する安全度の検討を行う．鉄筋については，

$$f_{srd} = 190 \times (1 - 86.5/466.7) \times 10^{0.735}/(1.603 \times 10^6)^{0.12}/1.05 = 144.2\,\mathrm{N/mm^2}$$

$$\gamma_i \sigma_{sr0}/(f_{srd}/\gamma_b) = 1.0 \times 129.8/(144.2/1.1) = 0.990 < 1.0$$

となる．したがって，鉄筋の疲労破断に対して，かろうじて安全である．

コンクリートについては，

$$f_{crd} = 0.85 \times 23.1 \times (1 - 3.65/23.1) \times \{1 - \log(1.846 \times 10^6)/17\}$$

$= 10.44\,\mathrm{N/mm^2}$

$\gamma_i \sigma'_{cr0d}/(f_{crd}/\gamma_b) = 1.0 \times 5.48/(10.44/1.1) = 0.58 < 1.0$

となる．したがって，コンクリートの圧縮疲労破壊に対して，十分安全である．

第 12 章

12.1 $f'_{ck} = 45\,\mathrm{N/mm^2}$ に対し，表 3.1 より $E_c = 32\,\mathrm{kN/mm^2}$ である．

$A_c = bt + b_w(h-t) = 75 \times 10^4\,\mathrm{mm^2}$

$y'_c = \{bt^2/2 + b_w(h-t)(h+t)/2\}/\{bt + b_w(h-t)\} = 610\,\mathrm{mm}$

$y_c = h - y'_c = 1090\,\mathrm{mm}$

$I_c = d - {y'_c}^3/3 - (b-b_w)(y'_c - t)^3/3 + b_w {y_c}^3/3 = 2154 \times 10^8\,\mathrm{mm^4}$

$e_p = d - y'_c = 1500 - 610 = 890\,\mathrm{mm}$

(1) $P_t = \sigma_{pt} A_p = 950 \times 5000 = 4750 \times 10^3\,\mathrm{N}$

式 (12.12)，(12.13) より，次のようになる．

$$\sigma'_{ct} = 4750 \times 10^3/(75 \times 10^4) - 4750 \times 10^3 \times 890/(2154 \times 10^8) \times 610 + 1900 \times 10^6/(2154 \times 10^8) \times 610 = -0.26\,\mathrm{N/mm^2}$$

$$\sigma_{ct} = 4750 \times 10^3/(75 \times 10^4) + 4750 \times 10^3 \times 890/(2154 \times 10^8) \times 1090 - 1900 \times 10^6/(2154 \times 10^8) \times 1090 = 18.11\,\mathrm{N/mm^2}$$

(2) $P_e = \eta P_t = 0.80 \times 4750 \times 10^3 = 3800 \times 10^3\,\mathrm{N}$

式 (12.14)，(12.15) より，$I_e \fallingdotseq I_c$ として計算する．

$$\sigma'_{ce} = 3800 \times 10^3/(75 \times 10^4) - 3800 \times 10^3 \times 890/(2154 \times 10^8) \times 610 + (1900 + 900 + 2000) \times 10^6/(2154 \times 10^8) \times 610 = 9.08\,\mathrm{N/mm^2}$$

$$\sigma_{ce} = 3800 \times 10^3/(75 \times 10^4) + 3800 \times 10^3 \times 890/(2154 \times 10^8) \times 1090 - (1900 + 900 + 2000) \times 10^6/(2154 \times 10^8) \times 1090 = -2.11\,\mathrm{N/mm^2}$$

(3) $f'_{cd} = f'_{ck}/\gamma_c = 45/1.3 = 34.6\,\mathrm{N/mm^2}$

$f_{pud} = f_{puk}/\gamma_p = 1300/1.0 = 1300\,\mathrm{N/mm^2}$

式 (4.15) より，$k_1 = 0.85$，$\varepsilon'_{cu} = 0.0035$，$\beta = 0.8$ となる．

$$x = 0.93 f_{pud} A_p/(\beta k_1 f'_{cd} b) = 0.93 \times 1300 \times 5000/(0.8 \times 0.85 \times 34.6 \times 1500) = 171\,\mathrm{mm}$$

$a = \beta x = 0.8 \times 171 = 137\,\mathrm{mm} < t = 200\,\mathrm{mm}$

したがって，M_u は幅 $b = 1500\,\mathrm{mm}$ の長方形断面として計算する．

また，

$$\varepsilon_p = \varepsilon'_{cu}(d-x)/x + \varepsilon_{pe}\ (= P_e/(A_p E_p)) = 0.0035 \times (1500 - 171)/171 + 3800 \times 10^3/(5000 \times 200 \times 10^3) = 0.031 > 0.015$$

したがって，x 算定時に上記式を適用することは妥当である．

$$M_u = 0.93 f_{pud} A_p (d - 0.5\beta x) = 0.93 \times 1300 \times 5000 \times (1500 - 0.5 \times 0.8 \times 171) = 8654\,\mathrm{kN \cdot m}$$

$M_{ud} = M_u/\gamma_b = 8654/1.1 = 7867\,\mathrm{kN \cdot m}$

■第 13 章■

13.1 式 (13.3) より，$k_c = c/\phi + 15A_t/(s\phi) = 50/25 + 15 \times 71.33/(100 \times 25) \fallingdotseq 2.43$ となる．したがって，$\alpha = 0.7$ となる．コンクリートの設計付着強度 f_{bod} は，$\gamma_c = 1.3$ として，式 (13.1)，(3.17) より

$f_{bod} = f_{bok}/\gamma_c = 0.28\sqrt[3]{24^2}/1.3 \fallingdotseq 1.79\,\mathrm{N/mm^2}$

となる．基本定着長 l_d は，式 (13.2) より，

$l_d = 0.7 \times 295/(4 \times 1.79) \times 25 \fallingdotseq 720\,\mathrm{mm}$

となる．ここで，断面 A－A′ の引張鉄筋に作用する応力度を第 8 章の方法で求めると，次のようになる．

$\sigma_s = M/(A_s jd) \fallingdotseq 21.4\,\mathrm{N/mm^2}$

したがって，定着長 l は，次のようになる．

$l = \alpha\sigma_s/(4f_{bod})\phi = 0.7 \times 21.4/(4 \times 1.79) \times 25 \fallingdotseq 52\,\mathrm{mm}$

■第 14 章■

14.1 $M_{\max} = wl^2/8 = 50 \times 8^2/8 = 400\,\mathrm{kN \cdot m} = 400 \times 10^6\,\mathrm{N \cdot mm}$

巻末の付表 4 より，$C_1 = 0.774$，$C_2 = 0.00859$ である．

式 (14.8)：$d = C_1\sqrt{M/b} = 0.774 \times \sqrt{400 \times 10^6/500} = 692\,\mathrm{mm} \fallingdotseq 700\,\mathrm{mm}$

式 (14.10)：$A_s = C_2\sqrt{Mb} = 0.00859 \times \sqrt{400 \times 10^6 \times 500} = 3842\,\mathrm{mm^2}$

この A_s に近い鉄筋量を付表 1 より探すと，$A_s = \text{6-D 29} = 3854\,\mathrm{mm^2}$ である．

14.2 $A_s = 6354\,\mathrm{mm^2}$

式 (8.37) より中立軸 x を求めると，$n = 15$ より，次のようになる．

$x = (1800 \times 150^2/2 + 15 \times 6354 \times 520)/(1800 \times 150 + 15 \times 6354)$
$\quad = 191\,\mathrm{mm}$

式 (8.38) より換算断面二次モーメント I_i を求めると，次のようになる．

$I_i = 1800 \times 191^3/3 - 1800 \times (191 - 150)^3/3 + 15 \times 6354 \times (520 - 191)^2$
$\quad = 14456 \times 10^6\,\mathrm{mm^4}$

$M_{rc} = \sigma'_{ca}I_i/x = 11 \times 14456 \times 10^6/191 = 832.5 \times 10^6\,\mathrm{N \cdot mm}$
$\quad = 832.5\,\mathrm{kN \cdot m}$

$M_{rs} = \sigma_{sa}I_i/\{n(d - x)\} = 196 \times 14456 \times 10^6/\{15 \times (520 - 191)\}$
$\quad = 574.1 \times 10^6\,\mathrm{N \cdot mm} = 574.1\,\mathrm{kN \cdot m}$

$M_{rs} < M_{rc}$ であるから，抵抗曲げモーメント $M_r = M_{rs} = 574.1\,\mathrm{kN \cdot m}$ となる．

14.3 $A_s = \text{5-D 29} = 3212\,\mathrm{mm^2}$

$f'_{ck} = 24\,\mathrm{N/mm^2}$ に対し，表 14.1 より $\tau_{a1} = 0.45\,\mathrm{N/mm^2}$ となる．

$z = (1 - k/3)d = V/(\tau_{a1}b) = 120 \times 10^3/(0.45 \times 500) = 533\,\mathrm{mm}$

$\therefore d = 533/(1 - k/3)$

$\therefore p = A_s/(bd) = 3212/(500d) = 6.424/d = 6.424 \times (1 - k/3)/533$
$\quad = 0.01205 \times (1 - k/3)$

$k = \sqrt{(np)^2 + 2np} - np = np\{\sqrt{1 + 2/(np)} - 1\}$

$= 15 \times 0.01205 \times (1-k/3) \times [\sqrt{1+2/\{15 \times 0.01205 \times (1-k/3)\}} - 1]$

$\therefore k = 0.06025 \times (3-k) \times \{\sqrt{1+33.195/(3-k)} - 1\}$

これより，k を求めると $k = 0.425$ となる．

この k を上記の $d = 533/(1-k/3)$ に代入すると，次のようになる．

$d = 533/(1-0.425/3) = 621\,\mathrm{mm} \quad \therefore d = 650\,\mathrm{mm}$ で十分

（別解）

近似解として，式 (14.25) の $\tau \fallingdotseq 1.15V/(bd)$ を用いる．

$d \fallingdotseq 1.15 \times 120 \times 10^3/(0.45 \times 500) = 613\,\mathrm{mm} \quad \therefore d = 650\,\mathrm{mm}$ で十分

14.4 式 (14.20) より，

$x = \{15 \times 9/(15 \times 9 + 176)\} \times 500 = 217\,\mathrm{mm}$

$\sigma'_s = 15 \times 9 \times (217-50)/217 = 103.9\,\mathrm{N/mm^2}$

$e = M/N' = 150/100 = 1.5\,\mathrm{m} = 1500\,\mathrm{mm}$

断面の算定問題では，鉄筋量が不明であるから，近似的に鉄筋を無視したコンクリートの図心軸からの偏心距離を採用する．

$e' = e - h/2 = 1500 - 550/2 = 1225\,\mathrm{mm}$

式 (14.21) より，

$$A'_s = \frac{100 \times 10^3 \times (500+1225) - (400 \times 217/2) \times 9 \times (500-217/3)}{103.9 \times (500-50)}$$

$$= 117\,\mathrm{mm^2}$$

$$A_s = \frac{100 \times 10^3 \times (50+1225) + (400 \times 217/2) \times 9 \times (217/3-50)}{176 \times (500-50)}$$

$$= 1720\,\mathrm{mm^2}$$

A_s，A'_s ともにこれらの値以上で近い鉄筋量を付表 1 から探して決定すればよい．付表 1 より，たとえば $A_s = 5\text{-D }22 = 1935\,\mathrm{mm^2}$，$A'_s = 2\text{-D }10 = 142.7\,\mathrm{mm^2}$ とすればよい．

参考文献

■全　体■

[0.1] 赤尾親助，水野俊一：大学過程 鉄筋コンクリート工学 (第 4 版)，オーム社，1987

[0.2] 岡村甫：コンクリート構造の限界状態設計法 (第 2 版)，共立出版，1984

[0.3] 岡田清，伊藤和幸，不破昭，平澤征夫：[新訂] 鉄筋コンクリート工学，鹿島出版会，2003

[0.4] P.M. Ferguson, J.E. Breen and J.O. Jirsa: Reinforced Concrete Fundamentals (fifth edition), John Wiley & Sons, 1988

[0.5] E.G. Nawy: Reinforced Concrete (second edition), Prentice-Hall International, 1990

■第 1 章■

[1.1] 日本コンクリート工学協会：コンクリート技士研修テキスト (平成 19 年度版)，2007

[1.2] 藤井学，小林和夫：プレストレストコンクリート構造学，国民科学社，1979

[1.3] M.P. Collins and D. Mitchell: Prestressed Concrete Structures, Prentice-Hall Inc., 1991

[1.4] 土木学会：コンクリート標準示方書 (2017 年制定)—設計編—，2018

■第 2 章■

[2.1] 土木学会：コンクリート標準示方書 (2002 年制定)—構造性能照査編—，2002

[2.2] 土木学会：コンクリート標準示方書 (2007 年制定)—設計編—，2008

[2.3] 土木学会：コンクリート標準示方書 (2012 年制定)—設計編—，2013

[2.4] 土木学会：コンクリート標準示方書 (2017 年制定)—設計編—，2018

[2.5] ACI: Building Code Requirements for Structural Concrete (ACI 318M-14), 2014

[2.6] 藤野陽三：確率論に基づく安全性照査法と構造設計，土木学会誌，1978

[2.7] CEB-FIP: Recommandations internationales pour le calcul et l'execution des ouvrages en beton 1970 (訳：コンクリート構造物設計施工国際指針，鹿島出版会，1971)

[2.8] BSI: The Structural Use of Concrete, CP 110, 1972

[2.9] 土木学会：コンクリート標準示方書 (昭和 61 年制定)—設計編—，1986

■第 3 章■

[3.1] 土木学会：コンクリート標準示方書 (2017 年制定)—設計編—，2018

[3.2] R. Park and T. Paulay: Reinforced Concrete Structures, A Wiley-Interscience Publication, 1975

■第4章■

[4.1] 小阪義夫，森田司郎：鉄筋コンクリート構造，丸善，1975
[4.2] R. Park and T. Paulay: Reinforced Concrete Structures, A Wiley-Interscience Publication, 1975
[4.3] ACI: Building Code Requirements for Structural Concrete (ACI 318-99), 1999
[4.4] 土木学会：コンクリート標準示方書 (2017年制定)—設計編—，2018

■第5章■

[5.1] 土木学会：コンクリート標準示方書 (2017年制定)—設計編—，2018
[5.2] B. Bresler: Design Criteria for Reinforced Columns under Axial Loaded and Biaxial Bending, Jour. of ACI, Proceedings, Vol.32, No.5, 1960
[5.3] ACI: Building Code Requirements for Reinforced Concrete (ACI 318-63), 1963
[5.4] BSI: The Structural Use of Concrete, CP 110, 1972
[5.5] 土木学会：コンクリート標準示方書 (昭和55年版)，1980
[5.6] ACI: Building Code Requirements for Reinforced Concrete (ACI 318-99), 1999

■第6章■

[6.1] R. Park and T. Paulay: Reinforced Concrete Structures, A Wiley-Interscience Publication, 1975
[6.2] ASCE-ACI Task Committee 426: The Shear Strength of Reinforced Concrete Members, Proc. of ASCE, Jour. of the Structural Div., Vol.99, No.ST6, 1973 (コンクリート工学，Vol.14，No.7，No.8，No.9，No.10，1976)
[6.3] 土木学会：コンクリート標準示方書 (2007年制定)—設計編—，2008
[6.4] 土木学会：コンクリート標準示方書 (2017年制定)—設計編—，2018
[6.5] 大塚浩司，庄谷征美，外門正直，原忠勝：鉄筋コンクリート工学—限界状態設計法へのアプローチ—，技報堂出版，1989

■第7章■

[7.1] 宮崎修輔：鉄筋コンクリート終局強度理論の参考「鉄筋コンクリート部材の諸性状 (その7)—ねじり—」，コンクリート・ライブラリー，第34号，土木学会，1972
[7.2] 岡田清 編：最新コンクリート工学，国民科学社，1986
[7.3] 土木学会：コンクリート標準示方書 (2017年制定)—設計編—，2018
[7.4] D. Mitchel and M.P. Collins: Diagonal Compression Field Theory—A Rational Model for Structural Concrete in Pure Torsion—, Jour. of ACI, 1961
[7.5] N.N. Lessig: Determination of Load Bearing Capacity of Reinforced Concrete Element with Rectangular Cross Section Subjected to Flexure with Torsion, Trudy, No.5, Concrete and Reinforced Concrete Institute, Russia, 1959
[7.6] P. Lampart and B. Thurlimann: Ultimate Strength and Design of Reinforced Concrete Beams in Torsion and Bending, IABSE Publication 31-1, 1971
[7.7] B. Thurlimann: Torsional Strength of Reinforced and Prestressed Concrete Beams—CEB Approach, ACI Symposium, Philadelphia, 1976

[7.8] H.J. Cowan: The Strength of Plain, Reinforced and Prestressed Concrete under the Action of Combined Bending and Torsion of Rectangular Section, Magazine of Concrete Research, Vol.5, No.14, 1953

[7.9] M.P. Collins et al.: Ultimate Strength of Reinforced Concrete Beams Subjected to Combined Torsion and Bending, Torsion of Structural Concrete, ACI Special Publications SP18, 1968

第 8 章

[8.1] 土木学会：コンクリート標準示方書 (2017 年制定)—設計編—, 2018

[8.2] 土木学会：コンクリート標準示方書 (2002 年制定)—構造性能照査編—, 2002

[8.3] 岡田清：コンクリートのクリープ, コンクリートパンフレット, No.29, セメント協会, 1954

[8.4] A.M. Neville: Creep of Concrete—Plain, Reinforced and Prestressed—, North-Holland, 1970

第 9 章

[9.1] 土木学会：コンクリート標準示方書 (2017 年制定)—設計編—, 2018

[9.2] ACI: Building Code Requirements for Structural Concrete (ACI 318-14 and Commentary (ACI 318R-14)), 2014

[9.3] Deutsche Normen: Beton und Stahl beton bau, Bemessung und Ausfuhrung, DIN 1045, 1978

[9.4] BSI: The Structural Use of Concrete, CP 110, 1972

[9.5] P.W. Abeles: Design of Partially Prestressed Concrete Beams, Jour. of ACI, Vol.64, No.10, 1967

[9.6] *fib*: *fib* Model Code for Concrete Structures, 2010

[9.7] 日本建築学会：プレストレスト鉄筋コンクリート (III 種 PC) 構造設計・施工指針・同解説, 2003

[9.8] CEB-FIP: Model Code for Concrete Structures, 1990

[9.9] 土木学会：コンクリート標準示方書 (昭和 61 年制定)—設計編—, 1986

[9.10] 土木学会：コンクリート標準示方書 (2002 年制定)—構造性能照査編—, 2002

第 10 章

[10.1] D.E. Branson: Deformation of Concrete Structures, McGraw-Hill International Book Company, 1977

[10.2] ACI: Building Code Requirements for Structural Concrete (ACI 318-14 and Commentary (ACI 318R-14)), 2014

[10.3] 土木学会：コンクリート標準示方書 (2017 年制定)—設計編—, 2018

[10.4] *fib*: *fib* Model Code for Concrete Structures, 2010

[10.5] 土木学会終局強度設計小委員会：ひびわれ・たわみに関する資料, コンクリート・ライブラリー, 第 48 号（コンクリート構造の限界状態設計法試案）, 1981

[10.6] 日本鉄道施設協会：建造物設計標準（施設局・建設局・新幹線建設局編）, 1983

■第 11 章■
[11.1] 土木学会：コンクリート標準示方書 (2017 年制定)—設計編—，2018
[11.2] 小柳洽，藤井学，小林紘士：鉄筋コンクリートの疲労性状，鉄筋コンクリート床版の損傷と疲労設計へのアプローチ，土木学会関西支部，1977
[11.3] 国分正胤，岡村甫：高強度異形鉄筋を用いた鉄筋コンクリートはりの疲労に関する基礎研究，土木学会論文集，第 122 号，1965
[11.4] F.S. Ople, Jr. and C.L. Hulsbos: Probable Fatigue Life of Plain Concrete with Stress Gradient, Jour. of ACI, Vol.63, No.1, 1966
[11.5] 松下博通，牧角龍憲：プレテンション PC ばりの疲労に関する研究，セメント技術年報，32 巻，1978
[11.6] 国分正胤，桧貝勇：繰返し荷重を受ける鉄筋コンクリートはりのせん断性状，セメント技術年報，25 巻，1971
[11.7] 上田多門，岡村甫，S.A. Farghaly，榎本松司：せん断補強のないはりのせん断疲労強度—荷重振幅の疲労強度に及ぼす影響，コンクリート工学，Vol.20，No.9，1982
[11.8] 上田多門，岡村甫：疲労荷重下のスターラップの挙動，コンクリート工学，Vol.19，No.5，1981
[11.9] N.M. Hawkins: Fatigue Characteristics in Bond and Shear of Reinforced Concrete Beams, ACI SP-41, 1974
[11.10] 西林新蔵，井上正一，大谷公行：水中における鉄筋コンクリートはりの疲労性状，コンクリート工学年次講演会論文集，第 9 巻，第 2 号，1987
[11.11] 松下博通，高倉克彦：限界状態設計法におけるコンクリートの疲労強度の特性値とせん断疲労耐力の設計用値，コンクリート工学，Vol.22，No.8，1984
[11.12] 土木学会：コンクリート構造の限界状態設計法指針（案），コンクリートライブラリー，第 52 号，1983

■第 12 章■
[12.1] 土木学会：コンクリート標準示方書 (2017 年制定)—設計編—，2018
[12.2] 土木学会：プレストレストコンクリート工法設計施工指針，1991
[12.3] 藤井学，小林和夫：プレストレストコンクリート構造学，国民科学社，1979
[12.4] 日本道路協会：道路橋示方書・同解説 III コンクリート橋編，1996
[12.5] 小林和夫 他 8 名：プレストレストコンクリート技術とその応用，森北出版，2006

■第 13 章■
[13.1] 土木学会：コンクリート標準示方書 (2017 年制定)—設計編—，2018
[13.2] 土木学会：鉄筋定着・継手指針 (2007 年版)，2007
[13.3] 小倉弘一郎，矢部喜堂：鋼材の接合—鉄筋の場合—，コンクリート工学，Vol.17，No.7，1979
[13.4] 日本鉄筋継手協会：鉄筋継手工事標準仕様書 ガス圧接継手工事 (2009 年)，2009

■第 14 章■
[14.1] 土木学会：コンクリート標準示方書 (2017 年制定)—設計編—，2018
[14.2] 土木学会：コンクリート標準示方書 (2002 年制定)—構造性能照査編—，2002

索　引

■さ　行■

■は　行■

■ま　行■

■や　行■

■ら　行■

著　者　略　歴

小林　和夫（こばやし・かずお）　工学博士
1966 年　京都大学大学院工学研究科修士課程土木工学専攻修了
1989 年　大阪工業大学教授
2006 年　大阪工業大学定年退職
2015 年　逝去

宮川　豊章（みやがわ・とよあき）　工学博士
1975 年　京都大学大学院工学研究科修士課程土木工学専攻修了
1998 年　京都大学大学院工学研究科教授
2015 年　京都大学学際融合教育研究推進センター特任教授
現在に至る

森川　英典（もりかわ・ひでのり）　博士（工学）
1984 年　神戸大学大学院工学研究科修士課程修了
2005 年　神戸大学大学院工学研究科教授
現在に至る

五十嵐　心一（いがらし・しんいち）　博士（工学）
1984 年　金沢大学大学院工学研究科修士課程土木工学専攻修了
2007 年　金沢大学大学院自然科学研究科教授
現在に至る

山本　貴士（やまもと・たかし）　博士（工学）
2001 年　京都大学大学院工学研究科博士後期課程土木工学専攻修了
2008 年　京都大学大学院工学研究科准教授
現在に至る

三木　朋広（みき・ともひろ）　博士（工学）
2004 年　東京工業大学大学院理工学研究科土木工学専攻博士後期課程修了
2007 年　神戸大学大学院工学研究科准教授
現在に至る

編集担当　二宮　惇 (森北出版)
編集責任　藤原祐介 (森北出版)
組　　版　プレイン
印　　刷　丸井工文社
製　　本　　同

コンクリート構造学（第5版・補訂版）

1994年4月4日 第1版第1刷発行
1995年9月1日 第1版第3刷発行
1997年4月1日 第2版第1刷発行
2002年3月5日 第2版第6刷発行
2002年11月12日 第3版第1刷発行
2008年2月28日 第3版第6刷発行
2009年2月28日 第4版第1刷発行
2015年2月10日 第4版第6刷発行
2017年8月31日 第5版第1刷発行
2018年9月12日 第5版第2刷発行
2019年11月11日 第5版・補訂版第1刷発行
2024年2月29日 第5版・補訂版第3刷発行

著　者　小林和夫
発行者　森北博巳
発行所　**森北出版株式会社**
東京都千代田区富士見1-4-11（〒102-0071）
電話 03-3265-8341／FAX 03-3264-8709
https://www.morikita.co.jp/
日本書籍出版協会・自然科学書協会　会員

Printed in Japan／ISBN978-4-627-42566-8